多媒体技术及应用

王建书　陈建华　主　编

清華大学出版社
北　京

内 容 简 介

本书由从事“多媒体技术及应用”课程教学工作多年、教学经验丰富的一线教师精心编写。全书共分为 7 章，全面系统地介绍了多媒体技术的相关知识、常用多媒体处理软件的操作和综合应用。本书还配备了《多媒体技术及应用实验指导》和视频讲解、PPT 课件、教学大纲、素材文件等教学资源。本书内容涵盖文字、图形、图像、音频、视频、动画及网页设计、手机 Vlog 等多种媒体技术的相关理论及处理技术，将静态的理论知识学习与动态的应用创作相结合，融入“计算思维”的思想，力求推动以学习者为核心的探究式教学模式。

本书内容丰富、结构清晰、通俗易懂、图文并茂，适合作为教学用书。其中，实验涵盖了常用多媒体处理软件的基本操作、综合应用和创意设计 3 个层次，循序渐进地培养学习者的综合应用能力和基本操作技能，以及创新意识，鼓励学习者大胆进行创意设计。

本书可作为高等院校“多媒体技术及应用”课程的教材，也可作为广大多媒体爱好者和应用开发者的参考书。

图书在版编目（CIP）数据

多媒体技术及应用 / 王建书，陈建华主编. —北京：清华大学出版社，2023.1（2025.1 重印）
ISBN 978-7-302-62505-6

Ⅰ. ①多… Ⅱ. ①王… ②陈… Ⅲ. ①多媒体技术 Ⅳ. ①TP37

中国国家版本馆 CIP 数据核字（2023）第 005095 号

责任编辑：贾旭龙
封面设计：秦　丽
版式设计：文森时代
责任校对：马军令
责任印制：宋　林

出版发行：清华大学出版社
网　　址：https://www.tup.com.cn，https://www.wqxuetang.com
地　　址：北京清华大学学研大厦 A 座　　**邮　　编：**100084
社 总 机：010-83470000　　**邮　　购：**010-62786544
投稿与读者服务：010-62776969，c-service@tup.tsinghua.edu.cn
质量反馈：010-62772015，zhiliang@tup.tsinghua.edu.cn
印 装 者：小森印刷霸州有限公司
经　　销：全国新华书店
开　　本：185mm×260mm　　**印　　张：**13.25　　**字　　数：**323 千字
版　　次：2023 年 1 月第 1 版　　**印　　次：**2025 年 1 月第 4 次印刷
定　　价：49.80 元

产品编号：100604-02

编写委员会

主　编：王建书　陈建华

副主编：赵榆琴　孙艳琼　董万归

前　言

随着计算机软硬件技术和网络信息技术的飞速发展，多媒体信息逐渐成为网络信息的主流，多媒体应用也逐渐渗透到社会生活的方方面面。多媒体技术不再是计算机专业人员才需要学、才能学懂的技术，而是成为现代社会一门普及性极高的实用技术。借助于多媒体技术，人们的休闲、娱乐方式越来越丰富，学习、工作形式也不再枯燥，而是越来越多样化。

多媒体技术具有很强的实用性和交互式，它融合了文字、图形、图像、音频、视频、动画等多种媒体形式，具有综合处理多种媒体信息的能力。无论是视频点播、视频会议、远程教育，还是游戏、娱乐、手机 Vlog 等，其背后都离不开多媒体技术的支撑。可以说，多媒体技术为信息技术的发展开辟了新的领域，使得人们的学习、工作乃至生活方式都发生了巨大的变革。

多媒体技术在社会中有着广泛的应用，为了满足社会需求、弥补多媒体技术人才缺口，许多高校都开设了多媒体技术课程。本书正是以大理大学多年的教学实践成果为依托，由长期从事多媒体技术及应用学科教学的老师编写。

本书具有如下特点：

（1）本书在内容设计上，遵循多媒体原理与多媒体技术应用相结合的原则，全面、系统地介绍多媒体技术及应用，既注重理论、方法和标准的介绍，又兼顾实际应用的示例，理论与实践相结合。

（2）本书汲取了国内外多媒体技术的新成果，书中所有案例和素材都是精心选取的，能最大程度地涵盖目前流行的多媒体制作技术。同时，本书涵盖了常用多媒体处理软件的基本操作、综合应用和创意设计 3 个层次，注重培养学习者的创新意识。

（3）本书旨在培养学习者的实际操作能力和应用能力，因此在讲解案例时力求深入浅出、重点突出、通俗易懂。通过详细的操作步骤和图文并茂的知识编排，使得学习者快速掌握多媒体制作技术，能独立设计和制作出精彩的多媒体作品。

（4）书中所讲的软件使用的都是当下的主流版本，体现了“易学、实用、新颖”的写作宗旨。

（5）本书配套有《多媒体技术及应用实验指导》，读者学习完理论知识后，可通过上机实验强化学习效果。

（6）本书提供 PPT 课件、教学大纲、素材文件等教学资源，同时配备了视频讲解、在线习题测试、直播辅导答疑等教学服务。读者可扫描右侧的“清大文森学堂”二维码，获取学习资源，进行学习交流。

清大文森学堂

本书由大理大学王建书、陈建华担任主编，赵榆琴、孙艳琼、董万归担任副主编。各章编写分工如下：第 2 章、第 4 章、第 5 章由王建书编写，第 1 章由赵榆琴编写，第 3 章由孙艳琼编写，第 6 章由陈建华编写，第 7 章由赵榆琴、陈建华合作编写，最后由王建书完成统稿。

由于编者水平有限，书中难免有不足和疏漏之处，恳请广大读者批评指正！

主　编

2023 年 1 月

目　录

多媒体技术基础

学习目标

- 掌握多媒体相关概念
- 熟悉多媒体系统及多媒体计算机系统的组成
- 熟悉多媒体的关键技术
- 了解多媒体技术的发展历史和趋势
- 熟悉多媒体技术的应用

重点难点

- 多媒体相关概念
- 多媒体的关键技术
- 多媒体技术的应用

多媒体技术于20世纪80年代末期兴起，并得到迅速发展。目前，多媒体技术及其应用已经成为信息技术的一个重要组成部分，日益深入社会生活的各个领域，如教育、电子商务、人工智能、娱乐、推广宣传、特效制作等，使得人们的工作和生活方式发生了巨大的改变。

1.1 多媒体相关概念

“多媒体”并不是指多种媒体本身，而主要是指处理和应用多媒体的一整套技术，即将计算机数字处理技术、视听技术和现代通信技术等融为一体的一系列新技术。其主要内容是研究如何使用计算机综合处理文字、图形、图像、音频信息和视频影像等多种媒体信息及其存储与传输的技术，称为多媒体计算机技术或多媒体技术。

1.1.1 媒体

1. 媒体的概念

“媒体”一词译自英文 medium，其种类繁多。在计算机领域，媒体有两种含义：其一是指传播信息的载体，如语言、文字、图像、视频、音频、动画等；其二是指存储信息的载体，如半导体存储器、光盘、网页等。

2. 媒体的类别

媒体通常分为以下 5 类。

（1）感觉媒体（perception medium）：指直接作用于人的感觉器官，使人产生直接感觉的媒体，如引起听觉反应的声音、引起视觉反应的图像等。人的视觉、听觉、嗅觉、味觉、触觉能够从这类媒体中直接获取信息。在多媒体计算机技术中所说的媒体一般指的是感觉媒体。

（2）表示媒体（representation medium）：指传播和表达感觉媒体的中介媒体，是信息的表示和表现形式，如图像编码（JPEG、MPEG 等）、文本编码（ASCII 码、GB2312 等）和声音编码（PCM 编码、MP3 编码、WMA 格式等）等各种信息的数字编码。通过表示媒体，可方便地表示和传播各种信息，通常包含文字符号、矢量图形、位图图像、音频信息、视频影像和动画等媒体元素。

（3）显示媒体（presentation medium）：指进行信息输入和输出的媒体。例如，键盘、鼠标、扫描仪、话筒、摄像机等为输入媒体；显示器、打印机、扬声器、绘图仪等为输出媒体。

（4）存储媒体（storage medium）：指用于存储表示媒体的物理介质，如硬盘、软盘、磁盘、光盘、ROM 及 RAM 等。计算机可以随时调用存储媒体上存放的信息进行加工处理。

（5）传输媒体（transmission medium）：指用于通信传输的信息载体，可将表示媒体从一个地方传送到另一个地方。这类媒体主要包括各种导线、电缆、光缆、无线传输介质及其他通信信道等。

1.1.2 多媒体

“多媒体”一词译自英文 multimedia，multimedia 是由 mutiple 和 media 复合而成的。按

照字面理解，多媒体就是“多重媒体”或“多重媒介”，是由多种“单媒体”复合而成的。多媒体包括文本、图形、静态图像、声音、动画、视频剪辑等基本要素。一般认为，多媒体是能同时获取、处理、编辑、存储、展示两个或两个以上不同类型的信息媒体的技术，它为人类提供了巨大的方便，帮助人们记忆巨大的文字信息、图像信息、声音信息，并能快速地提取这些信息。多媒体技术中的“多媒体”是指运用存储与再现技术得到的计算机中的数字信息，也就是把文本、图形、声音、影像等“单媒体”和计算机程序融合在一起，形成的一种人机交互式的信息交流和传播媒体。多媒体技术中研究的多媒体通常包含以下几种媒体元素。

1. 文字符号

文字符号是最基本的媒体元素，是计算机中信息交流的主要方式之一。文字符号具有易编辑处理、占用空间少、便于存储及传输等特点。

2. 矢量图形

矢量图形是用绘图软件根据图形几何特性绘制生成的，构成这些图形的元素包括点、线、矩形、多边形、圆和弧线等，每个元素都具有形状、大小、颜色和位置等属性和参数。矢量图形的最大优点是所占的存储空间较小，易存储，在计算机中进行移动、缩放、旋转、变形等操作时不会失真，可采取高分辨率印刷。矢量图形的最大缺点是难以表现色彩层次丰富的逼真图像效果。其适用于图形设计、文字设计、标志设计、版式设计等。常见的矢量图绘图工具有 Adobe 公司的 Illustrator 和 Flash MX，Corel 公司的 CorelDRAW。

3. 位图图像

位图图像亦称为点阵图像或栅格图像，是由像素（图片元素）的单个点组成的。这些点可以进行不同的排列和染色以构成图样。当放大位图时，可以看见构成整个图像的无数个方块。扩大位图尺寸的效果是增大单个像素，从而使线条和形状显得参差不齐。然而，如果从稍远的位置观看，位图图像的颜色和形状又是连续的。用数码相机拍摄的照片、用扫描仪扫描的图片以及计算机截屏图等都属于位图。位图的优点是可以表现色彩的变化和颜色的细微过渡，产生逼真的效果，能够非常细腻地表现复杂的画面细节。其缺点是在保存时需要记录每一个像素的位置和颜色值，需占用较大的存储空间。常用的位图处理软件有 Photoshop、Painter 和 Windows 系统自带的画图工具等。

4. 音频信息

音频是多媒体中的一种重要媒体，是声音信号的形式。音频信息是指计算机所处理的声音数据。常见的音频信息可分为语音、音乐、音效 3 种表现形式。语音是指人们讲话的声音；音乐是指各种歌曲和乐曲；音效是一些特殊的声音效果，如雨声、雷声、铃声、动物叫声及自然界的各种声响。在计算机中，各种声音均以数字化的形式保存和处理。

5. 视频

视频是使用专门的电子设备拍摄的静态图像集合。当连续的图像变化每秒超过 24 帧（frame）画面时，根据视觉暂留原理，人眼无法辨别单幅的静态画面，看上去是平滑连续的视觉效果，这样连续的画面叫作视频。视频涉及将一系列静态影像以电信号的方式加以捕捉、记录、处理、存储、传送与重现的各种技术。视频信息经过采集、压缩后以数字化的形式保存。

6. 动画

动画是指许多静止的画面以一定的速度连续播放形成的作品。动画是利用人的视觉暂留特性，快速播放一系列连续变化的图形、图像，从而给人以视觉上连续的印象。常见的计算机动画有二维动画（平面动画）和三维动画（立体动画）两种。

1.1.3 多媒体技术

多媒体技术是指利用计算机及相应设备，采用数字化处理技术，将文本、图形、图像、声音、动画、视频等多种媒体有机结合起来进行综合处理的技术。多媒体技术通过计算机对多种媒体信息进行数字化采集、编码、存储、加工、传输，将它们有机地集成组合，并建立起相互的逻辑关联，使之成为具有交互功能的集成系统。所以，多媒体技术就是计算机综合处理多种媒体的技术。多媒体技术具有如下特征。

1. 多样性

多媒体技术提供了多维化信息空间下的多种媒体信息的获取和表示方法，使计算机中的信息表达方法不再局限于处理字符这种单一信息模式，而广泛采用图形、图像、音频、视频和动画等多种信息形式，使得人们与计算机交流的方式变得多样化和多维化，能交互地处理多种信息。

2. 集成性

集成性是指将不同的媒体信息有机地组合在一起，并使用相关的媒体设备进行集成，包括媒体信息的集成和媒体处理设备的集成。媒体信息的集成是对声音、文字、图像、视频等各种媒体信息进行采集、加工处理、数字化后，以一定的方式进行有机组合，以便媒体的充分共享和操作。媒体设备的集成是指与媒体处理相关软硬件设备的集成，即由支持多媒体信息处理、多媒体系统运行的硬件系统和软件平台组合成一个完整的多媒体支持系统，如对计算机、电视、音响、摄像机等设备的集成。

3. 交互性

交互性是指用户可以与计算机的多种媒体进行交互操作，从而获得更加有效的使用和控制信息的手段。借助交互性，人们不再被动地接收文字、图形、声音和图像等媒体信息，而是可以主动地进行检索、提问和回答等操作。多媒体技术的交互性为用户选择和获取信息提供了灵活的手段和方式，也是人们获取和使用信息变被动为主动最为重要的特征。

4. 非线性

多媒体的信息结构一般是一种超媒体的非线性网状结构，这种结构的超媒体把信息以更灵活、更具变化的方式呈现出来，不仅为用户浏览信息和获取信息带来极大的便利，也改变了人们传统的循序渐进的读写模式，为多媒体的制作带来了极大的便利。

5. 实时性

实时性是指多媒体系统能够实时接收外部信息，受操作者或使用者实时控制。当用户发出操作命令时，相应的多媒体信息能够得到实时控制。并且，音频、视频和动画等媒体会随着时间的变化而变化，具有很强的时间特性。这也正是多媒体最为强大的吸引力之一。

多媒体技术包含计算机软硬件技术、信号的数字化处理技术、音频/视频处理技术、图像压缩处理技术、通信技术、人工智能和模式识别技术等，是不断发展和完善的多学科与计算机综合应用的技术。

1.2　多媒体系统

1.2.1　多媒体系统的组成

多媒体系统是指利用计算机技术和数字通信技术来处理和控制多媒体信息的系统，是由多媒体终端设备、网络设备、服务系统、多媒体软件及相关媒体数据组成的有机整体。从狭义上讲，多媒体系统是指拥有多媒体处理功能的计算机系统；从广义上来说，多媒体系统是集电话、电视、媒体、计算机网络等于一体的信息综合化系统，在这个系统中，人们可以进行信息查询、工作学习、游戏娱乐、可视聊天、网络交易等。一般的多媒体系统由硬件系统和软件系统两部分组成。其中，硬件系统主要包括计算机配置和各种外部设备，以及各种外部设备的控制接口卡等；软件系统主要包括多媒体操作系统、多媒体数据处理软件、多媒体创作工具和多媒体应用软件。

1. 多媒体硬件系统

多媒体硬件系统包括计算机硬件、音频/视频处理设备、多种媒体输入/输出设备、信号转换装置、人机交互设备、存储设备、通信传输设备及接口装置等。

2. 多媒体操作系统

多媒体核心系统软件除了包括多媒体设备硬件驱动程序，还包括支持多媒体功能的操作系统，它是整个多媒体系统的核心，其功能是负责多媒体环境下任务的调度，以保证音频、视频同步控制及信息处理的实时性，提供多媒体信息的各种基本操作与管理，支持实时数据采集、同步播放等多媒体数据处理流程。

3. 多媒体处理系统工具

多媒体处理系统工具也称为多媒体系统开发工具软件，是多媒体系统的重要组成部分。其包括用于各种媒体数据的采集、编辑、整理和创作的工具软件，如声音录制和编辑软件、图像扫描和处理软件、动画生成和编辑软件、视频采集和编辑软件等。常见的有 Photoshop、

Authorware、Flash、Premiere 和 3ds Max 等。

4. 用户应用软件

用户应用软件是根据多媒体系统终端用户的需求而定制的应用软件，或面向某一领域用户的应用软件系统。它是面向大规模用户的系统产品，如各种常见的多媒体查询系统、远程会议系统、视频点播系统等。

1.2.2 多媒体计算机系统

多媒体计算机系统是指能够综合处理多种媒体信息的计算机系统，是在普通计算机基础上配以多媒体软件和硬件环境，并通过各种接口部件连接而成的，各组成部分协同工作，从而完成对多媒体信息的采集、加工、存储、集成和演播。现代多媒体技术能够快速发展，主要是充分利用了计算机中的数字化技术和交互式的处理能力。一般情况下，一台计算机如果具备了处理多媒体信息的硬件和适当的软件系统，就可以说这台计算机是多媒体计算机。

完整的多媒体计算机系统由硬件系统和软件系统组成，是集多媒体硬件和软件于一体的信息综合化系统。其中，硬件系统主要包括计算机、各种外部设备以及控制接口卡等，软件系统包括多媒体驱动软件、多媒体操作系统、多媒体数据处理软件、多媒体创作工具以及多媒体应用软件。

1. 多媒体计算机的硬件系统

硬件系统是多媒体计算机系统的基础，主要包括计算机、能够接收和播放多媒体信息的输入/输出设备、各种多媒体适配器、通信传输设备及接口装置等。

1）多媒体主机

多媒体主机一般分为3种类型：多媒体个人计算机、专用多媒体计算机和多媒体工作站。多媒体个人计算机一般是在通用的个人计算机上安装多媒体接口卡以及相应的设备和软件，这是目前使用最广泛的一种多媒体计算机系统。专用多媒体计算机是为一些特殊用途或专门领域设计的计算机，其部分多媒体功能已经集成在计算机的专用芯片里。多媒体工作站是一种功能很强大的计算机，其运行速度快，存储容量大，具有很强的图形图像处理功能，能够满足较高层次多媒体应用的要求。

2）多媒体适配卡

多媒体适配卡是根据多媒体系统获取、编辑音频或视频的需要插接在计算机上，以解决各种媒体数据的输入/输出问题的接口卡。常用的接口卡有声卡、显卡、视频卡、视频捕捉卡、图形加速卡、压缩卡、视频播放卡等。

3）多媒体数据存储设备

多媒体信息数据量很大，除了保存在计算机硬盘中，还需要一些高容量、携带方便的存储介质，常见的多媒体数据存储设备有硬盘、光盘、存储卡、优盘、网盘等。

4）多媒体输入/输出设备

多媒体输入/输出设备种类繁多。常见的图像输入/输出设备包括扫描仪、数码照相机、打印机及绘图仪等；常见的音频、视频输入/输出设备包括麦克风、录音笔、摄像头、摄像机、音响、显示器、投影机等。附加于显示器表面的各种类型的触摸屏也属于输入设备。

2. 多媒体计算机的软件系统

硬件是多媒体系统的基础，而软件是多媒体系统的灵魂，它们必须协同工作，才能表现出多媒体系统的巨大魅力。多媒体计算机的软件系统主要包括多媒体操作系统、各种设备的驱动程序、多媒体素材采集处理软件、多媒体创作集成工具和多媒体应用软件。除此之外，还有多媒体数据库管理系统、多媒体压缩/解压缩软件、多媒体声像同步软件、多媒体通信软件等。

1）多媒体操作系统

操作系统是多媒体计算机必须配置的系统软件，它管理和控制着多媒体计算机系统的所有软、硬件资源。多媒体操作系统是指除具有一般操作系统的功能外，还具有多媒体底层扩充模块，支持高层多媒体信息的采集、编辑、播放和传输等处理功能的系统。多媒体操作系统通常支持对多媒体声、像及其他多媒体信息的控制和实时处理；支持多媒体的输入/输出及相应的软件接口；支持对多媒体数据和多媒体设备的管理和控制以及图形用户界面管理等功能。当前主流的操作系统都具备多媒体功能，常见的有 Microsoft 公司的 Windows 系列、苹果公司的 macOS 、Be 公司的 BeOS 等。

2）各种驱动程序

多媒体计算机系统根据不同需求可能要加配各种内置板卡和外部设备，而这些加配硬件设备的使用、管理和控制都必须由相应的驱动程序来完成。驱动程序一般指的是设备驱动程序，是一种可以使计算机和设备进行相互通信的特殊程序，相当于硬件的接口，操作系统只有通过这些接口，才能控制硬件设备的工作。驱动程序一般由硬件生产厂家提供，随硬件一起捆绑销售。当硬件与计算机连接好后，再安装好驱动程序，硬件即可正常工作。现在通用的操作系统都能很好地支持大部分常用硬件设备，多数设备都能够即插即用，这给广大用户提供了极大的便利。

3）多媒体素材采集处理软件

多媒体创作的前期工作就是要进行各种媒体素材的采集、设计、制作、加工、处理，以完成素材的准备。这些工作需要使用众多的素材采集制作软件，其一是文本素材制作软件，常用的有 Microsoft 公司的 Word、金山公司的 WPS、Windows 系统自带的写字板和记事本以及文字识别软件等；其二是图形图像素材制作软件，常用的有 CorelDRAW、Illustrator、AutoCAD、ACDSee 及 SnagIt 等；其三是音频素材制作软件，常用的有 Windows 自带的“录音机”程序和 Cool Edit、Sound Forge 及 GoldWave 等；其四是视频素材制作软件，常用的有 Premiere、Ulead MediaStudio Pro、VideoStudio 等；其五是动画素材制作软件，常用的有 Flash、Ulead GIF Animator、COOL 3D 及 3ds Max 等。

4）多媒体创作集成工具

多媒体创作集成工具作为多媒体作品的创作与开发平台，能够按照用户的要求组织、编辑、集成各种媒体素材并进行统一的管理，将多媒体信息组合成一个结构完整的、具有交互功能的多媒体演播作品。多媒体创作集成工具很多，不同的创作工具提供的应用开发环境不同，每一种工具都具有自己的功能和特点，适用于不同的应用范围，常用的有 PowerPoint、Authorware

及 Director 等。

5）多媒体应用软件

多媒体应用软件是提供给用户直接使用的多媒体作品软件，是用多媒体开发工具将文本、图形、图像、声音、视频、动画等媒体信息编辑集成后封装打包，使之能脱离原开发制作环境而独立运行的多媒体应用软件，如各种多媒体电子出版物、教学课件、多媒体演示系统、咨询服务系统等。用户只需按开发者提供的使用说明安装或操作软件即可。

1.3 多媒体的关键技术

多媒体信息的处理和应用需要一系列相关技术的支持。下面介绍多媒体领域当前研究和应用的几个热点，也是多媒体技术未来发展的趋势。

1. 多媒体数据存储技术

多媒体音频、视频、图像等信息数据量非常大，虽然可进行压缩处理，但是仍需相当大的存储空间。如何存储和传输这些信息非常重要。存储介质和设备从最初的纸带穿孔发展到磁带、磁盘、光盘等，正是由于光盘存储技术不断地发展，在一段时期内解决了大量多媒体信息的保存问题。而随着多媒体技术的发展，对存储设备的容量与安全性的要求越来越高，磁盘阵列就是在这种情况下诞生的一种数据存储技术。这些大容量存储设备为多媒体应用提供了便利条件。

2. 多媒体数据压缩编码技术

在多媒体计算机系统中，需要存储、处理和传输大量数字化的声音、图片、视频等媒体信息，其产生的数据量是非常大的。为了提高多媒体技术的实用性与时效性，达到令人满意的图像、视频画面质量和听觉效果，除采用新技术手段增加存储空间和拓宽通信带宽外，对数据进行有效压缩和编码也是必须要解决的关键技术之一。

数据压缩是指按照一定的算法，将冗余的数据转换成一种相对节省空间的数据表达格式，便于信息的保存和传输，压缩后的信息必须通过解压缩才能恢复。所以，数据的压缩处理实际包括数据的压缩和解压缩过程，压缩是编码过程，解压缩是解码过程。数据压缩的方法很多，一般分为两大类：一类是无损压缩，即压缩中数据没有损失，解压缩时数据能够完全还原；另一类是有损压缩，即允许有一定的失真度。进行数据压缩，压缩比是一个关键的指标，它是指压缩前后数据量的比值，在不引起失真的情况下，压缩比较大为好。另外，数据压缩过程中所用的算法要简单，压缩和解压缩速度要快，数据还原时恢复效果要好，这些是压缩处理中需要注意的问题。多媒体系统常用的无损数据压缩算法有哈夫曼编码、算术编码和行程编码等；有损数据压缩算法有预测编码、变换编码、子带编码、矢量量化编码、混合编码和小波编码等。在压缩算法的实现中，可以用软件或硬件的方法实现，也可以用软硬件结合的方法实现。电子技术的飞速发展为数据压缩算法的硬件实现创造了非常良好的条件，高效、实用和标准的压缩算法基本都被制作成专用芯片，这为多媒体技术的发展和应用铺平了道路。

3. 多媒体数据库技术

多媒体数据库是多媒体技术与数据库技术相结合产生的一种新型的数据库，多媒体数据库技术涉及计算机多媒体技术、网络技术与传统数据库技术 3 个方面，能够同时处理、编辑、存储、传输、展示多媒体信息，如文字、声音、图形、图像和视频等。

多媒体数据库技术主要包括数据建模与存储、数据索引和过滤、数据检索与查询。多媒体数据库有非常广阔的应用领域，能给用户带来极大的方便。目前的研究难点和热点是多媒体信息的查询和检索，尤其是对图像、语言进行基于内容的查询和检索。

4. 多媒体通信技术

多媒体通信技术是多媒体技术与通信技术相结合的产物，多媒体通信技术将计算机的交互性、通信的分布性和媒体的真实性完美地结合在一起，向用户提供全新的信息服务。在网络通信技术的支持下，用户可以更加方便地实现多媒体信息的采集、处理、存储、呈现与传输。当前流行的多媒体电子邮件、实时视频会议、远程教育和远程医疗等应用都离不开多媒体通信技术的支持。

5. 多媒体信息检索技术

多媒体信息检索是指根据用户的要求，通过搜索引擎对图形、图像、文本、声音、动画等多媒体信息进行检索以得到用户所需的信息。在这一检索过程中，涉及图像处理、模式识别、计算机视觉、图像理解等多种技术。基于特征的多媒体信息检索系统有着广阔的应用前景，将广泛应用于电视会议、远程教学、远程医疗、电子图书馆、艺术收藏和博物馆管理、地理信息系统、遥感和地球资源管理、计算机协同工作等方面。利用图像理解、语音识别、全文检索等技术研究多媒体基于内容的检索是多媒体技术发展的重要方向。

6. 多媒体虚拟现实技术

虚拟现实（virtual reality，VR）技术是一种可以创建和体验虚拟世界的计算机系统，是集计算机图形学、仿真技术、传感技术、通信技术、人工智能、模式识别、心理学等多门学科于一体的综合技术。虚拟现实技术的本质是通过计算机和相应外部设备对外界客观物理现实进行模拟和仿真，利用三维图形生成技术、传感交互技术以及高分辨显示技术，生成逼真的三维虚拟环境，为用户构造一个虚幻世界，让用户不受时空的限制，置身于一个虚拟环境中，去感受和体验已经过去或还没有发生的各种事件，观察和研究各种假设条件下事物发生和发展的过程，为用户更进一步认识和探索宏观与微观世界提供全新的方法和手段。

多媒体虚拟现实技术所模拟的三维仿真环境，能够给人以身临其境般的真实感受，能够让人置身其中去共同参与体验。使用者戴上特殊的头盔、数据手套等传感设备，通过计算机设备或其他终端设备，便可以进入虚拟空间，成为虚拟环境中的一员，进行实时交互，感知和操作虚拟世界中的各种对象，从而获得真实的感受和体验。目前，虚拟现实技术已广泛应用于航空航天、医学实践、建筑设计、军事训练、体育训练、娱乐游戏等许多领域。近年来，多媒体虚拟现实技术飞速发展，已成为多媒体技术的重要研究热点。

1.4 多媒体技术的发展历史和趋势

多媒体技术的发展是社会需求和社会推动的结果，是计算机、通信等技术不断成熟和扩展的结果，同时多媒体技术为计算机、通信等其他技术的应用开拓了更广阔的领域。

1.4.1 多媒体技术的发展历史

在多媒体技术的整个发展过程中，主要经历了以下几个具有代表性的阶段。

1984 年，美国 Apple 公司的 Macintosh 计算机问世，它使用了位映射处理图形的概念，使用了位图（bitmap）、窗口（window）、图标（icon）等技术。计算机界面出现了图形交互方式，使人机交互变得简单、形象和直观。

1985 年，美国 Commodore 公司率先推出了世界上第一台多媒体计算机系统 Amiga，在硬件上配置了多媒体专用芯片，使计算机具有了图像、音频、视频处理功能。

1986 年，荷兰 Philips 公司和日本 Sony 公司联合研制并推出 CD-I（compact disc interactive，交互式光盘）系统，同时公布了该系统所采用的 CD-ROM 的数据格式，为多媒体信息的存储和读取提供了有效手段。

1987 年，美国无线电公司（RCA）研究中心推出了交互式数字视频系统（DVI），这是一项用只读光盘播放视频图像和声音的技术。DVI 技术主要以计算机为平台，可以很方便地对记录在光盘上的视频信息、音频信息、图片及其他数据进行检索和重放。

1990 年，美国 Microsoft 和荷兰 Philips 等公司共同成立了多媒体个人计算机市场协会（Multimedia PC Marketing Council）。该协会的主要任务是对计算机的多媒体技术进行规范化管理和制定相应的标准。该协会制定了多媒体计算机的 MPC（Multimedia PC）标准。1991 年制定了 MPC1 标准，1993 年制定了 MPC2 标准，1995 年制定了 MPC3 标准。

自 20 世纪 90 年代至 20 世纪末，多媒体技术进入标准化阶段，并逐渐成熟。美国 Microsoft 和 IBM 公司、新加坡创通公司、日本 NEC 公司和荷兰 Philips 公司等大型计算机公司共同制定了统一的 MPC 标准：MPC-1、MPC-2、MPC-3、MPC-4。ISO（International Organization Standardization，国际标准化组织）和 ITU（International Telecommunication Union，国际电信联盟）联合制定了数字化图像压缩国际标准：JPEG 标准、MPEG 标准和 H.26X 标准。ISO 针对多媒体技术的核心设备——光盘存储系统的规格和数据格式发布了统一的标准，流行的 CD-ROM、DVD 和以它们为基础的各种音频、视频光盘的各种性能都有了统一规定。

20 世纪末至今，随着多媒体各种标准的制定和应用，多媒体技术进入蓬勃发展阶段。很多多媒体标准和实现方法已做到芯片级，并作为成熟的商品投入市场。与此同时，涉及多媒体领域的各种软件系统及工具也层出不穷。这不仅很好地解决了多媒体发展过程中必须解决的难题，还为多媒体的普及和应用提供了可靠的技术保障。随着计算机，多媒体数据采集、处理、存储，通信传输，人机交互等设备与技术的日趋成熟，多媒体技术及应用得到了蓬勃发展，并正在向更深层次发展。

1.4.2 多媒体技术的发展趋势

随着计算机软硬件及相关技术的进一步发展，用于多媒体数据采集及编辑处理的设备性能与技术越来越强大，加之应用需求大幅增加，进一步促进了多媒体技术的发展和完善。总体来看，多媒体技术正在朝以下两个方向发展。

1. 网络化

技术的创新和发展使诸如服务器、路由器、转换器等网络设备的性能越来越高，包括用户端 CPU、内存、图形卡等在内的硬件能力空前扩展。交互的、动态的多媒体技术能够在网络环境创建出更加生动逼真的二维、三维场景。人们还可以借助各种摄像设备，把办公室和娱乐工具集合在终端多媒体计算机上，可以在世界任意角落与千里之外的同行或家人实时视频。数字信息家电、个人区域网络、无线宽带局域网、互联网通信协议与标准和新一代互联网络的多媒体软件开发，以及原有的各种多媒体业务，将会使计算机无线网络引领网络时代的新浪潮。目前，多媒体网络技术已广泛应用于科研、教育、医疗、娱乐、工业等领域。多媒体计算机与通信技术的结合已成为必然趋势。

2. 集成化、嵌入化和智能化

在未来的多媒体环境下，多媒体技术将在模式识别、全息图像、自然语言理解（语音识别与合成）和新的传感技术等基础上，利用人的多种感觉通道和动作通道（如语音、书写、表情、姿势、视线、动作和嗅觉等），通过数据传输和特殊的表达方式，如感知人的面部特征、合成面部动作和表情，以并行和非精确方式与计算机系统进行交互，以提高人机交互的自然性和高效性，进而实现虚拟现实。影视声响技术广泛应用，多媒体的时空合成、同步效果，可视化、可听化以及灵活的交互集成方法等也是多媒体领域的发展方向。

嵌入式技术的发展给多媒体系统的开发及应用拓展了很大的空间。嵌入式多媒体系统可应用在人们生活与工作的各个方面，在工业控制和商业管理领域，如智能工控设备、ATM 机等；在家庭领域，如数字式电视、WebTV、网络冰箱、网络空调等消费类电子产品等。此外，嵌入式多媒体系统还在医疗类电子设备、多媒体手机、掌上电脑、车载导航仪、娱乐、军事等方面有着巨大的应用前景。

目前多媒体计算机硬件体系结构、软件技术不断改进，多媒体计算机的性能指标进一步提高，多媒体终端设备更高度的智能化，如媒体信息的智能识别与输入、自然语言理解、机器翻译、图形的识别和理解、机器人视觉和计算机视觉智能等。将计算机芯片嵌入各种家用电器中，开发智能化家电发展前景广阔。人工智能领域的研究和多媒体计算机技术的结合也是多媒体技术的长远发展方向。

总而言之，计算机多媒体技术的研发和应用正处于高速发展的过程中，随着各种观念、技术的不断发展和创新，未来将出现更多的多媒体技术，并将彻底改变人类的生活方式和观念。

1.5 多媒体技术的应用

多媒体技术具有直观易懂、信息量大、互动性强和传播迅速等特点，加之计算机技术、通信技术等快速发展，目前多媒体技术几乎遍布各行各业以及人们生活的各个方面，广泛应用于工业、农业、商业、金融、教育、娱乐、公共服务等社会与生活领域。以下简单介绍其中几个主要方面。

1.5.1 教育培训

教育培训领域是多媒体应用最早的领域，也是发展最快的领域。以自然、容易接受的多媒体形式使人们接受教育，不但增加了信息量、提高了知识的趣味性，还增强了学习的主动性。多媒体技术的应用改变了传统的教学模式，使教学的方式、方法及教学管理等都发生了重要的变化。

1. 计算机辅助教学

计算机辅助教学（computer assisted instruction，CAI）是多媒体技术在教育领域应用的典型范例，它是新型教育方式和计算机应用技术相结合的产物，其核心内容是指以计算机多媒体技术为教学媒介而进行的教学活动。

2. 计算机辅助学习

计算机辅助学习（computer assisted learning，CAL）也是多媒体技术应用的一个方面。它着重体现在学习信息的供求关系方面。CAI 向受教育者提供有关学习的帮助信息。

3. 计算机化教学

计算机化教学（computer based instruction，CBI）是近年发展起来的多媒体技术。它代表了多媒体技术应用的最高境界，并使计算机教学手段从辅助位置走到前台，成为主角。

4. 计算机化学习

计算机化学习（computer based learning，CBL）就是充分利用多媒体技术提供学习机会。在计算机技术的支持下，受教育者可在计算机上自主学习多学科、多领域的知识。

5. 计算机辅助训练

计算机辅助训练（computer assisted training，CAT）是一种教学辅助手段。它通过计算机提供多种训练科目和练习，使受教育者加速消化所学知识，充分理解与掌握重点和难点。

6. 计算机管理教学

计算机管理教学（computer managed instruction，CMI）主要是利用计算机技术解决多方位、多层次教学管理的问题。在实施 CMI 时，计算机技术的应用强度是一个关键问题。计算机介入管理越多，其效率就越高，同时还可减少人为因素造成的纰漏。

1.5.2　电子商务

电子商务是以信息网络技术为手段，买卖双方不必谋面就可进行各种商贸活动，实现消费者的网上购物、商户之间的网上交易和在线电子支付以及各种商务活动、交易活动、金融活动和相关的综合服务活动的一种新型的商业运营模式。

通过网络和多媒体技术，顾客能够浏览商家在网上展示的各种产品，并获得价格表、产品说明书等信息，据此订购自己喜爱的商品。电子商务能够大大缩短销售周期，提高销售人员的工作效率，改善客户服务质量，降低上市、销售、管理和发货的费用，极大地改变传统的营销模式。随着社会需求的增加和技术的进步，多媒体技术将进一步助力电子商务的发展。

1.5.3　信息展示查询

多媒体信息具有直观生动的表现形式，在商业服务、信息咨询及展示等方面有着广阔的应用空间，如各种商品广告、产品演示、商贸交易等，用户通过终端或演示系统，可以方便地查看和了解相应信息。结合多媒体技术与触摸屏技术的产品展示和信息咨询系统已广泛应用于交通、旅游、邮电、娱乐等领域，其绚丽的色彩、丰富的形态、特殊的创意效果，给人一种震撼的视觉冲击感，人们不但可以通过触摸屏找到自己所需信息，而且得到了艺术享受。另外，利用多媒体技术制作电子出版物，不仅改变了传统出版物的发行、使用、收藏、管理等方式，也将对人类传统文化概念产生巨大影响。

1.5.4　娱乐和游戏

随着多媒体技术逐步趋于成熟，在影视娱乐业中使用先进的多媒体计算机技术已经成为一种趋势，大量通过计算机制作的画面效果被应用到影视作品中，提高了艺术效果和商业价值。

多媒体技术中的三维动画、仿真模拟使计算机游戏更加逼真和精彩，玩家通过计算机与游戏产生交互，很容易进入角色，产生身临其境的感觉，因此多媒体游戏深受玩家欢迎。

1.5.5　多媒体通信

多媒体计算机、电视和网络的融合形成一个极大的多媒体通信环境，不仅改变了信息传递的方式，带来通信技术的变革，而且使计算机的交互性、通信的分布性和多媒体的多样性相结合，构成继电报、电话、传真之后的第四代通信手段，向社会提供全新的信息服务。

1. 多媒体视频点播系统

用户可以任意点播多媒体视频点播（video on demand，VOD）系统中的影片。

2. 交互式电视

交互式电视（interactive TV，ITV）是一种双向电视，用户可通过电视屏幕对电视台节目库中的信息做出回应。

3. 多媒体会议系统

多媒体会议系统是将计算机技术、音频/视频编码/解码技术和网络传输管理技术集成于一体的综合应用系统。通过文字、声音、图形、图像、视频等综合表现形式和手段，将会议实况完整地保留下来，形成完整的会议资料和历史资料。多媒体会议系统通过计算机网络，突破传统的会议概念，使会议室没有了地理上的差异和限制，与会者可以在自己的计算机上参加多媒体视频会议，并可对关键部分反复播放，大大提高了会议质量，适应了信息时代高节奏、高效率的发展需要。远程视频会议系统可以实现在不同地点的主会场及分会场同时召开会议，既降低了会议费用，又节省了与会者宝贵的时间。

4. 多媒体办公自动化

多媒体办公自动化是指采用先进的数字影像技术和多媒体计算机技术，把文件扫描仪、图文传真机以及文件微缩系统等现代办公设备综合起来管理，以影像代替纸张、用计算机代替人工操作构成的全新的办公自动化系统。

5. 计算机支持的协同工作

计算机支持的协同工作（computer supported cooperative work，CSCW）是指在计算机支持的环境中，由一个群体协同工作以完成一项共同的任务，主要应用于工业产品的协同设计与制造、远程会诊、不同地域的同行间的学术交流、师生间的协同式学习等。

1.5.6 虚拟仿真

虚拟仿真是一项与多媒体技术密切相关的新技术，它通过综合应用计算机图像、模拟与仿真、传感器、显示系统等技术和设备，以模拟仿真的方式，给用户提供一个真实反映操纵对象变化与相互作用的三维图像环境所构成的虚拟世界，并通过特殊的反馈显示设备给用户提供一个与虚拟世界相互作用的三维交互式体验。它可应用于建模与仿真、科学计算可视化、设计与规划、教育与训练、医学、艺术与娱乐等多个方面。虚拟仿真所生成的视觉环境和音效是立体的，人机交互和谐友好，它所创造的环境让人有身临其境的感觉。将多媒体技术用于模拟实验和仿真研究，会大大促进科研与设计等工作的发展。虚拟仿真技术的应用前景非常广阔，目前可采用多媒体技术模拟化学反应、火山喷发、天体演化、生物进化等的过程，使人们轻松、形象地了解事物变化的原理和关键环节，能够建立必要的感性认识，使难以用语言准确描述的复杂变化过程变得形象而具体。

1.5.7 现代医疗影像及诊断

多媒体和计算机技术的快速发展使医疗影像及诊断进入了网络化和智能化阶段。现代先进的医疗影像诊断技术的共同特点是以现代物理技术为基础，借助计算机和多媒体等技术，对医疗影像进行数字化和重建处理，计算机在成像过程中起着至关重要的作用。多媒体医疗影像系统在媒体种类、媒体介质、媒体存储及管理方式、诊断辅助信息、直观性和实时性等方面都遥遥领先于传统诊断技术，其从根本上解决了医疗影像的存储管理问题。同时，随着临床要求的不断提高以及多媒体技术的发展，出现了新一代具有多媒体处理功能的医疗诊断系统。在医疗诊断中经常采用的实时动态视频扫描、声影处理等技术都是多媒体技术成功应用的例证。

多媒体技术的应用还涉及其他很多领域，随着多媒体技术、计算机及网络通信技术的发展，社会信息化程度的不断提高，多媒体应用将越来越深入工作和生活中。

第2章 图形图像编辑技术

学习目标

- 掌握图像编辑技术的基本概念
- 掌握 Photoshop CC 2018 工作界面及基本工具的使用
- 熟悉 Photoshop CC 2018 图像编辑的基本原理及流程
- 了解 Photoshop CC 2018 常用术语

重点难点

- Photoshop CC 2018 图形图像编辑的基本原理与流程
- Photoshop CC 2018 工作界面及基本工具的使用
- Photoshop CC 2018 图形图像编辑的理论知识

图像与我们的生活密切相关，它无处不在，从寓言故事到漫画，从黑白照片到艺术写真……在浩瀚的网络资源中，图像信息更是占据着不容忽视的地位。由于在教育、学习、艺术创作、生活、娱乐等方面经常会用到各种各样的图像，而且不可避免地会遇到对图像信息不满意的情况，因此，修改图像信息或者对图像进行处理是不可或缺的重要技能。本章以 Photoshop CC 2018 为操作平台介绍数字化图形图像处理技术。

2.1　图形图像编辑概述

2.1.1　图形与图像的概念

1. 图形

图形一般是指由计算机绘制的直线、圆、圆弧、矩形、曲线和图表等，即由外部轮廓线条构成的矢量图。图形用一组指令集合来描述图的内容，如描述构成该图的各种图元的位置维数、形状等。图形可任意缩放，不会失真。图 2-1 所示为图形示例。

矢量图形一般是在计算机中使用绘图软件绘制得到的，典型的矢量图形绘制软件有 Illustrator、CorelDRAW 和 AutoCAD 等。矢量图形的常用格式有 AI（Illustrator）、CDR（CorelDraw）和 DWG（AutoCAD）等。

2. 图像

图像是指由扫描仪、摄影/摄像机等输入设备捕捉实际的画面产生的数字图像，如照片、电影胶片和物理图像（如人眼可见的自然图像）等，即由像素点阵构成的位图。它用数字任意描述像素点、强度和颜色。图像文件存储量较大，所描述对象在缩放过程中会损失细节或产生锯齿。图 2-2 所示为图像示例。

图 2-1　海鸥图形

图 2-2　海鸥图像

目前用于处理位图的软件主要有 Photoshop、光影魔术手、美图秀秀等。位图图像的格式有 BMP、JPG、GIF、PSD、TIF、PNG 等。

2.1.2　文件大小与分辨率

1. 文件大小

文件大小是指图像存储或记录数据的大小，一般以 KB、MB 及 GB 为单位。文件大小与图像的像素多少成正比，图像中包含的像素越多，需要的磁盘存储空间越大。

2. 分辨率

（1）图像的分辨率：一般是指图像在单位长度内含有的像素的数量，用像素/英寸（ppi）

来表示。图像的分辨率决定了图像细节的精细程度，一般来说，图像的分辨率越高，所包含的像素就越多，图像也就越清晰，印刷的质量也就越好。正常情况下，如果希望图像仅用于显示，可将其分辨率设置为 72 ppi 或 96 ppi（与显示器分辨率相同）；如果希望图像用于印刷或打印输出，则应将其分辨率设置为 300 ppi 或更高。

图像分辨率还有一种表示方法，即图像在宽和高方向上的像素量。例如，一幅分辨率为 1800×2100 的图像，表示其宽为 1800 像素，高为 2100 像素，总像素为 1800×2100。

（2）显示器的分辨率：显示器的分辨率分为设备分辨率和屏幕分辨率两种。

2.1.3 色彩的基本概念

1. 色彩三要素

色彩主要包括以下三要素。

（1）色相：是人眼对光的彩色感觉，它反映颜色的种类，是决定颜色的基本特性，如绿、红、黄等颜色。

（2）饱和度：指颜色的纯度，或者说是表示颜色的深浅程度的物理量。对于同一色调的彩色光，饱和度越高，颜色越鲜明或者说越纯。

（3）亮度：指光作用于人眼时所引起的明亮程度的感觉，它与被观察物体的发光强度有关。发光强度越强，对应的色彩亮度就越高。

2. 常用颜色模式

颜色模式是图像设计的基础知识，它决定了使用何种颜色模型来描述和重现图像的色彩。颜色模式不同，能表示的颜色范围就不同。颜色模式还影响图像的默认颜色通道的数量和图像文件的大小。

不同颜色模式有不同的用途，常见的有 RGB 模式、CMYK 模式、Lab 模式、位图模式、灰度模式、索引模式等。

2.1.4 常用文件格式

文件格式是指应用软件生成的数据文件是以什么方式来描述的。不同的软件应该有统一的描述原则，才可共享数据文件。在图形图像编辑过程中，为了适应不同方面的应用，图形图像可以以多种格式进行存储。

1. PSD 格式

PSD 格式是 Photoshop 图像处理软件的独有文件格式，支持图层、通道、蒙版和不同色彩模式的各种图像特征，是一种非压缩的原始文件保存格式。PSD 文件可以保留所有原始信息，在图像处理中，对于尚未制作完成的图像，用 PSD 格式保存是最佳的选择。

2. BMP 格式

BMP 格式是 Windows 操作系统中“画图”程序的标准文件格式，与大多数 Windows 和

OS/2 平台的应用程序兼容。由于该格式采用的是无损压缩，因此其优点是图像完全不会失真，而缺点是图像文件较大。

3. JPEG 格式

JPEG 格式能以很高的压缩比例来保存图像。虽然它采用的是具有破坏性的压缩算法，但图像质量损失不大，通常用于存储自然风景、人和动物的各种彩照，以及大型图像等。JPEG 格式的图像在打开时自动解压缩，高等级的压缩会导致较低的图像品质，低等级的压缩则产生较高的图像品质。

4. GIF 格式

GIF 格式为 256 色的图像，其特点是文件较小，支持透明背景，特别适合作为网页图像。此外，还可以制作 GIF 格式的动画。

5. PNG 格式

PNG 格式可以在不失真的情况下压缩保存图像，并且支持透明背景和消除锯齿边缘的功能。作为 GIF 的免专利替代品开发的 PNG 格式可用于 Web 上无损压缩和显示图像。

6. TIFF 格式

TIFF 格式简称 TIF 格式，用于在应用程序之间和计算机平台之间交换文件，广泛应用于高质量的图像文件处理，以不失真的形式压缩图像。TIF 是一种应用非常广泛的图像文件格式，可以保持图层、通道和透明信息等，几乎所有的扫描仪和图像处理软件都支持该格式。

2.2　认识 Photoshop CC 2018

Photoshop（简称 PS）是 Adobe 公司推出的一款功能强大的图像处理软件，广泛应用于平面设计、数码摄影后期处理和网页设计等方面。随着现代智能手机照相功能越来越完善和数码相机的普及，越来越多的人开始学习使用 Photoshop 来修饰和处理数码照片，或者通过合成照片、添加艺术文字等制作出精美的作品。

2017 年，Adobe 公司推出了 Photoshop CC 2018。本章通过介绍 Photoshop CC 2018 的应用领域、新增功能、工作界面、基本工具、工作区和设计流程等内容，使读者对 Photoshop 有一个整体的了解和认识，并能够熟练使用 Photoshop CC 2018 处理图形图像。

2.2.1　Photoshop CC 2018 的应用范围

Photoshop 的应用范围非常广泛，主要应用在平面设计、照片修复、UI 界面设计和图像创意等多个领域。

1. 平面设计

诸如图书封面、招贴、海报、喷绘等具有丰富图像的平面印刷品，基本都需要使用 Photoshop

软件对图像进行设计。当设计者使用其他软件进行设计时，用到的无背景图片也需经过 Photoshop 抠图，再调入其他软件。

2. 照片修复

Photoshop 具有强大的修图、调色功能。利用这些功能，可以快速修复照片，如可以修复人脸上的斑点、皱纹等缺陷，可以快速调色等。

3. UI 界面设计

目前来说，界面设计是一个新兴的领域，已经受到越来越多的软件企业及开发者的重视。其也是一个全新的职业，在界面设计行业，绝大多数设计者都会使用 Photoshop 作为图像处理工具。

4. 图像创意

创意合成是 Photoshop 的常用处理方式，通过 Photoshop 的处理，可以将原本毫无关联的图像组合在一起，合成一个精美的创意作品。

2.2.2 Photoshop CC 2018 新增功能

Photoshop CC 2018 具备先进的图像处理技术、全新的创意选项和极高的性能，可以有效增强用户的创造力，大幅提升用户的工作效率。与前面的几个版本相比较，其具有如下几个全新的功能。

1. 新增“学习”面板提供教程

在 Photoshop CC 2018 中，用户可以通过“窗口”菜单打开“学习”面板，通过该画板学习摄影、修饰、合并图像、图形设计 4 个主题的教程，根据文字提示一步步完成操作即可。

2. 增强云获取的途径

Photoshop CC 2018 除了可以通过开始界面从“创意云”中获取同步图片，还增加了 Lightroom（简称 LR）的同步照片功能。用 Photoshop 打开 LR 中的图片后，若再次通过 LR 修改图片，在 Photoshop 中只需刷新即可实时显示修改后的效果。

3. 共享文件

在 Photoshop CC 2018 中，执行“文件”|“共享”命令，可打开“共享”面板，该面板中集合了很多社交 App，而且可以继续从商店下载更多的可用应用，操作简单方便。

4. 新增“路径选项”功能

在 Photoshop CC 2018 中，用户可以通过新增的“路径选项”功能更改路径的颜色和粗细，方便区分不同的路径。

5. 全新的“绘画对称”功能

Photoshop CC 2018 引入了“绘画对称”功能，默认状态为关闭。如果要开启此功能，需要在“首选项”|“技术预览”中选中“启用绘画对称”复选框。在使用画笔、铅笔或橡皮擦工具绘制对称图形时，单击选项栏中的蝴蝶图标，可选择对称类型，从而更加轻松地绘制人脸、汽车、动物等对称图案。

2.3　利用 Photoshop CC 2018 编辑图像

2.3.1　Photoshop CC 2018 的启动与退出

启动 Photoshop CC 2018 后，系统会自动弹出一个如图 2-3 所示的启动界面工作区，在该界面中可以打开或新建文档、显示预览近期作品、开始任务、查看最近使用的文件等。

图 2-3　Photoshop CC 2018 启动界面工作区

- 最近使用项：选择相应选项，可以查看最近打开或创建的文件，双击即可在 Photoshop 中打开文件。
- 新建/打开：单击按钮，可以新建/打开文档。
- 搜索：单击该按钮，在弹出的文本框中输入需要搜索的关键字，即可搜索出与该关键字相关的信息。

2.3.2　图像基本编辑

Photoshop 可以对图像进行编辑，也可以创建新的图像。新建文件、打开文件以及保存文件等操作都是为了有效管理文件而必须掌握的基础内容。

1. 文件的基本操作

Photoshop CC 2018 文件的基本操作包括新建文件、打开文件、保存文件以及关闭文件等，这些操作主要是通过“文件”菜单的相关命令来执行，如图 2-4 所示。

2. 文件操作的恢复与还原

在编辑图像的过程中，如果操作出现了失误，可以使用“历史记录”面板（见图 2-5）或其他多种功能，如按 Ctrl+Shift+Z 快捷键（前进一步）或按 Ctrl+Alt+Z 快捷键（后退一步），撤销操作或还原至某一步状态。

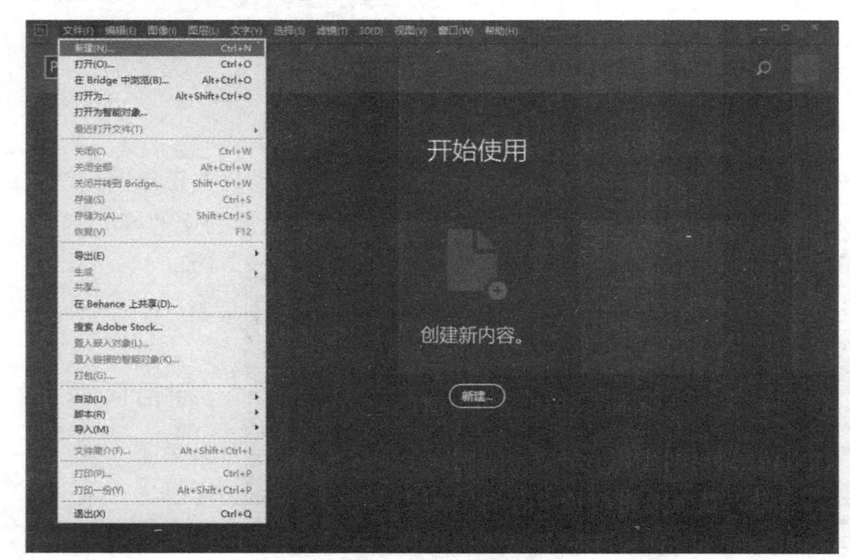

图 2-4 “文件”菜单

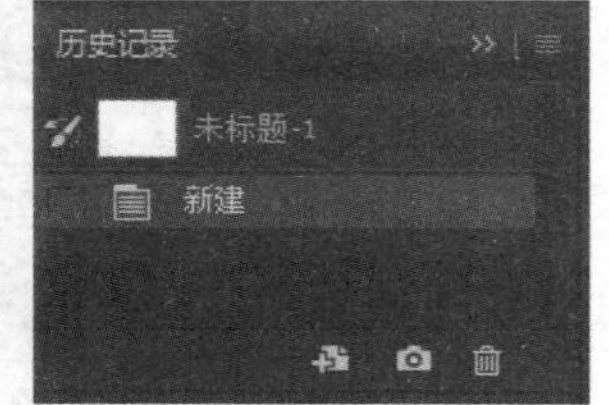

图 2-5 “历史记录”面板

3. 工具箱介绍

Photoshop CC 2018 的工具箱是所有工具的集合，工具箱中的工具可用来选择、绘画、编辑以及查看图像等。拖动工具箱的标题栏，可移动工具箱；单击可选中工具；移动鼠标指针到某工具上，属性栏会显示该工具的属性。有些工具的右下角有一个小三角形符号，这表示在工具位置上存在一个工具组，其中包括若干个相关工具，如图 2-6 所示。工具箱中的主要工具功能介绍如下。

- 移动选区工具：按住 Ctrl 键选中图层的所有图像，然后使用移动选区工具单击并拖动，再按住 Alt 键可移动并复制选区内的图像。
- 矩形选框工具：可创建矩形、椭圆、单行和单列选区。
- 套索工具：包括磁性套索工具和多边形套索工具，可制作手绘图、多边形、磁性选区。抠选区就经常用到它。
- 魔棒工具：可选择颜色相近的选区，按住 Shift 键可以增加选区，按住 Alt 键可以减少选区。单击即可创建选区，通过识别颜色范围来确定选区。其中会用到容差值，指颜色取样时的宽容度，容差值越大，选择的图像范围越大，反之，则越小。

- 裁剪工具：可以移去部分图像，留下想要的部分，在裁剪结束前，拖动裁剪框上的节点可以更改裁剪的区域，按 Enter 键应用裁剪区域，按 Esc 键取消裁剪，裁剪后会将多余的像素删除，可以根据需求对图像大小进行适当的裁剪。
- 吸管工具：单击图像可吸取颜色作为前景色，按住 Alt 键不放在图像中单击则作为背景色，在“色块”中单击作为前景色，按住 Ctrl 键不放单击则作为背景色。
- 污点修复工具：可利用样本图案来修复所选择图像区域中不完美的部分，多数用于对一些小瑕疵的部分进行修饰。
- 画笔工具：绘制画笔描边。降低画笔的硬度或选择柔边缘笔尖，可使绘制的画笔边缘虚化。
- 仿制图章工具：可用图像的样本来绘图，选择工具，按住 Alt 键单击进行取样，取样后涂抹时会出现一个圆圈，圆圈内区域表示正在涂抹的区域。之后出现一个十字光标，当涂抹区域正从十字光标所在位置进行取样操作时，十字光标和圆圈的距离保持不变。
- 历史记录画笔工具：可以有针对性地对图片中的某一个部分进行撤销和还原操作（局部的恢复），用历史记录画笔工具恢复的是最原始的状态，需配合“历史记录”面板使用。

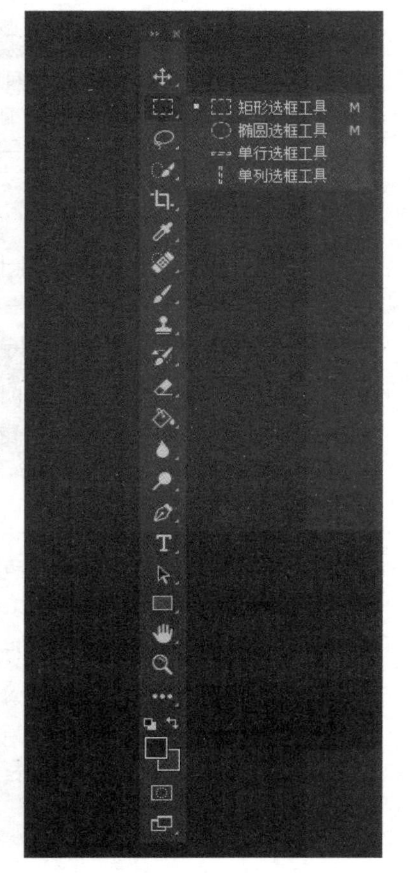

图 2-6　工具箱

- 橡皮擦工具：具有擦去功能，但仅限于当前所在图层。如果想要擦去的内容不在当前所选择的图层，是无法擦去的。
- 油漆桶工具：填充颜色或图案，按 Alt+Delete 快捷键填充前景色，按 Ctrl+Delete 快捷键填充背景色。
- 模糊工具：涂抹使画面变模糊，皮肤磨皮操作可以用这一工具处理。
- 减淡工具：涂抹使画面变亮，可以用于美白皮肤。
- 钢笔工具：用来创造路径，创造路径后还可再编辑。钢笔工具属于矢量绘图工具，其优点是可以勾画平滑的曲线，在缩放或者变形之后仍能保持平滑效果。
- 文字工具：创建两种类型文字，包括点式文字（单击）和段落文字（拖曳框选，只在框选范围内显示）。
- 路径选择工具：选择一个闭合的路径或者一个独立存在的路径。
- 矩形工具：可以拖动鼠标在绘图区内绘制所需要的矩形。
- 抓手工具：用来移动画布。
- 缩放工具：局部放大或缩小。

4. 图像大小调整和画布大小调整

在 Photoshop 中，无论调整的是图像大小还是画布尺寸，都与像素密不可分。

（1）图像大小调整：执行“图像”|“图像大小”命令，即可打开“图像大小”对话框对图像大小进行设置，如图 2-7 所示。

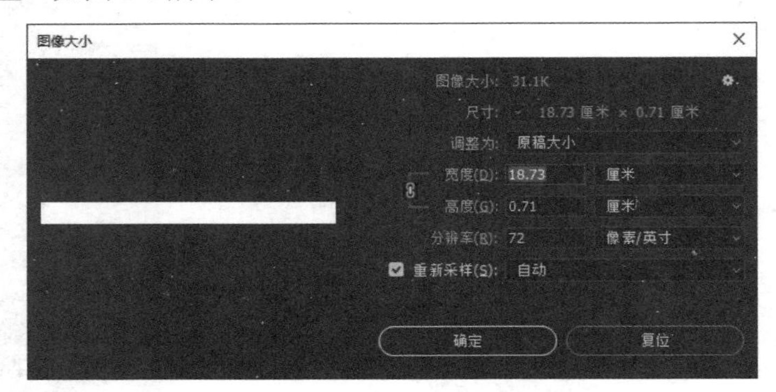

图 2-7 “图像大小”对话框

在“图像大小”对话框中可以调整图像的尺寸和分辨率。更改图像的像素大小不仅会影响图像在屏幕上的大小，还会影响图像的质量及其打印特性，同时也决定了其占用的存储空间。

（2）画布大小调整：执行“图像”|“画布大小”命令，在打开的“画布大小”对话框中对画布大小进行设置，如图 2-8 所示。

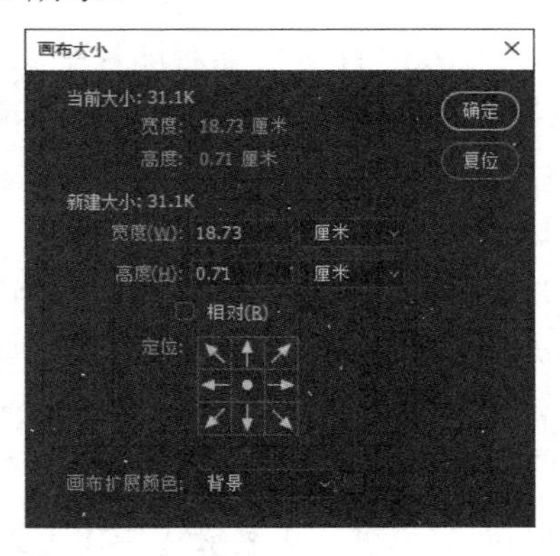

图 2-8 “画布大小”对话框

在 Photoshop 中画布指的是绘制和编辑图像的工作区域。如果希望在不改变图像大小的情况下调整画布大小，可以通过调整画布的宽度和高度来实现。

5. 图像的变换与变形操作

（1）先建立一个选区，执行“编辑”|“变换”命令，在“变换”子菜单中包含对图像进行变换的多种命令，如图 2-9 所示。执行这些命令可以对图像进行变换操作，如缩放、旋转、斜切和透视等。

（2）执行“编辑”|“自由变换”命令，或按 Ctrl+T 快捷键，显示定界框，此时在定界框内右击，在弹出的快捷菜单（见图 2-10）中可以选择不同的命令，对图像进行任意的变换。

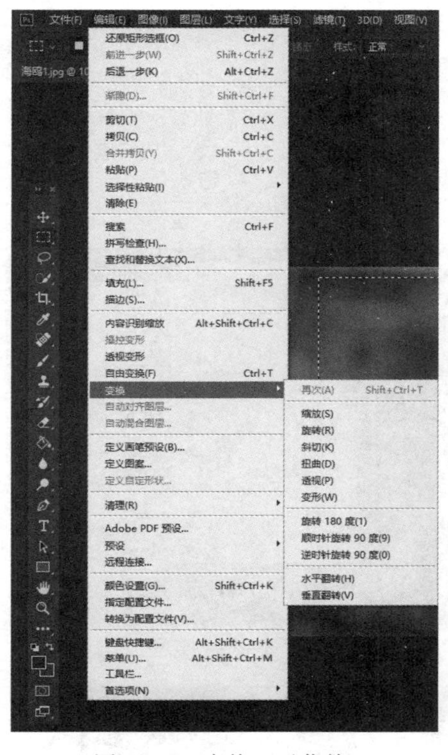

图 2-9　“变换”子菜单

图 2-10　变换快捷菜单

2.3.3　图像色调与颜色调整

在 Photoshop 中，可以使用色彩和色调调整工具对图像进行快捷的调整，从而达到美化图片的效果。

1. 查看图像颜色模式

在 Photoshop 中编辑图像时，查看图像的颜色模式，了解图像的属性，可以方便对图像进行各种操作。

执行“图像”|“模式”命令，在打开的子菜单中已勾选的选项，即为当前图像的颜色模式，如图 2-11 所示。

2. 图像色彩变换编辑

在 Photoshop 中经常需要为图像调整颜色，在“图像”|“调整”子菜单中，包含“亮度/对比度”“色阶”“曲线”等命令，不同的命令有各自独特的选项和操作特点，都可以针对图像的色阶和色调进行调整，如图 2-12 所示。

图 2-13 所示为一件黄色毛衣，通过“色相/饱和度”命令进行适当调整后，即可在不影响毛衣质感的前提下调整为红色毛衣，如图 2-14 所示。

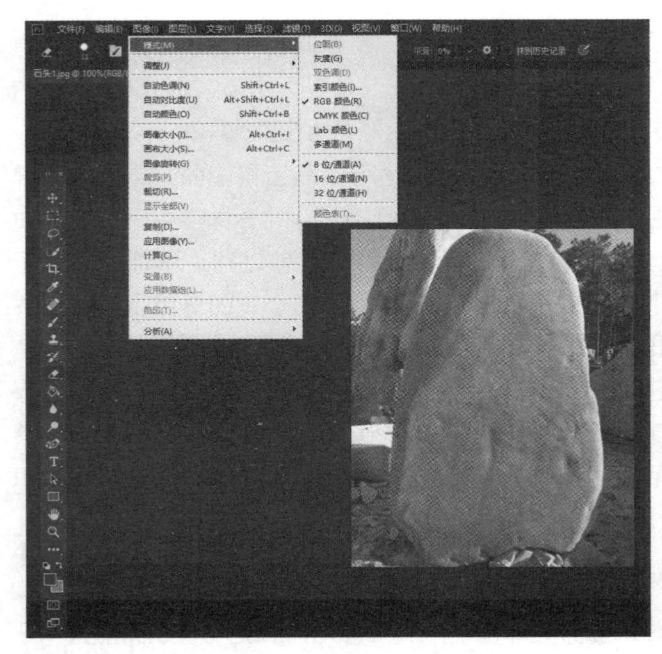

图 2-11　当前图片颜色模式

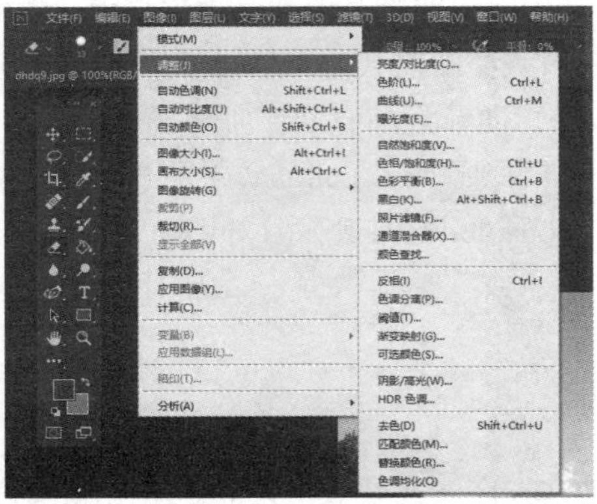

图 2-12　“调整”子菜单

图 2-13　黄色毛衣

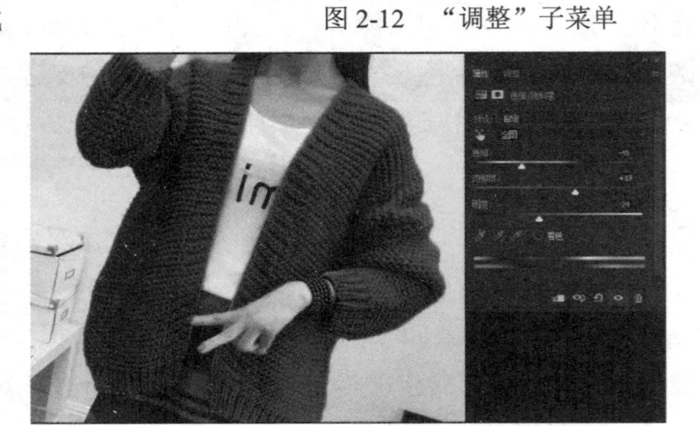

图 2-14　红色毛衣

2.3.4　图层

1. 图层与图层操作

Photoshop 中的图层是最为重要的概念之一，它承载着几乎所有的编辑操作，在编辑任何对象时都要先选中对象所在的图层。每个图层都保存着特定的图像信息，根据功能的不同分成各种不同的图层，如文字图层、形状图层、填充或调整图层等。对图层的基本操作包括创建新的图层、图层复制、图层锁定、图层的隐藏与显示、调整图层顺序、图层合并、图层重命名、栅格化图层内容、图层的删除等，以上操作可以在“图层”面板中单击对应的按钮来完成，如图 2-15 所示。

2. 创建与编辑图层样式

图层样式是一个效果集合，包括投影、内阴影、外发光、内发光、斜面和浮雕、光泽、颜色叠加、图案叠加、渐变叠加、描边等图层效果，使用图层样式能够快速更改图层内容的外观，制作丰富的图层效果。执行“图层”|“图层样式”命令，或者双击当前图层，均可打开“图层样式”对话框，如图 2-16 所示。

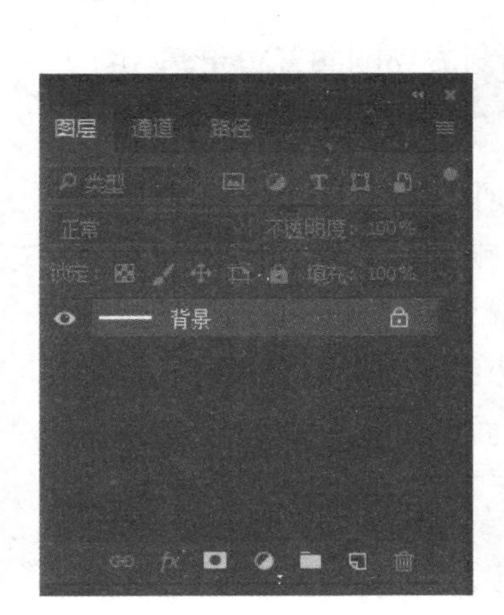

图 2-15 “图层”面板

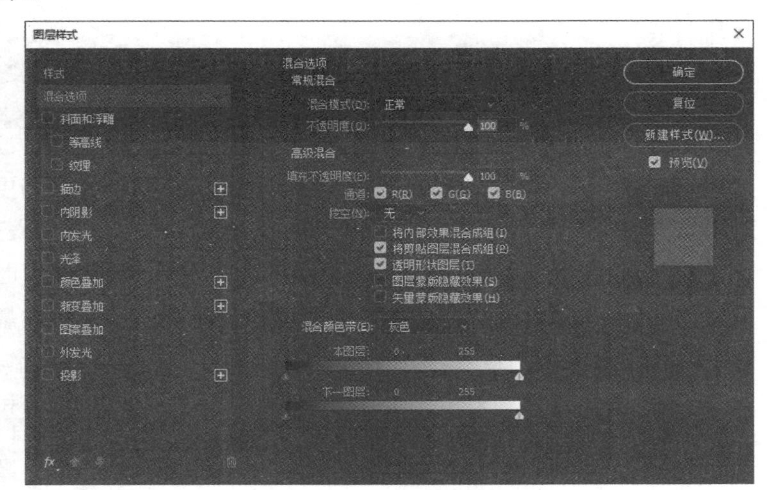

图 2-16 “图层样式”对话框

例如，要给一个图层对象做出投影效果，可以在“图层”面板双击该对象所在图层，打开“图层样式”对话框，选择“投影”选项，该对象在编辑区域就会出现一个投影的效果。如果对投影效果不满意，还可以单独编辑投影效果，双击图层下面的“投影”，打开“投影”对话框，设置投影的距离、方向、颜色等，如图 2-17 所示。

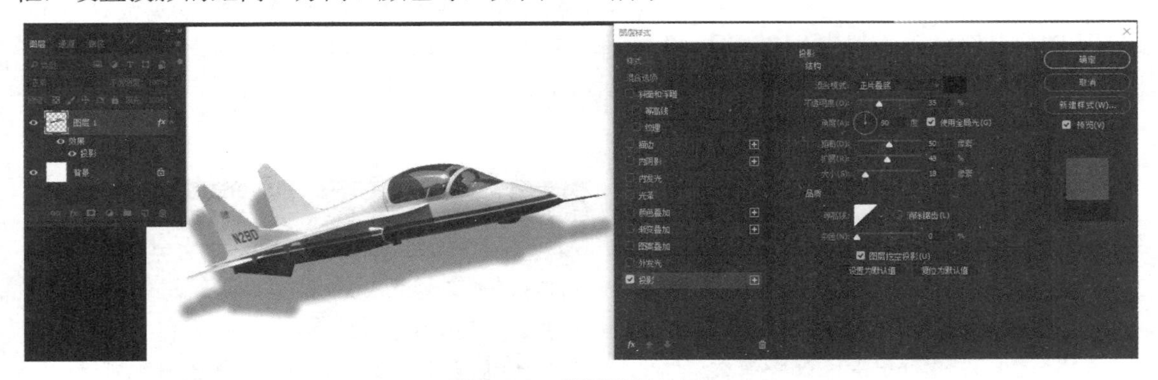

图 2-17 设置投影效果

在“图层样式”对话框中，不但可以修改选中图层的混合选项，还可以通过对“混合颜色带”的本图层和下一图层的调节（按住 Alt 键进行左右调节），做出两个图层互相融合的效果，如图 2-18 所示。

图 2-18 图层混合效果图

2.3.5 蒙版

Photoshop 蒙版是不同于常规选区的一种特殊的选区。常规选区表现的是对所选区域进行操作，而蒙版却相反，它是对所选区域进行保护，让其免于操作，而对非掩盖的地方进行操作。

Photoshop 提供了 3 种类型的蒙版：图层蒙版、剪贴蒙版和矢量蒙版。

1. 图层蒙版

图层蒙版可以理解为在当前图层上面覆盖的一层玻璃片，这种玻璃片分为透明和不透明两种，前者显示全部，后者隐藏部分。

通过运用各种绘图工具在蒙版上（即玻璃片上）涂色（只能涂黑、白、灰色），涂黑色使蒙版变为不透明，看不见当前图层的图像；涂白色则使涂色部分变为透明，可看到当前图层上的图像；涂灰色使蒙版变为半透明，透明的程度由涂色的灰度深浅决定。

例如，在蓝天白云的图片（见图 2-19）上粘贴一张石头图片（见图 2-20），适当调整大小，让两张图片大小一样，在“图层”面板中单击“添加图层蒙版”按钮，添加一个图层蒙版，选择画笔工具，设置适当的大小和羽化参数值，将前景色改为黑色，在石头图片上进行涂抹，即可做出一张带特效的图片，如图 2-21 所示。

图 2-19 蓝天白云

图 2-20 石头

图 2-21　图层蒙版效果图

2. 剪贴蒙版

图层蒙版和矢量蒙版只能控制一个图层，而剪贴蒙版可以通过一个图层来控制多个图层的可见内容，可以应用在两个或两个以上的图层，但是这些图层必须是相邻且连续的。例如，要在白色花瓶表面（见图 2-22）贴上梅花图案（见图 2-23），可以先用快速选择工具选择花瓶，按 Ctrl+J 快捷键复制一个花瓶图层，再把梅花图片复制到花瓶照片上，在梅花图片所在图层右击，在弹出的快捷菜单中选择“剪贴蒙版”，再把混合模式改为“变暗”，即可得到需要的效果图片，如图 2-24 所示。

图 2-22　花瓶

图 2-23　梅花

图 2-24　剪贴蒙版效果图

3. 矢量蒙版

矢量蒙版依靠路径图形来定义图层中图像的显示区域。它与分辨率无关，是由钢笔或形状工具创建的。使用矢量蒙版可以在图层上创建锐化、无锯齿的边缘形状。

2.3.6 通道

在 Photoshop 中，通道主要有两种用途：一种是存储和调整图像颜色，一种是存储选区或创建蒙版。

在实际运用中，每一幅图像都需要通过若干通道来存储色彩信息，通道以灰度图像的形式存储不同类型的信息。通道主要包括 3 种类型，分别是颜色信息通道、Alpha 通道和专色通道。

2.3.7 路径

路径指的是使用钢笔工具或形状工具创建的直线或曲线轮廓，Photoshop 中的路径也可以是转换为选区或者使用颜色填充和描边的轮廓。路径按照形态分为开放路径、闭合路径以及复合路径。图 2-25 所示为开放路径，图 2-26 所示为闭合路径。

图 2-25 开放路径

图 2-26 闭合路径

利用 Photoshop 中的钢笔和形状等矢量工具可以创建不同类型的对象，包括形状图层、工作路径和像素图形。路径可以非常容易地转换为选区、填充颜色或图案、描边等，也是在抠图中常用到的工具。

路径是矢量对象，它不包含像素，因此没有进行填充或描边处理的路径是不能被打印出来的。

2.3.8 文字

文字作为一个重要载体，在平面设计中是不可缺少的元素。文字是传递信息的重要工具之一，不仅可以传达信息，还能起到美化版面、强化主题的作用。它经常用在广告、网页、画册等设计作品中，可以起到画龙点睛的作用。图 2-27 所示为文字效果图。

1. 使用文字工具录入文字

Photoshop CC 2018 中的文字工具包括横排文字工具、直排文字工具、横排文字蒙版工具和直排文字蒙版工具 4 种，如图 2-28 所示。

图 2-27　文字效果图

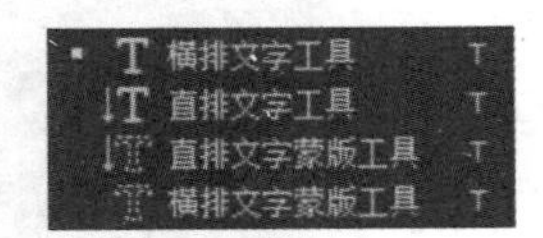

图 2-28　文字工具

其中，横排文字工具和直排文字工具用来创建点文字、段落文字和路径文字；横排文字蒙版工具和直排文字蒙版工具用来创建文字选区。通过工具选项栏可以设置字体、大小、文字颜色等，如图 2-29 所示。

图 2-29　文字工具选项栏

2. 编辑文字

在 Photoshop 中，可以对文字进行编辑、转换等操作，如文字变形、创建路径文字等，从而让文字变得更生动。

在图像窗口中绘制一条弯曲的路径线，选择横排文字工具，设置前景色为红色，在工具选项栏“设置字体”下拉列表框中选择“黑体”字体，确定字体大小，完成后将光标放置在路径上方，光标会显示为形状，单击输入文字，文字会自动沿着路径排列，按 Ctrl+Enter 快捷键确定，完成文字的输入后按 Ctrl+H 快捷键隐藏路径，即可得到如图 2-30 所示的效果图。

图 2-30　路径文字

3. 水平与垂直文字相互转换

在创建文本后，如果想要调整文字的排列方向，可单击工具选项栏中的“更改文本方向”按钮，也可以执行“图层”|“文字”|“水平/垂直”命令来进行切换。

4. 栅格化文字（将普通文字转为图层）

Photoshop 中文字图层不能直接使用选框工具、绘图工具等进行编辑，也不能添加滤镜，所以必须将文字栅格化为图像。

选择文字图层为当前图层，然后执行“图层”|“栅格化”命令，或在图层上右击，在弹

出的快捷菜单中选择“栅格化文字”命令，可将文字图层转换为普通图层，之后便可以对其进行图像的所有操作，如图 2-31 所示。

图 2-31　栅格化文字

2.3.9 滤镜

Photoshop 中的滤镜主要用来实现图像的各种特殊效果，它在 Photoshop 中具有非常神奇的作用。所有的滤镜在 Photoshop 中都被分类放置在“滤镜”菜单中，用户使用时只需要从该菜单中执行相应命令即可，如图 2-32 所示。滤镜的操作是非常简单的，但是真正用起来却很难恰到好处。滤镜通常需要同通道、图层等联合使用，才能取得最佳艺术效果。

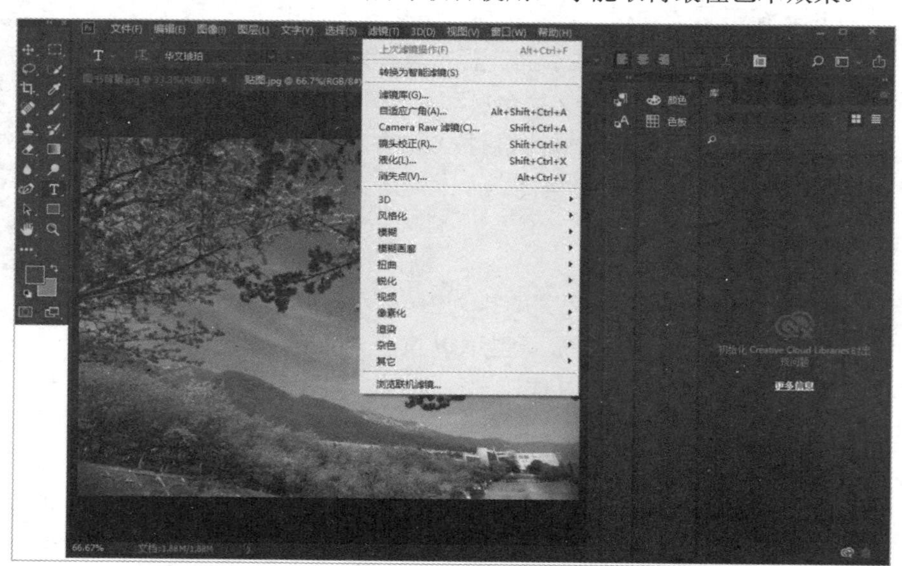

图 2-32　“滤镜”菜单

Photoshop 滤镜分为两种：一种是内部滤镜，即安装 Photoshop 时自带的滤镜；另一种是外挂滤镜，需要进行安装后才能使用。常见的外挂滤镜包括 KPT、PhotoTools、Eye Candy、Xenofex、Ulead effect 等，Photoshop 第三方滤镜有 80 000 种以上。正是这些种类繁多、功能齐全的滤镜使 Photoshop 爱好者更痴迷图像制作。

例如，要在石头图片（见图 2-33）上刻上如图 2-34 所示的文字，就可以用 Photoshop 的滤镜功能完成。

图 2-33　石头

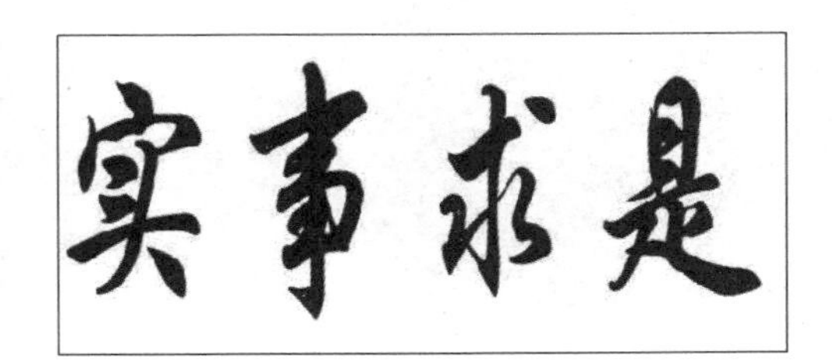

图 2-34　文字

首先打开石头图片，再把文字图片复制到石头图片上面，适当调整大小。单击石头图片所在图层的隐藏按钮，把石头图片隐藏。把文字图片另存为“文字.psd”文件，然后隐藏文字图片图层。选中石头图片所在图层，执行“滤镜”|“滤镜库”命令，在弹出的滤镜库窗口选择“纹理”|“纹理化”选项，再在右侧“纹理”下拉列表框中选择“文字”类型纹理，如图 2-35 所示，同时单击“载入纹理”按钮，载入保存的“文字.psd”文件，即可得到石头刻字效果图，如图 2-36 所示。

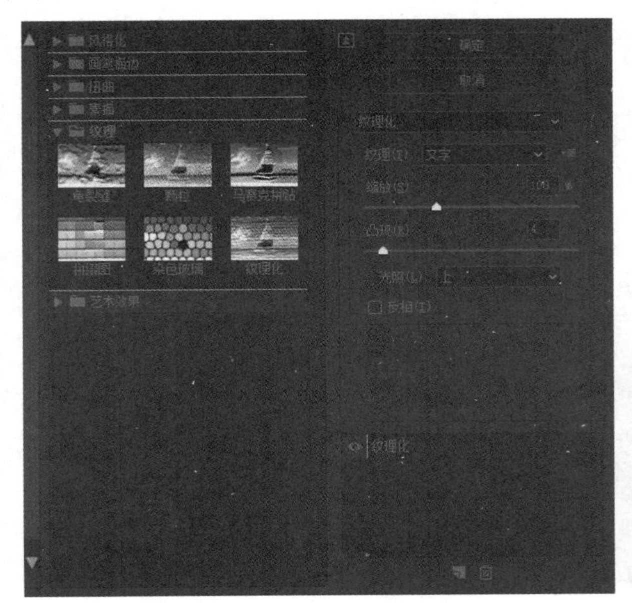

图 2-35　滤镜库纹理菜单

图 2-36　石头刻字效果图

音频编辑技术

学习目标

- 掌握 Audition CC 2018 音频录制和编辑的基本操作方法
- 掌握 Audition CC 2018 音频效果处理的基本操作方法
- 掌握 Audition CC 2018 多轨模式的基本操作方法
- 熟悉音频编辑技术的基本概念
- 熟悉数字音频相关知识
- 了解 Audition CC 2018 常用术语

重点难点

- Audition CC 2018 音频录制和编辑
- Audition CC 2018 音频效果处理
- Audition CC 2018 多轨模式

数字音频是多媒体中经常采用的媒体素材，主要表现为语音、自然声和音乐。在多媒体应用领域，数字音频媒体能够有力地衬托主题，有着举足轻重的作用。

在多媒体技术中，针对数字音频的处理主要体现在采样和编辑两个方面。其中，采样的作用是通过模/数转换器(A/D)将自然声转换成计算机能够直接处理的一串二进制数字音频信号；对数字音频的编辑一般为剪辑、合成、添加特效等操作。

3.1 音频基础知识

声音在人类生活中具有重要意义，人类靠声音传递语言和交流思想。声音来源于物体的振动，是机械振动激发周围弹性媒质（空气、液体或固体）发生的波动现象。根据声音给人的感受，可将声音分为乐音和噪声。乐音通常是有规律、有序的振动产生的声音，和谐而美好；而噪声则是无序的振动产生的声音，使人不舒服。

3.1.1 声音的基本概念

声音是由物体振动产生的，人们要听到声音，就需要介质传递声音。自然界中的声音主要是靠空气传播的，振动源使周围的介质产生共振，并以波的形式传播，而人的耳朵感觉到传播过来的振动，就产生了所谓的声音。

自然界中的声音变幻万千，人们总是根据自己的喜好去评价声音的好坏，而实际上，人的耳朵对不同频率和强度的声音的感受是不同的。在人耳能听到的声音范围内，心理的主观感受主要分为音调、响度和音色三大特征，也称为声音的三要素。

1. 音调

音调表示人耳对声音频率高低的主观感受，主要由声音的频率决定，同时与声音响度有关。对一定强度的纯音，音调随频率的升降而升降。对一定频率的纯音，低频纯音的音调随响度增加而下降；高频纯音的音调随响度增加而上升。

对音调可以进行定量的判断。音调的单位为美（mel），取频率 1000 赫兹（Hz）、声压级为 40 分贝（dB）的纯音的音调作标准，称为 1000 美。另一些纯音，听起来调子高一倍的称为 2000 美，调子低一半的称为 500 美。以此类推，可建立起整个可听频率内的音调标度。

2. 响度

响度指的是人耳对声音强弱的主观感觉。响度跟声源的振幅以及人耳距离声源的远近有关。物体在振动时偏离原来位置的最大距离叫作振幅。实验表明响度与振幅的关系是振幅越大，响度越大；振幅越小，响度越小。响度还跟距离发声体的远近有关系。声音是从发声体向四面八方传播的，越到远处振幅越小，所以人们距发声体越远，听到的声音越小。

3. 音色

音色又名音品，是指声音的感觉特性。不同的人声和不同的声响都具有不同的音色。音调的高低取决于发声体振动的频率，响度的大小取决于发声体振动的振幅，而不同的发声体由于材料、结构不同，发出声音的音色也就不同。所有能发声的物体发出的声音，除了一个基音，还有许多不同频率的泛音伴随，正是这些泛音决定了其不同的音色，使人能辨别出是不同的物体发出的声音。这样就可以通过音色的不同来分辨不同的发声物体了。

3.1.2 声音的频谱与质量

声音的频谱有线性频谱和连续频谱之分。线性频谱是具有周期性的单一频率声波；连续频谱是具有非周期性的带有一定频带所有频率分量的声波。纯粹的单一频率的声波只能在专门的设备中创造出来，声音效果单调而乏味。自然界中的声音绝大部分属于非周期性声波，具有广泛的频率分量，听起来声音饱满，音色多样，且具有生气。

声音的质量是指经传输、处理后音频信号的保真度。信号带宽范围越广，声音的质量越高。目前，业界公认的声音质量标准分为 4 级，即数字激光唱盘（CD-DA）质量，其信号带宽为 10Hz～20kHz；调频广播（FM）质量，其信号带宽为 20Hz～15kHz；调幅广播（AM）质量，其信号带宽为 50Hz～7kHz；电话的话音质量，其信号带宽为 200Hz～3400Hz。可见，数字激光唱盘的声音质量最高，电话的话音质量最低。

3.1.3 声音的连续时基性

声音在时间轴上是连续的，是具有连续性和持续性的信号，属于连续时基性媒体。构成声音的数据前后之间具有很强的关联性。

3.2 数字音频

声波可以用一条连续的曲线来表示，它在时间和幅度上是连续的，称为模拟音频信号。AM、FM 广播信号及磁带等记录的都是模拟音频信号。模拟音频信号有频率和幅度两个重要参数。声音的频率体现音调的高低，声波幅度的大小体现声音的强弱。一个声源每秒通常可以产生上千个波峰，每秒波峰发生的数目称为音频信号的频率，单位为赫兹（Hz）或千赫兹（kHz）。音频信号的幅度是指从信号的基线到波峰的距离。幅度决定了音量的强弱程度，幅度越大，音量越强。对于音频信号来说，声音的强度用分贝（dB）表示。

音频信息在计算机中是以数字的形式存放和处理的，计算机只能处理 0 和 1 这两个数字。所以，计算机处理声音时必须先将声音数字化，将模拟信号变成计算机能够处理的数字信号。

3.2.1 声音的数字化

声音的数字化就是将连续信号变成离散信号，数字化过程分为采样、量化和编码。具体来说，就是首先将音频信号在时间上离散，取有限个时间点；然后在幅度上离散，取有限个幅度值；最后将得到的数据表示成计算机能够识别和处理的数据格式。采样和量化的声音信号经编码后转换成为数字音频信号，以文件形式保存在计算机内。

3.2.2　声音数字音频采样

要正确理解音频采样，可以从采样位数和采样频率两方面分析。

1. 采样位数

采样位数可以理解为采集卡处理声音的解析度。采样位数越多，解析度就越高，录制和回放的声音就越真实。在计算机上录音的本质就是把模拟声音信号转换成数字信号。反之，在播放声音时则是把数字信号还原成模拟声音信号输出。采集卡的位数是指采集卡在采集和播放声音文件时所使用数字声音信号的二进制位数。采集卡的位数客观地反映了数字声音信号对输入声音信号描述的准确程度。8 位的采样位数，其采样精度为 256（即 2^8）个单位，16 位的采样位数，其采样精度则约为 64K（即 2^{16}）个单位。

2. 采样频率

数码音频系统通过将声波波形转换成二进制数据来再现原始声音，实现这个步骤使用的设备是模/数（A/D）转换器，它以每秒上万次的速率对声波进行采样，每一次采样都记录了原始模拟声波在某一时刻的状态，称之为样本。将一组样本连接起来，就可以描述一段声波。每一秒所采样的数目称为采样频率或采样率，单位为 Hz（赫兹）。采样频率越高，所能描述的声波频率就越高，声音的还原就越真实和自然。

采样频率一般分为 22.05kHz、44.1kHz、48kHz 3 个等级。22.05kHz 只能达到 FM 广播的声音品质，44.1kHz 是理论上的 CD 音质界限，48kHz 更加精确。对于高于 48kHz 的采样频率，人耳已无法辨别，所以在计算机上没有多少使用价值。

3.2.3　声音文件格式

声音文件格式是指数字音频文件在存储介质上的存放格式。由于数据的编码、解码方式不同，相同的数字音频可以有不同的文件格式。

1. WAVE 文件格式

WAVE 是微软公司开发的一种声音文件格式，它符合 RIFF（Resource Interchange File Format，资源互换文件格式）文件规范，用于保存 Windows 平台的音频信息资源，被 Windows 平台及其应用程序所支持。

WAVE（文件扩展名为 WAV）作为最经典的 Windows 多媒体音频格式，应用非常广泛，它使用 3 个参数来表示声音：采样位数、采样频率和声道数。声道有单声道和双声道（立体声）之分，采样频率一般有 11 025Hz（11kHz）、22 050Hz（22kHz）和 44 100Hz（44kHz）3 种。

WAVE 格式支持 MSADPCM、CCITT A Law 等多种压缩算法，支持多种音频位数、采样频率和声道，标准格式的 WAVE 文件和 CD 格式一样，也是 44.1kHz 的采样频率，速率为 88kb/s，16 位量化位数。WAVE 格式的声音文件质量和 CD 相差无几，也是目前 PC 机上广为流行的声音文件格式，几乎所有的音频编辑软件都兼容 WAVE 格式。

WAVE 音频格式的优点：简单的编/解码（几乎可直接存储来自模/数转换器的信号）、普遍的认同/支持以及无损耗存储。WAVE 格式的主要缺点：需要的音频存储空间大。对于小的存储空间或小带宽应用而言，这可能是一个重要的问题。

2. MP3 文件格式

MP3 指的是 MPEG（Moving Picture Experts Group，动态图像专家组）标准中的音频部分，也就是 MPEG 音频层。根据压缩质量和编码处理的不同分为 3 层，分别对应*.mp1、*.mp2 和*.mp3 这 3 种声音文件。MPEG 音频文件的压缩是一种有损压缩，MPEG3 音频编码具有 1∶10 到 1∶12 的高压缩率，同时基本保持低音频部分不失真，但是牺牲了声音文件中 12kHz～16kHz 高音频部分的质量来换取文件的尺寸。相同长度的音乐文件，用 MP3 格式来存储，一般只有 WAVE 文件格式的 1/10，而音质要次于 CD 格式或 WAVE 格式的声音文件。

MP3 格式压缩音乐的采样速率有很多种，可以用 64kb/s 或更低的采样速率节省空间，也可以用 320kb/s 的标准达到极高的音质。

3. RA、RMA 文件格式

互联网大行其道之后，Real Media 出现了，这种文件格式几乎成了网络流媒体的代名词。RA、RMA 就是 Real Media 中的音频文件格式，是由 Real Networks 公司研发的，其特点是可以在非常低的带宽下（低达 28.8kb/s）提供足够好的音质，让用户能在线聆听音频文件。

网络流媒体的原理非常简单，就是将原来连续不断的音频分割成一个一个带有顺序标记的小数据包，将这些小数据包通过网络进行传递，在接收的时候再将这些数据包重新按顺序组织起来播放。如果网络质量太差，有些数据包收不到或者延缓到达，它就跳过这些数据包不播放，以保证用户聆听的内容是基本连续的。

由于 Real Media 是从极差的网络环境下发展起来的，所以 Real Media 的音质并不好，包括在高比特率的时候，甚至差于 MP3。Real Media 的用途是在线聆听，并不适于编辑，所以相应的处理软件并不多。一些主流软件可以支持 Real Media 的读/写，可以实现直接剪辑的软件是 Real Networks 自己提供的捆绑在 Real Media Encoder 编码器中的 Real Media Editor，但其功能非常有限。

4. WMA 文件格式

WMA（Windows media audio）格式来自微软，音质高于 MP3 格式，更远胜于 RA 格式。WMA 格式和日本 YAMAHA 公司开发的 VQF 格式一样，以减少数据流量但保持音质的方法来达到比 MP3 压缩率更高的目的。WMA 的压缩率一般可以达到 1∶18 左右。WMA 的另一个优点是内容提供商可以通过 DRM（digital rights management）方案，如 Windows Media Rights Manager 7 加入防拷贝保护。这种内置的版权保护技术，可以限制播放时间和播放次数，甚至是播放的机器等。另外，WMA 格式还支持音频流技术，适合在网络上在线播放。

5. MIDI 文件格式

MIDI 格式允许数字合成器和其他设备交换数据。MIDI 文件并不是一段录制好的声音，而是记录声音的信息，然后告诉声卡再现音乐的一组指令。

MIDI 文件主要用于原始乐器作品、流行歌曲的业余表演、游戏音轨以及电子贺卡等。MIDI 文件重放的效果完全依赖声卡的档次。MIDI 格式的最大用处是在计算机作曲领域。MIDI 文件可以用作曲软件制作，也可以通过声卡的 MIDI 口把外接音序器演奏的乐曲输入计算机，制成 MIDI 文件。MIDI 技术的一大优点是它发送和存储在计算机里的数据量相当小，一个一分钟立体声的数字音频文件需要约 10MB 的存储空间，而一分钟的 MIDI 音乐文件只有 2KB。这也就意味着，在乐器与计算机之间传输的数据是很少的，也就是说即使最低档的计算机也能运行和记录 MIDI 文件。

6. VQF 文件格式

VQF 是 YAMAHA 公司开发的一种音频压缩格式，它的核心是用减少数据流量但保持音质的方法来达到更高的压缩率。VQF 的音频压缩率比标准的 MPEG 音频压缩率高出近一倍，可以达到 1∶18 左右，甚至更高。而像 MP3、RA 这些广为流行的压缩格式一般只有 1∶12 左右，但仍然不会影响音质。当 VQF 以 44kHz-80kb/s 的音频采样率压缩音乐时，音质优于 44kHz-128kb/s 的 MP3，而以 44kHz-96kb/s 压缩时，音质接近 44kHz-256kb/s 的 MP3。

3.3　音频处理软件 Audition CC 2018

3.3.1　Audition CC 2018 简介

Audition 是一个专业的音频编辑和混合软件，原名为 Cool Edit Pro，其出品公司 COOLEDIT 被 Adobe 公司收购后，软件改名为 Audition。Audition 专为在照相馆、广播和后期制作方面工作的音频和视频专业人员设计，可提供先进的音频混合、编辑、控制和效果处理功能。最多混合 128 个声道，可编辑单个音频文件，创建回路，并可使用 45 种以上的数字信号处理效果。Audition 是一个完善的多声道录音室，可提供灵活的工作流程，并且使用简便。无论是要录制音乐、无线电广播，还是为录像配音，Audition 工具均可提供充足动力，以创造可能的最高质量的丰富、细微音响。

Audition CC 2018 也可以配合 Premiere Pro 编辑音频使用，其实从 Audition CS5 开始就取消了 MIDI 音序器功能，而且推出 Apple 平台 MAC 的版本，可以和 PC 平台互相导入/导出音频工程。相比 CS5 版，CC 2018 版还完善了各种音频编码格式接口，如支持 FLAC 和 APE 无损音频格式的导入和导出，以及相关工程文件的渲染（不过 APE 导入还存在缺陷，有崩溃的可能性）。Audition CC 2018 还支持 VST3 格式的插件，可以更好地分类管理效果器插件类型以及统一的 VST 路径，如调用 waves 的插件包，根据动态、均衡、混响、延时等类别自动分类子菜单管理。Audition CC 2018 的其他新特性，如使用新的“轨道”面板，可以显示或隐藏轨道或轨道组，用户可以创建自己的首选轨道组，并将其保存为预设，以获得个性化的多轨编辑体验等。

3.3.2 Audition 基本操作

1. 启动 Audition CC 2018

启动 Audition CC 2018 的过程中，系统桌面会显示如图 3-1 所示的启动界面。

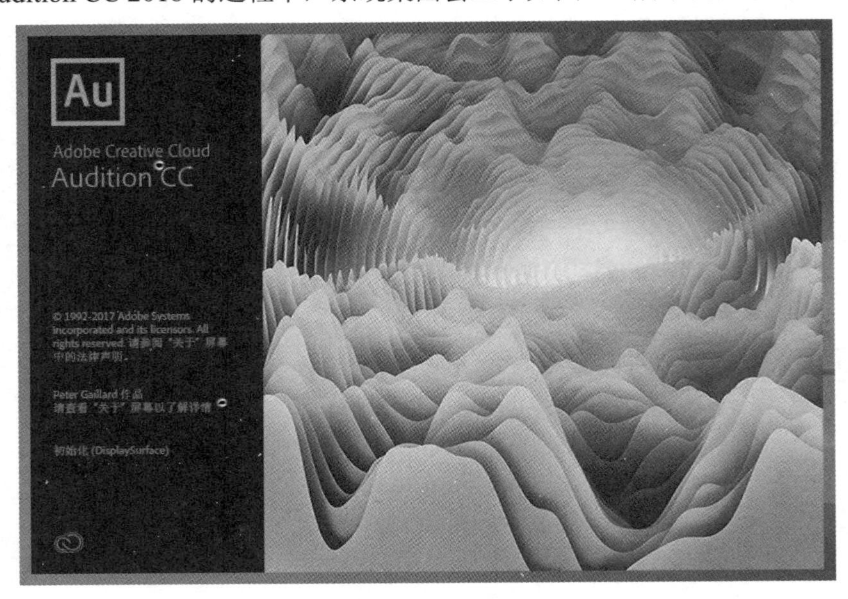

图 3-1　Audition CC 2018 启动界面

Audition CC 2018 启动完成后，主界面如图 3-2 所示。

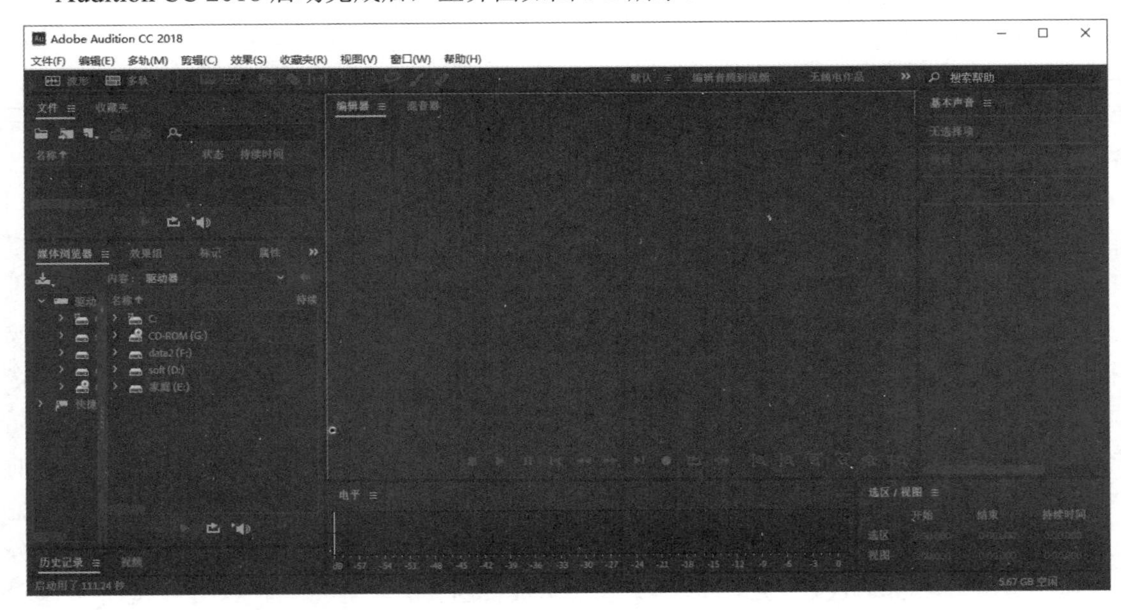

图 3-2　Audition CC 2018 主界面

2. 退出 Audition CC 2018

退出 Audition CC 2018 有两种方法：一是单击 Audition CC 2018 主界面右上角的“关闭”按钮；二是执行“文件”|“退出”命令。

3. 打开音频文件

启动 Audition CC 2018 后，执行“文件”|“打开”命令，打开如图 3-3 所示的“打开文件”对话框，从中选择音频文件“千里之外.mp3”。

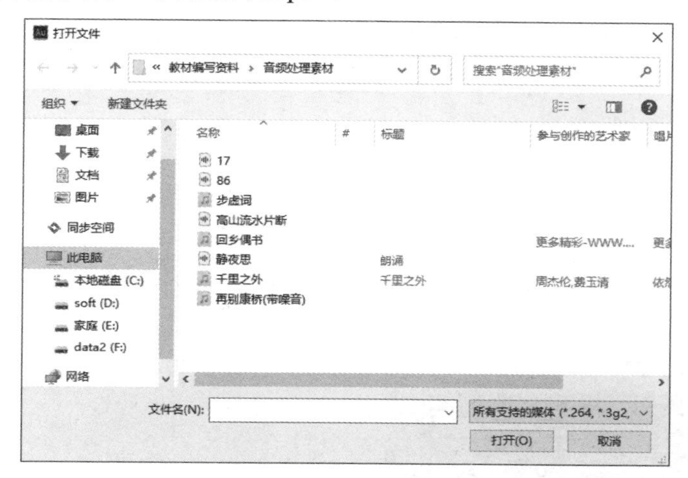

图 3-3　“打开文件”对话框

单击“打开”按钮，返回 Audition CC 的主界面，如图 3-4 所示。

图 3-4　打开选中文件后的主界面

当某些文件不能使用“打开”命令正常打开时，可以尝试将文件导入软件中，如果不能导入，则表明 Audition CC 2018 不兼容该格式的音乐文件，需要使用第三方软件进行转换后，再使用 Audition CC 2018 打开。

3.3.3 录制音频

启动 Audition CC 2018，执行“文件”|“新建”|“音频文件”命令，在弹出的“新建音频文件”对话框中设置“文件名”为“录制音频示例 1”，如图 3-5 所示。

确定将麦克风插入计算机声卡的麦克风插口。右击任务栏通知区域的喇叭图标，在弹出的菜单中选择“打开声音设置”，在打开的“设置”窗口中选择“声音控制面板”，打开“声音”对话框，如图 3-6 所示。在“录制”选项卡中选择“麦克风”选项后单击“属性”按钮，打开“麦克风 属性”对话框，再在该对话框的“高级”选项卡中选择需要的采样频率和位深度。不同声卡的设置不尽相同。

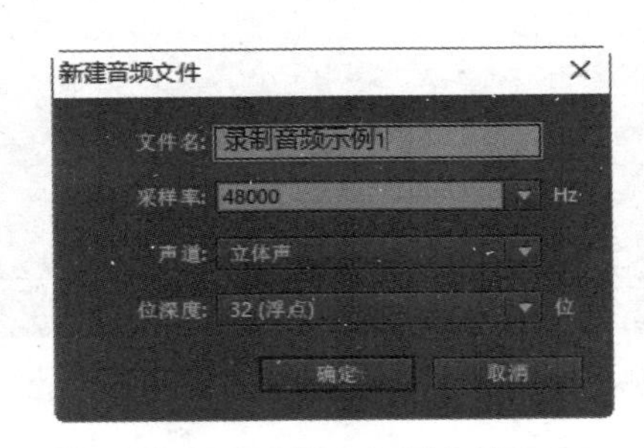

图 3-5 新建音频文件

图 3-6 设置录音设备

依次单击“确定”按钮返回 Audition CC 2018 主界面，单击“录制”按钮（或按 Shift+Space 快捷键），对准麦克风开始进行录音。此时可以看到 Audition CC 2018 主界面上的声音记录波形，如图 3-7 所示。

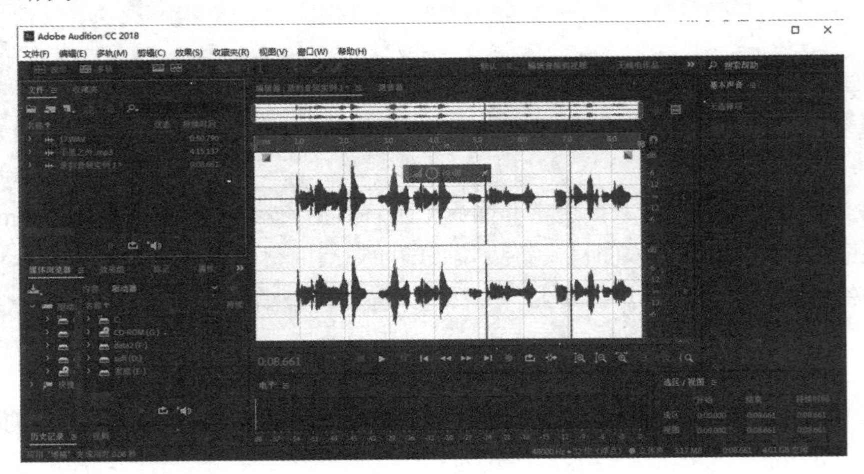

图 3-7 录制音频过程界面

录制完成后，再次单击“录制”按钮，即可停止录制。单击“播放”按钮，监听录制效果，如果录制效果达到录制要求，执行“文件”|“保存”命令保存录制的音频，把录制的音频文件保存为“录制音频实例 1.wav”，如图 3-8 所示。

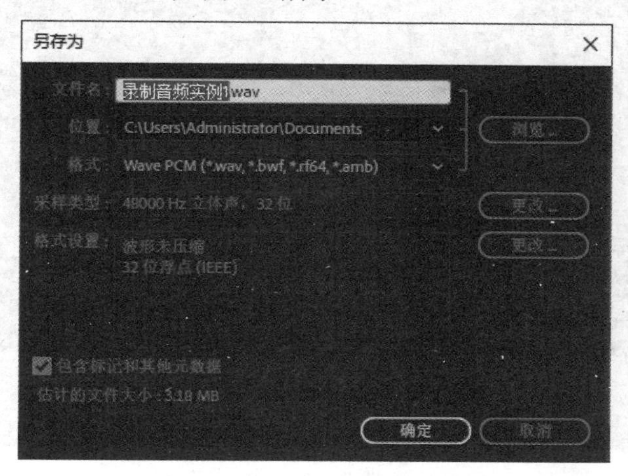

图 3-8　保存录制的音频文件

3.3.4　编辑音频

对于单个音频文件，主要的编辑操作是删除、裁剪。

1. 删除音频片段

（1）启动 Audition CC 2018，执行“文件”|“打开”命令，打开如图 3-9 所示的“打开文件”对话框，选择之前录制的“录制音频实例 1.wav”文件，单击“打开”按钮，系统界面如图 3-10 所示。

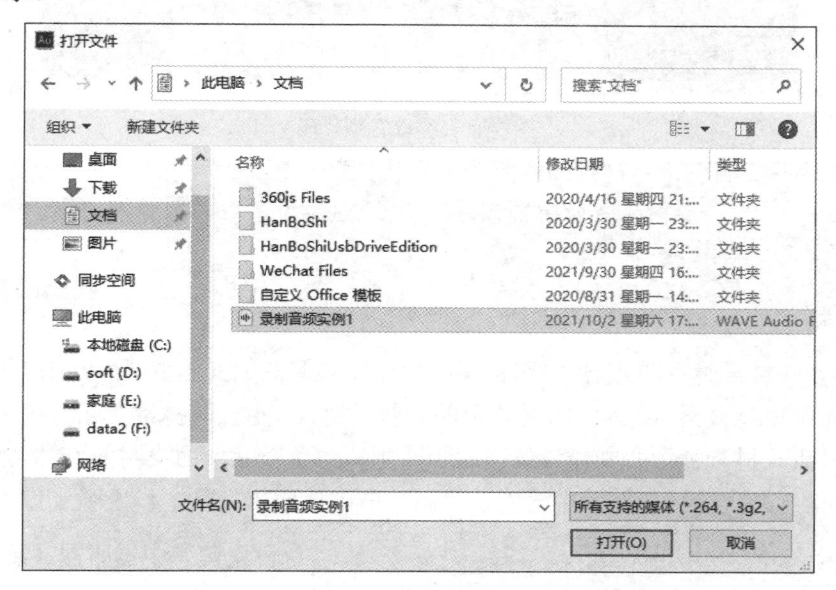

图 3-9　打开“录制音频实例 1.wav”文件

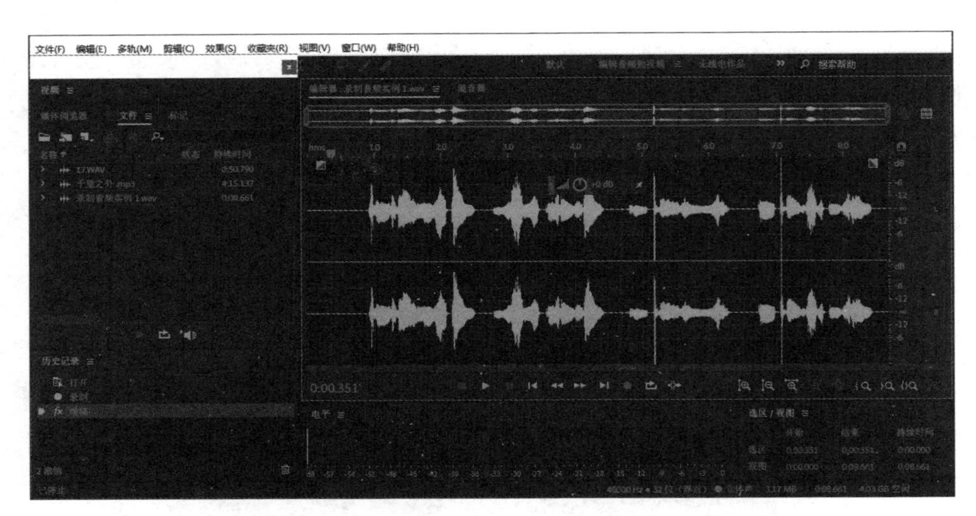

图 3-10　打开音频文件后的主界面

（2）在波形窗口中，单击需要删除音频的开始位置，拖动鼠标指针到需要删除音频的结束位置，如图 3-11 所示。按 Delete 键即可删除选中的音频片段，效果如图 3-12 所示。

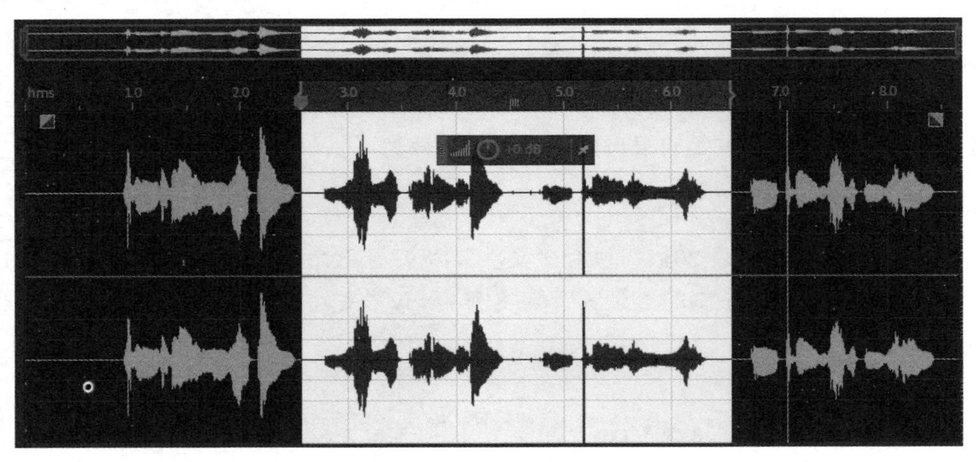

图 3-11　选取音频片段

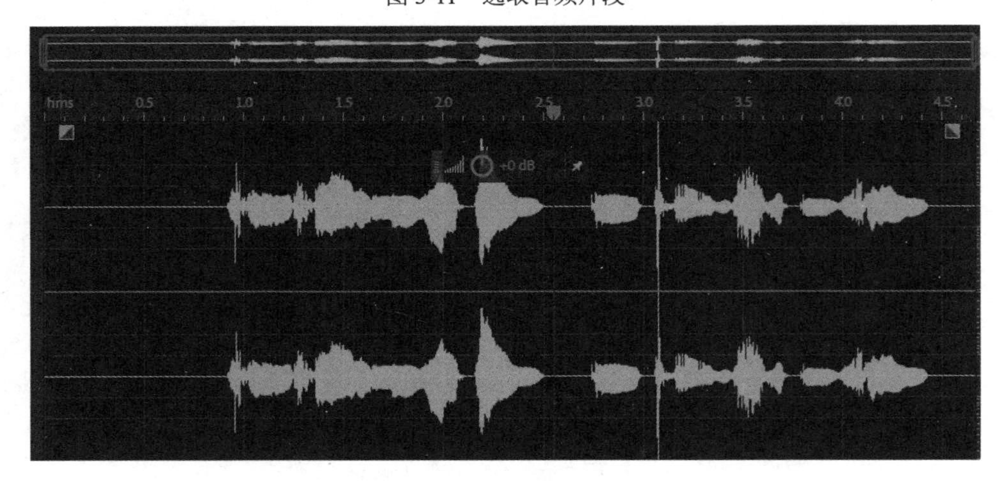

图 3-12　删除音频片段后的效果

（3）执行“文件”|“保存”命令，保存当前音频编辑的效果。

2. 裁剪音频片段

（1）启动 Audition CC 2018，执行“文件”|“打开”命令，打开之前录制的“录制音频实例 1.wav”文件。

（2）在波形窗口中，单击需要裁剪音频的开始位置，拖动鼠标指针到需要裁剪音频的结束位置，如图 3-13 所示。在选中的音频片段上右击，在弹出的快捷菜单中选择“裁剪”命令，Audition CC 2018 的“编辑器”界面上仅留下选中的音频片段，如图 3-14 所示。

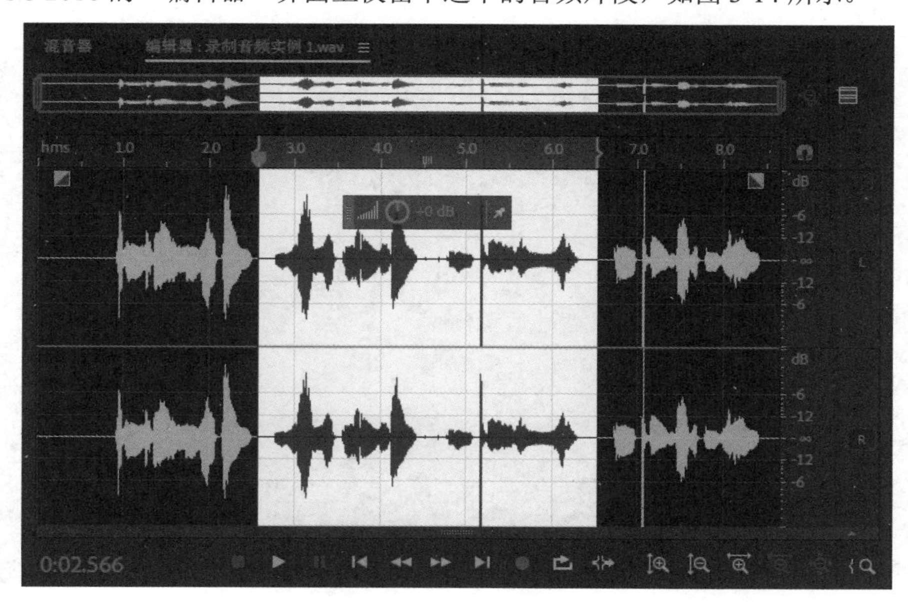

图 3-13 选取音频片段

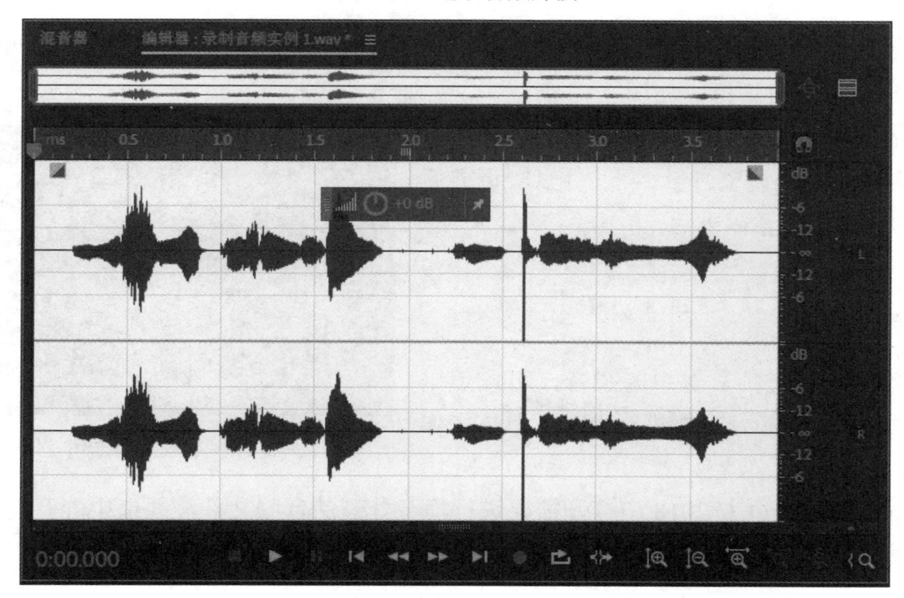

图 3-14 裁剪音频片段后的效果

（3）执行“文件”|“保存”命令，保存当前音频编辑的效果。

3.3.5 音频效果处理

1. 调整音量

当需要调整音频素材音量时，可以使用 Audition CC 2018 来实现。具体操作步骤如下。

（1）在 Audition CC 2018 中打开需要调整音量的音频文件，如图 3-15 所示。

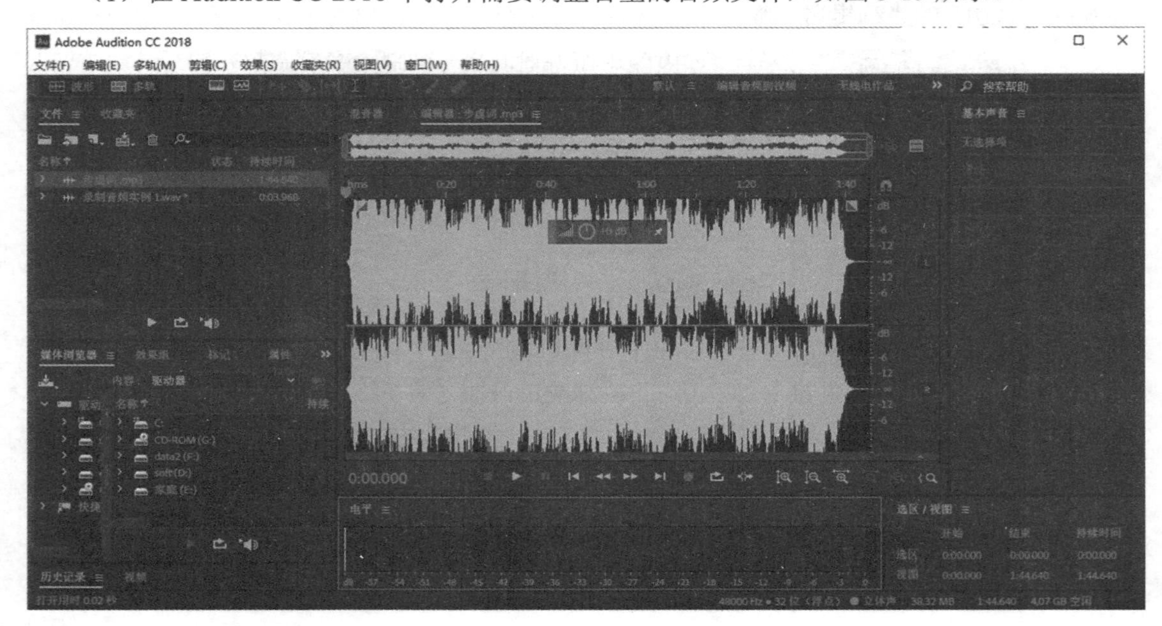

图 3-15　打开需要调整音量的文件

（2）选中全部音频文件或需要调整的部分，执行“效果”|“振幅与压限”|“增幅”命令，打开“效果-增幅”对话框，如图 3-16 所示。

（3）在“效果-增幅”对话框中，拖动“增益”栏中的左右声道滑块调整音量大小，并试听调整后的声音效果，符合调整需求后，单击“应用”按钮，即可应用调整效果。

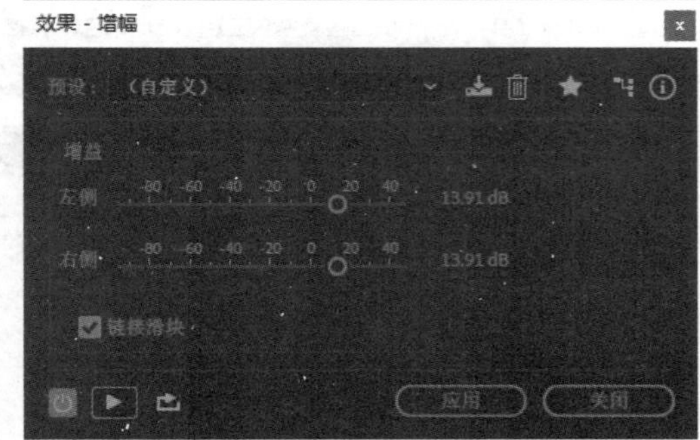

图 3-16　“效果-增幅”对话框

2. 静音处理

如果需要消除音频素材中的杂音，可以使用 Audition CC 2018 的静音功能进行处理。具体操作步骤如下。

（1）在 Audition CC 2018 中打开需要进行静音处理的音频文件，并选中静音的区域，如图 3-17 所示。

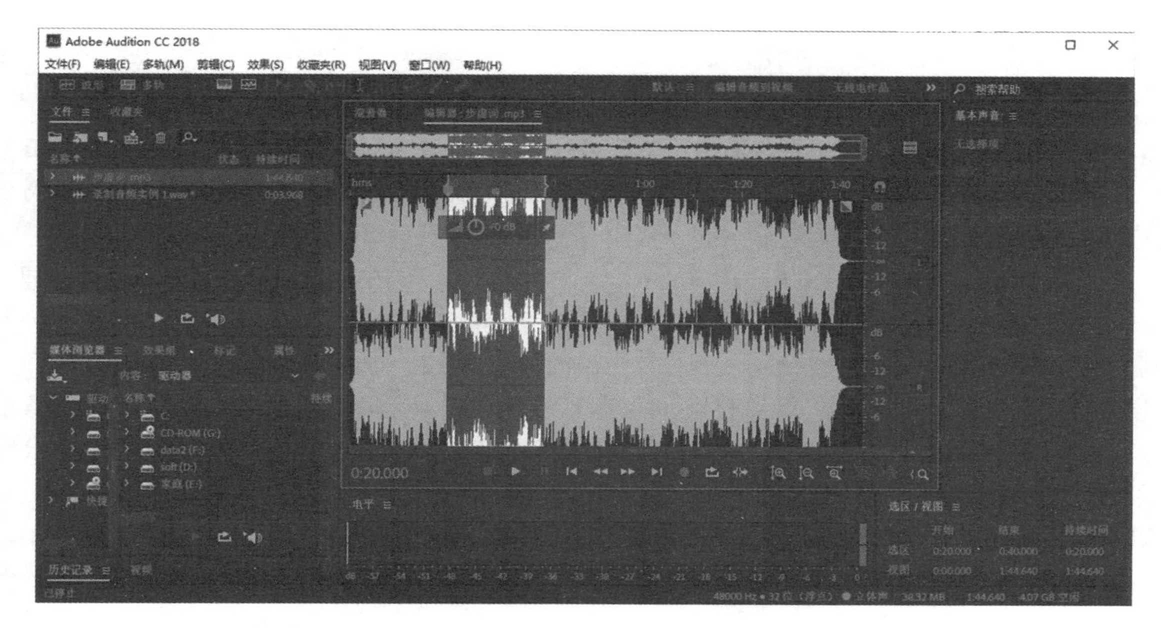

图 3-17　选中需要静音处理的音频文件区域

（2）执行“效果”|“静音”命令，这时选中区域的音频波形会全部消失，音频文件长度保持不变，处理效果如图 3-18 所示。

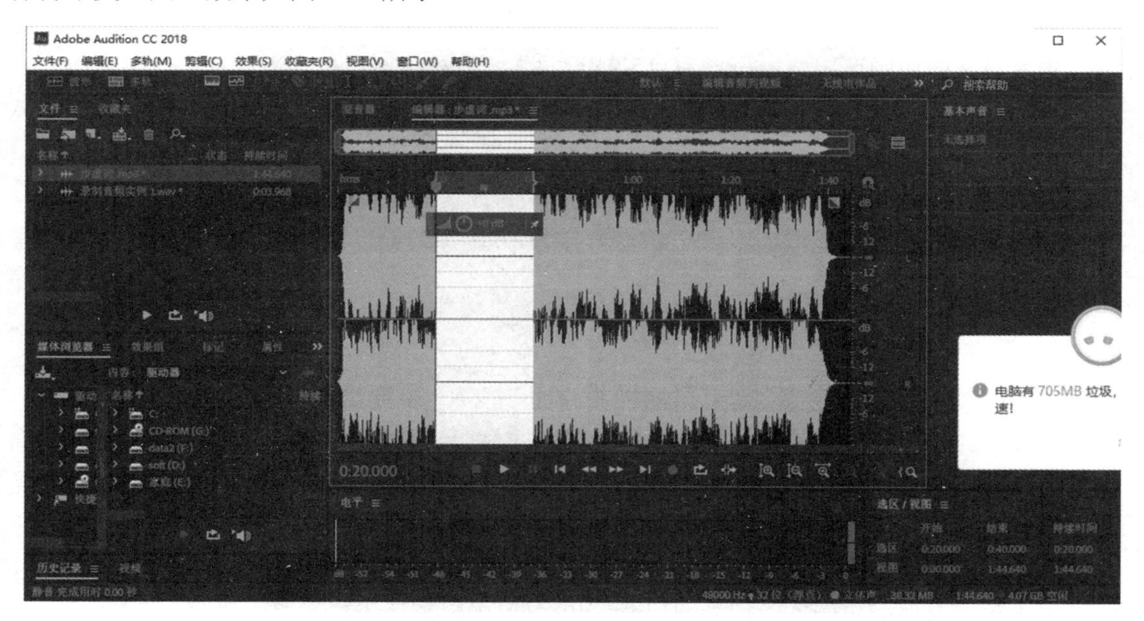

图 3-18　执行静音操作后的主界面

3. 降噪

从带有噪声的音频文件中将噪声消除，可以获取清晰的音频文件。具体操作步骤如下。

（1）在 Audition CC 2018 中打开需要消除噪声的音频文件，并选中仅有噪声、没有其他声音的区域，如图 3-19 所示。右击，在弹出的快捷菜单中选择“捕捉噪声样本”命令。

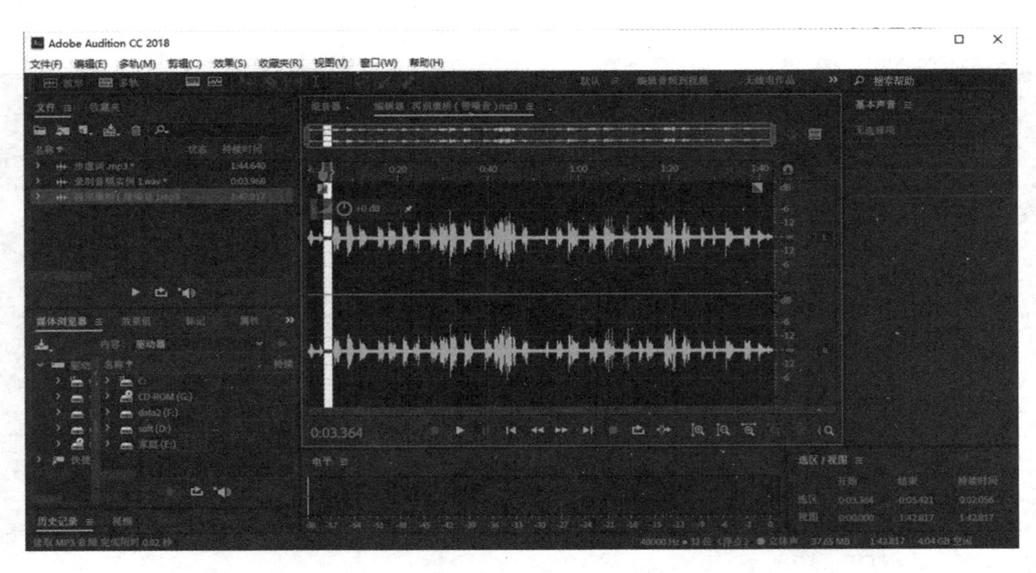

图 3-19　选中需要降噪处理的音频文件噪声区域

（2）按 Ctrl+A 快捷键，选中整个音频文件。执行“效果”|“降噪/恢复”|“降噪（处理）”命令，打开如图 3-20 所示的“效果-降噪”对话框，单击“应用”按钮，即可完成音频文件的降噪处理，处理后的效果如图 3-21 所示。

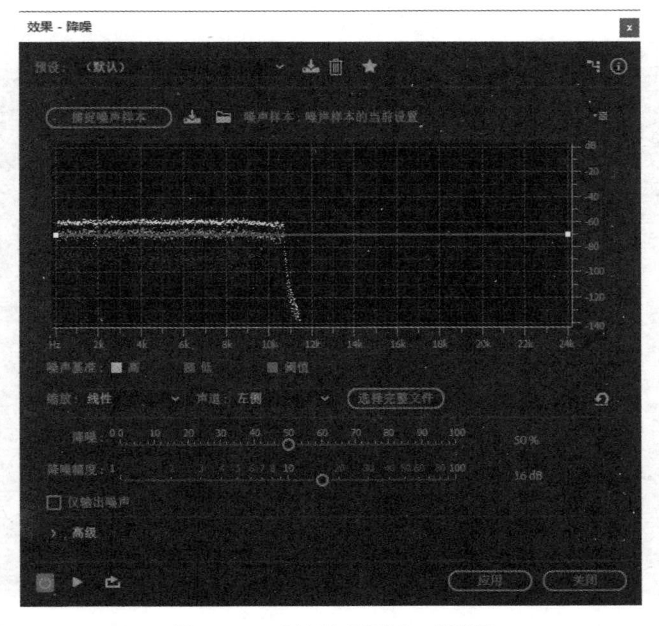

图 3-20　“效果-降噪”对话框

4. 消减人声

需要将某些音频文件用作背景音乐时，如果音频文件的音乐和歌唱声分别保存在两个声道中，则只需要针对音乐声道进行处理即可；否则需要对音频文件做消减人声的操作。使用 Audition CC 2018 消减人声，主要基于对现有音频的中置频率和中置声道电平值的控制。原则上说，消减人声是对音频文件的有损操作。消减人声具体操作步骤如下。

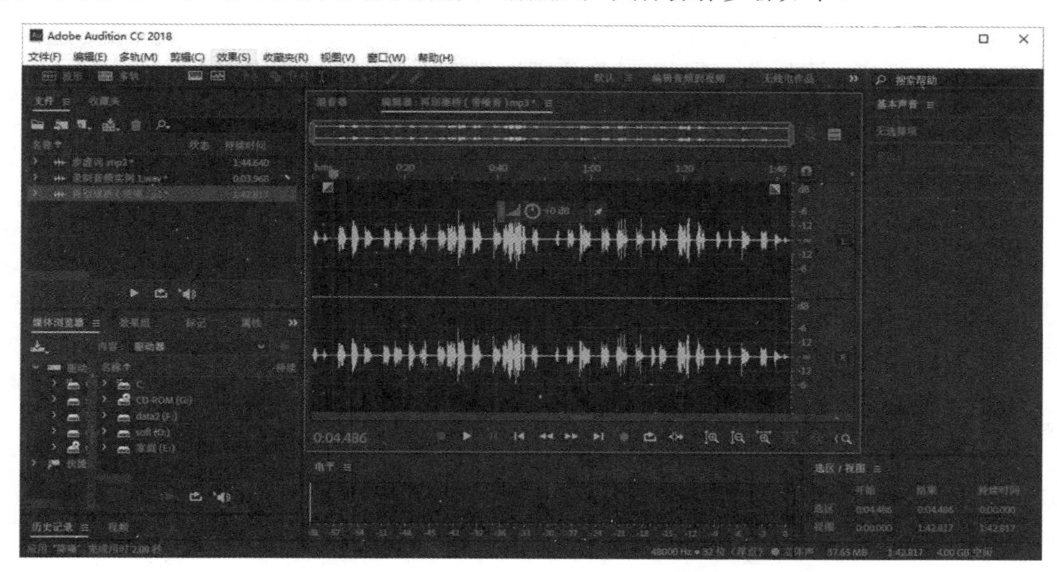

图 3-21 执行降噪操作后的主界面

（1）在 Audition CC 2018 中打开需要消减人声的音频文件，执行“效果”|“立体声声像”|“中置声道提取器”命令，打开如图 3-22 所示的“效果-中置声道提取”对话框，选择需要提取的频率范围后，单击“播放”按钮播放音乐，在播放到歌唱声的区域时，调整“中心声道电平”和“侧边声道电平”的参数值，直到满意为止。

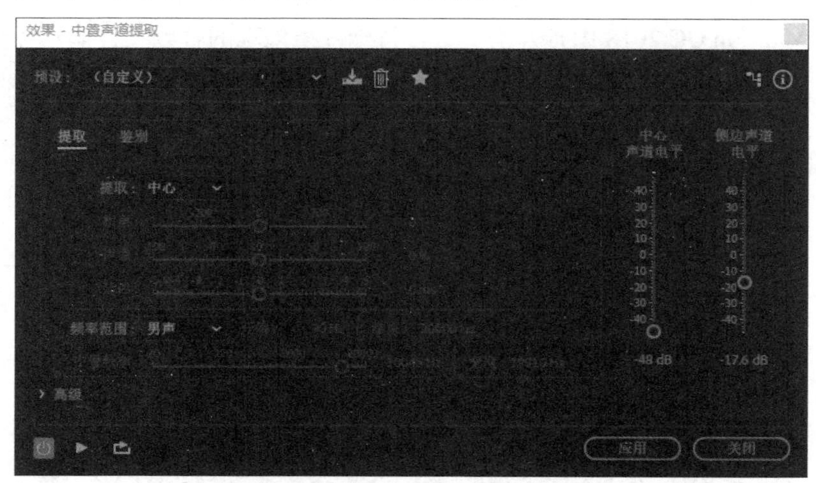

图 3-22 “效果-中置声道提取”对话框

（2）单击“应用”按钮，即可将刚刚设置好的参数应用于当前文件。

此外，也可以执行“收藏夹”|“移除人声”命令，快速实现消减人声的效果，但此方法对于不同的音频文件效果差别很大，所以不提倡使用此方法。

5. 回声处理

有时需要对音频文件做回声特效处理，使声音听上去更具空间感。其原理是把滞后一小段时间的波形声音叠加到原来的波形声音上。制作回声的理想对象是语音。具体操作步骤如下。

（1）在 Audition CC 2018 中打开需要制作回声的音频文件，执行“效果”|“延迟与回声”|“回声”命令，打开如图 3-23 所示的“效果-回声”对话框。

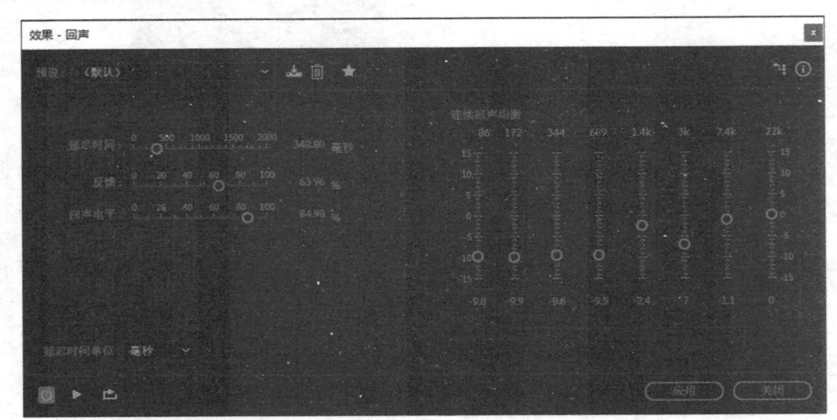

图 3-23　“效果-回声”对话框

（2）分别设定左右声道的“延迟时间”“反馈”“回声电平”3 个参数值，试听满意后，单击“应用”按钮，以确定应用回声效果。

6. 声音特殊效果处理

当录制好音频文件后，有时会对自己的声音不够满意，这时可以给声音设置“人声增强”“原声吉他”“说唱声乐”等效果。具体操作步骤如下。

（1）在 Audition CC 2018 中打开需要进行特殊效果处理的音频文件，执行“效果”|“滤波与均衡”|“参数均衡器”命令，打开如图 3-24 所示的“效果-参数均衡器”对话框。

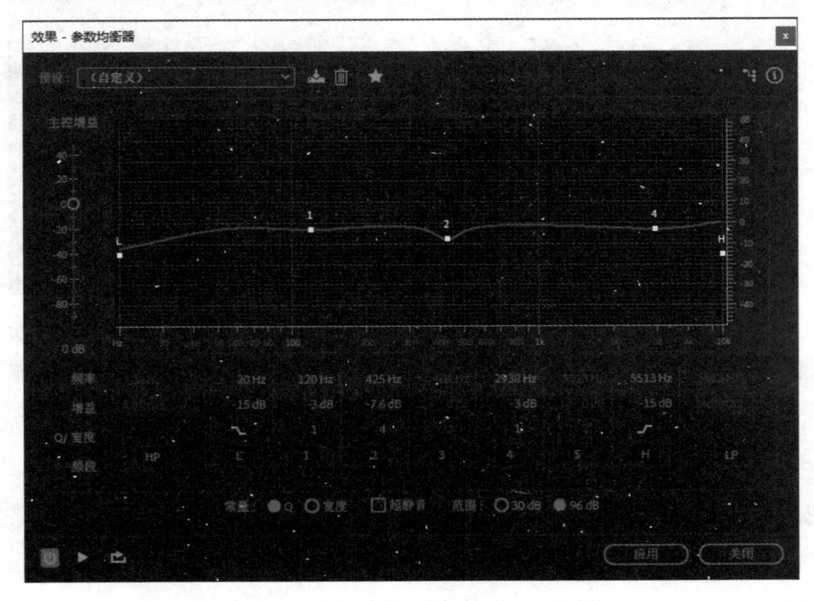

图 3-24　“效果-参数均衡器”对话框

（2）在“预设”中选择一种自己想要的效果后进行试听，同时调整“主控增益”的各个参数值，试听满意后，单击“应用”按钮，以确定应用该特殊效果。

7. 淡入淡出处理

淡入淡出是音频处理时常用的一种手法。淡入效果是指音量逐渐增大，从无声到有声的过程。淡出效果则是指音量逐渐减小到无声的过程。具体操作步骤如下。

（1）在 Audition CC 2018 中打开需要进行淡入淡出处理的音频文件，选中需要处理成淡入效果的音频范围。

（2）执行“效果”|“振幅与压限”|“淡化包络（处理）”命令，打开如图 3-25 所示的“效果-淡化包络”对话框。在“预设”下拉列表框中选择“平滑淡入”选项，单击“应用”按钮即可。

（3）选中需要处理成淡出效果的音频范围。

（4）执行“效果”|“振幅与压限”|“淡化包络（处理）”命令，打开 “效果-淡化包络”对话框，在“预设”下拉列表框中选择“平滑淡出”选项，单击“应用”按钮即可。

8. 变速和变调处理

利用变速和变调功能可以改变音频的播放速度和音调。音频速度太快可以通过变速处理调整成慢速，音调太低则可以通过变调处理来调高。具体操作步骤如下。

（1）在 Audition CC 2018 中打开需要处理的音频文件。

（2）执行“效果”|“时间与变调”|“伸缩与变调（处理）”命令，打开如图 3-26 所示的“效果-伸缩与变调”对话框，在其中设置各项参数，试听满意后单击“应用”按钮即可。

图 3-25　“效果-淡化包络”对话框

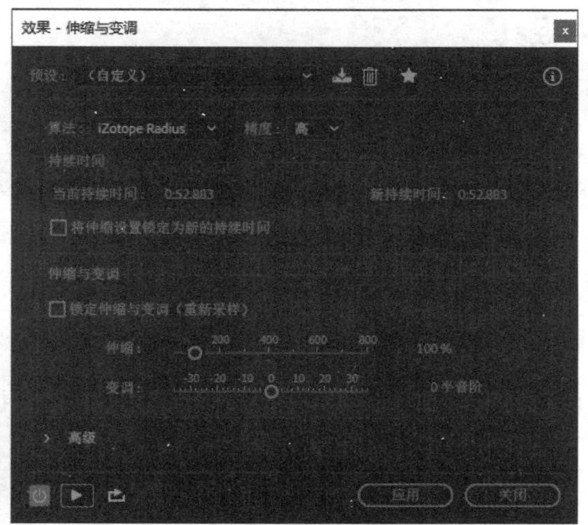

图 3-26　“效果-伸缩与变调”对话框

3.3.6　Audition CC 2018 的多轨模式

Audition CC 2018 多轨模式下的音轨区包含多个音频轨道，可以将不同的音频文件放入不同的音轨中进行编辑，然后导出为一个音频文件。例如，为音频文件加一个背景音乐，就可以将音频和背景音乐放在不同的音频轨道上进行编辑，然后混缩输出。

下面介绍 Audition CC 2018 多轨模式下处理音频的一般过程。

1. 新建多轨会话文件

启动 Audition CC 2018，进入其操作界面。执行“文件”|“新建”|“多轨会话”命令，弹出“新建多轨会话”对话框，如图 3-27 所示。在其中设置会话名称、文件夹位置和采样率等参数，单击“确定”按钮，即可进入多轨模式工作界面，如图 3-28 所示。

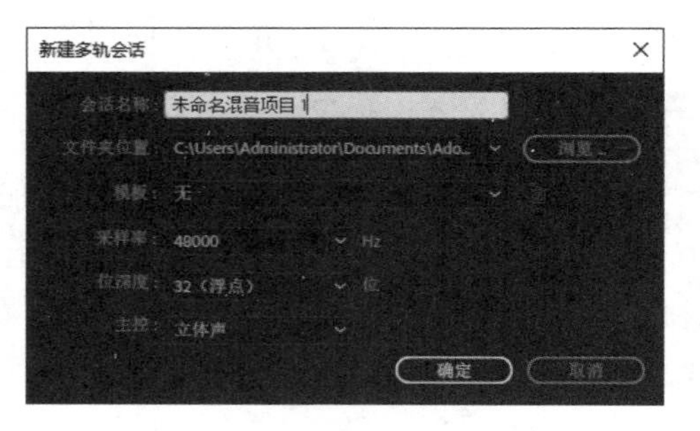

图 3-27 “新建多轨会话”对话框

图 3-28 多轨模式工作界面

2. 导入或录制音频素材

在 Audition CC 2018 多轨模式下编辑音频，要先导入或录制音频素材。导入音频素材可以执行“文件”|“导入”|“文件”命令。导入或录制的音频素材都位于 Audition CC 2018 界面左侧的“文件”面板中。利用“文件”面板上方的工具按钮还可以快速打开、导入、新建和删除音频文件。

3. 利用音轨组织音频素材

音频素材导入后会存放于“文件”面板中，需要将其放入音轨中进行处理。Audition CC 2018 多轨模式下包含多个音轨区，可以将不同的音频素材放入不同的音轨中进行编辑，或者直接在音轨中录制音频，然后混缩输出为一个音频文件。

每个音轨的左侧是音轨属性设置区，右侧是音轨波形显示区，是编辑音频的主要场所。当需要把某个音频素材插入音轨时，只需在“文件”面板中选中对应的音频素材，然后按住鼠标左键不放将其拖入目标音轨的相应位置即可。位于音轨中的音频素材称为音频片段或剪辑。

音轨属性设置区各选项作用如下。

- “静音”按钮：单击该按钮，相应音轨变成静音状态。若需要取消静音，则再次单击该按钮。
- “独奏”按钮：单击该按钮，除本音轨外其他音轨均变为静音状态。
- “录音”按钮：单击该按钮，相应音轨处于录音状态，此时可利用麦克风进行录音。
- “音量”选项：通过输入数值或旋转按钮的方式来设置该音轨的音量大小。
- “立体声平衡”选项：用于设置该音轨左右声道的音量。
- “输入/输出”下拉列表：用于设置该音轨的输入和输出方式。

4. 利用工具栏和菜单命令编辑音频

将音频素材插入音轨后，便可以利用工具栏中的工具和菜单命令在音轨波形显示区对其进行各种编辑，包括选择、移动、删除、剪切、复制、粘贴和切割等。

Audition CC 2018 工具栏从左到右由 4 个部分组成，分别为程序模式切换按钮、基本工具按钮、工作区模式切换按钮和搜索帮助，如图 3-29 所示。利用程序模式切换按钮可以切换多轨和波形工作模式；利用基本工具按钮可以在音轨中选择、切断或移动音频片段。

图 3-29　工具栏

在音轨中选择某个音频片段或播放时间范围后，可以利用快捷菜单或“编辑”菜单中的命令，对对象执行复制、剪切、粘贴和删除等操作。

5. 利用“效果组”面板或“效果”菜单设置效果

选中音轨后，可以利用如图 3-30 所示的“效果组”面板或者“效果”菜单为其添加效果，如延迟与回声、振幅与压限等。其中，选中“音轨效果”选项卡，添加的效果将作用于所选音轨上的所有音频片段；选择“剪辑效果”选项卡，则只作用于所选音频片段。

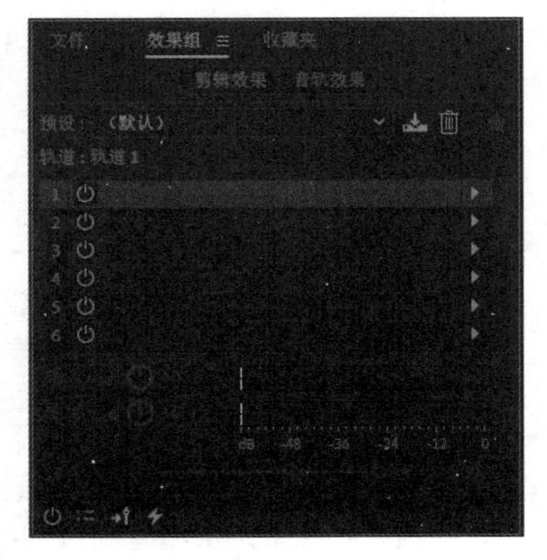

图 3-30　“效果组”面板

6. 保存和输出

在多轨模式下编辑音频的过程中，可以执行“文件”|“保存”命令或者执行“文件”|“另存为”命令将操作结果保存为多轨会话文件，以便于下次进行编辑处理。

执行“文件”|“导出”|“多轨混音”|“整个会话”命令，可将编辑好的音频文件导出为可以使用其他播放器播放的音频文件。

第4章 视频编辑技术

学习目标

- 掌握视频制作的原理与基本流程
- 掌握 Premiere Pro CC 2018 工作界面及基本工具的使用
- 掌握 Premiere Pro CC 2018 视频后期制作技术基础
- 熟悉 Premiere Pro CC 2018 常用术语
- 熟悉 Premiere Pro CC 2018 视频剪辑的基本理论
- 熟悉 Premiere Pro CC 2018 项目文件的导入和导出

重点难点

- 视频制作的原理与基本流程
- Premiere Pro CC 2018 工作界面及基本工具的使用
- Premiere Pro CC 2018 音频基本理论和音画合成的基本规律
- Premiere Pro CC 2018 视频/音频特效及常用字幕的创建、添加与编辑
- Premiere Pro CC 2018 编辑素材文件和添加视频/音频的基本操作

视频泛指各种动态影像的存储格式。例如，数位视频格式，包括 DVD、QuickTime、MPEG-4 等。视频技术最早是从创建阴极射线管的电视系统发展起来的。随着新的显示技术的发展，视频技术的范畴逐渐变大。视频技术的发展分为基于计算机的标准和基于电视的标准两个方向。伴随着计算机性能的提升和数字电视的发展，这两个领域又有了新的交叉和集中。本章以 Premiere Pro CC 2018 为平台介绍各种视频编辑技术。

4.1 视频编辑概述

4.1.1 视频编辑与剪辑

视频编辑是指先用摄影机摄录下预期的影像，再在计算机上用视频编辑软件按相关要求和目的将影像制作成完整视频并保存的过程。

视频剪辑是对视频源进行非线性编辑，属于多媒体制作范畴。通过软件对导入的图片、背景音乐、特效、场景等素材与视频进行重混合，对视频源进行切割、合并，经过二次编码，生成具有不同表现力的新视频。随着计算机技术的快速发展，剪辑已经不再局限于电影制作，很多行业（如广告、动画制作）也已经应用剪辑技术。

4.1.2 视频剪辑的理论要素

1. 剪辑点的选择

剪辑点是视频剪辑中经常出现的一个名词，也就是指在什么时候进行镜头的切换。一般来说，剪辑点分为画面剪辑点和声音剪辑点。

画面剪辑点又分为动作剪辑点、情绪剪辑点和节奏剪辑点 3 种。

2. 常用的视频编辑技巧

对视频进行编辑要注意景别的变化和镜头的组接。景别的变化要遵循“循序渐进”的原则，镜头的组接必须符合观众的思想方式和影视表现规律。常用的景别处理方法和镜头组接技巧介绍如下。

（1）前进式句型：这种叙述句型是指景物由远景、全景向近景、特写过渡，用来表现由低沉到高昂向上的情绪和剧情的发展。

（2）后退式句型：这种句型是由近到远，表示由高昂到低沉、压抑的情绪，在影片中表现为由细节扩展到全部。

（3）环行句型：这种句型是把前进式和后退式句型结合在一起使用。先全景→中景→近景→特写，再特写→近景→中景→远景，或者反过来运用。表现情绪由低沉到高昂，再由高昂转向低沉。这类句型一般在影视故事片中较为常用。

（4）轴线规律：主体物进出画面时，需要注意镜头组接中拍摄的总方向，从轴线一侧拍，否则两个画面接在一起时主体物会发生冲突。

（5）镜头组接遵循的规律：如果画面中同一主体或不同主体的动作是连贯的，可以动作接动作，达到顺畅、简洁过渡的目的，简称为“动接动”。如果两个画面中主体的运动是不连贯的，或者它们中间有停顿时，那么必须在前一个画面的主体做完一个完整动作停下来后，接上一个从静止到开始运动的镜头，这就是“静接静”。

（6）镜头组接的时间长度：在拍摄影视节目的时候，每个镜头的停滞时间长短要根据表达的内容难易程度和观众的接受能力来决定，还要考虑画面构图等因素。

（7）镜头组接的影调色彩：影调是指对黑白画面而言，黑白画面上的景物，不论原来是什么颜色，都是由许多深浅不同的黑白层次组成软硬不同的影调来表现的。对于彩色画面来说，除了影调问题，还有色彩问题。无论是黑白还是彩色画面组接，都应该保持影调色彩的一致性。

（8）镜头组接的节奏：影视节目的题材、样式、风格以及情节的环境气氛、人物的情绪、情节的起伏跌宕等都是影视节目节奏的总依据。影片节奏除了通过演员的表演、镜头的转换和运动、音乐的配合、场景的时间和空间变化等因素体现，还需要运用组接手段，严格掌握镜头的尺寸和数量。调整镜头顺序，删除多余的枝节才能完成影片镜头的组接。也可以说，组接节奏是影片总节奏的最后一个组成部分。

4.1.3 常用的视频编辑软件

1. Premiere

Adobe 公司推出的基于非线性编辑设备的视频和音频编辑软件 Premiere 在影视制作领域取得了巨大的成功。其被广泛应用于电视节目制作、广告制作、电影剪辑等领域，已成为 PC 和 MAC 平台上应用广泛的视频编辑软件之一。

2. EDIUS

EDIUS 是非线性编辑软件，专为广播和后期制作而设计，特别针对新闻记者、无带化视频制播和存储。EDIUS 拥有完善的基于文件的工作流程，提供了实时、多轨道、多格式混编、合成、色键、字幕和时间线输出功能。除了标准的 EDIUS 系列格式，还支持 JPEG 2000、DVCPRO、P2、VariCam、Ikegami GigaFlash、MXF、XDCAM 和 XDCAM EX 等格式视频素材。同时支持所有 DV、HDV 拍摄的素材。

3. Media Studio Pro

Media Studio Pro 的主要编辑应用程序有 Video Editor（类似 Premiere 的视频编辑软件）、Audio Editor（音效编辑）、CG Infinity、Video Paint，内容涵盖视频编辑、影片特效、2D 动画制作，是一套整合性完备、面面俱到的视频编辑套餐式软件。

4. 会声会影

虽然 Media Studio Pro 的功能全面，但对一般家用娱乐领域来说，还是显得太过专业，并不是非常容易上手。Ulead 的另一套视频编辑软件——会声会影（Corel VideoStudio），便是完全针对家庭娱乐、个人纪录片制作等的简便型视频编辑软件。

会声会影的操作界面与 Media Studio Pro 完全不同，而在一些技术上，会声会影有一些特殊功能，如动态电子贺卡、发送视频 Email 等。会声会影采用最流行的“在线操作指南”的步骤引导方式来处理各项视频、图像素材，分为开始、捕获、故事板、效果、覆叠、标题、音频、完成 8 个步骤，并将操作方法与相关的配合注意事项以帮助文件的形式显示出来，即“会声会影指南”，用户可以快速学习每一个流程的操作方法。

会声会影提供了 17 类、167 个转场效果，可以用拖曳的方式应用，每个效果都可以做进一步的控制，不只是一般的“傻瓜”功能。另外，还具有在影片中加入字幕、旁白或动态标题的文字功能。会声会影的输出方式也多种多样，可输出传统的多媒体电影文件，如 AVI、FLC、MPEG 文件，也可将制作完成的视频嵌入贺卡，生成一个可执行文件。通过内置的 Internet 发送功能，可以将视频通过电子邮件发送出去或者自动将视频作为网页发布。

5. Windows Movie Maker

Windows Movie Maker 是 Windows 自带的视频编辑软件，可以进行简单的视频制作与处理，支持 WMV、AVI 等格式。使用该软件可以添加视频效果、制作视频标题、添加字幕等。编辑完成后，可以选择保存的清晰度、大小、码率等。

4.1.4　视频制作的原理与基本流程

一般情况下，视频的制作流程主要分为素材的采集与输入、编辑素材、特效处理、制作字幕和输出播放 5 个步骤。

1. 素材的采集与输入

素材的采集是指将外部的视频经过处理转换为可编辑的素材。素材的输入主要是指将用其他软件处理后的图像、声音等素材导入视频编辑软件中。

2. 编辑素材

编辑素材是指设置素材的入点与出点，以选择最合适的部分，然后按顺序组接不同素材的过程。

3. 特效处理

对于视频素材，特效处理包括转场、特效与合成叠加；对于音频素材，特效处理包括转场和特效。这也是体现非线性编辑软件功能强弱的关键因素。

4. 制作字幕

字幕是视频中非常重要的部分。在 Premiere Pro CC 2018 中制作字幕很方便，可以实现非常多的效果，并且有大量的字幕模板供选择。

5. 输出播放

视频编辑完成后，可以生成视频文件，用于网络发布等。

4.2　认识 Premiere Pro CC 2018

Premiere 是 Adobe 公司基于 Macintosh 平台开发的视频编辑软件，集视、音频编辑于一身，广泛地应用于电视节目制作、广告制作及电影剪辑等领域。2017 年 10 月，Adobe 公司推出了 Premiere Pro CC 2018。

Premiere Pro CC 2018 是一款相当高效的视频编辑工具，简称为 Pr。Premiere Pro CC 2018 软件内置丰富的编辑工具，无论是刚入行的新手还是经验丰富的专家，都可以在一个无缝的集成工作流程中编辑视频、调整颜色、调校音频等，将原始素材转变为完美的作品。它同时提供了采集、剪辑、调色、美化、添加字幕、输出等一整套流程，让用户在制作作品时能更加流畅，并能够满足用户的多个需求。另外，Premiere Pro CC 2018 的文件能够以工业开放的交换模式 AAF（advanced authoring format，高级制作格式）输出，用于进行其他专业产品设计的工作。该格式文件可以在 Premiere Pro 和 After Effects 之间轻松切换，利用 Dynamic Link 无须等待渲染。Premiere Pro CC 2018 还可与 Adobe Creative Cloud 创意应用软件（包括 Photoshop、Illustrator 和 Media Encoder）无缝协作，从而制作出精美的视频作品。

4.2.1 Premiere Pro CC 2018 的应用范围

Premiere Pro CC 2018 是一款专业的非线性编辑软件，无论是专业人士还是普通个人，都可以使用它。目前，该软件主要用于采集、编辑 DV 拍摄的录像，然后输出多种格式的影音文件。Premiere 的编辑功能是非常丰富的，它支持多种插件，用于制作各种各样的视频、音频特效。它还有制作字幕的功能，配合其视频特效功能，可以作为专业字幕制作软件使用，在专业视频数码处理、教育行业、出版行业、广告行业都有广泛的用途。

4.2.2 Premiere Pro CC 2018 新增功能

Premiere Pro CC 2018 是一款编辑画面质量比较高的软件，有较好的兼容性，可以与 Adobe 公司推出的其他软件相互协作。目前这款软件广泛应用于广告制作和电视节目制作中。随着版本的升级，其功能也越来越强大，与旧版本相比，Premiere Pro CC 2018 的新增功能主要体现在以下方面。

1. 同时处理多个项目

Premiere Pro CC 2018 允许同时在多个项目中打开、访问和工作，还允许编辑在不同剧集之间跳转，处理系列或剧集内容，而无须反复打开和关闭个别项目。对故事片进行处理时，多个打开的项目有助于大型作品的管理，用户可以将大型作品按照场景分解为单个项目，而不是通过基于选项卡的结构访问各个场景时间轴来打开和关闭多个时间轴。使用该软件，用户可以随心所欲地编辑项目，并轻松地将项目的一部分复制到另一个项目。

2. 已共享项目

已共享项目功能可以帮助同一设施中的编辑团队同时在单个项目上协作。整个项目中的管理式访问允许用户在编辑项目时锁定项目，并为可以看到工作进程但不允许其进行更改的人员提供只读访问权限。使用已共享项目，联合编辑、编辑及其助理可以同时访问单个项目，从而能够更快地完成更多工作，而不用担心覆盖工作。

3. 基于时间的响应式设计

基本图形面板包括用于创建动态图形的响应式设计控件。动态图形的响应式设计包括基于时间和位置的控件，使动态图形能够智能地响应持续时间、长宽比和帧大小的变化。

Premiere Pro CC 2018 通过响应式设计基于时间的控件，动态图形用户可以定义其图形的片段，即便图形的整体持续时间发生变化，仍可保留动态图形的开场和结束动画。图形可以随着创意的发展而调整。

4. 基于位置的响应式设计

Premiere Pro CC 2018 响应式设计基于位置的控件允许用户定义图形中图层之间的关系以及视频帧本身，以便一个图形更改后会自动更改其固定图层/视频帧中的属性。

Premiere Pro CC 2018 响应式设计基于位置的控件可以启用固定的图形图层，以自动适应对其他图层或视频帧本身所做的更改，如定位或帧大小的更改。对位置应用特定的响应式设计名称后，当更改标题或下沿字幕的长度时，图形将自动适应，不会有任何内容超出帧。

5. 动态图形模板

Premiere Pro CC 2018 提供了动态图形模板。想要使用动态、专业图形或图形包（如标题、下沿字幕、专有名词和片尾字幕）的用户，可以通过 Premiere Pro CC 2018 中的 Libraries 面板访问由专业精英创建的动态图形模板。

6. 使用头戴式显示器体验身临其境的 VR 编辑

Premiere Pro CC 2018 创建平滑的过渡、标题、图形和效果，在头戴式显示器中浏览 VR 时间轴，同时仍采用键盘驱动的编辑方式，如修剪或添加标记。这可以帮助用户在头戴式显示器环境中进行编辑。此外，还可以在头戴式显示器环境中往复播放、更改方向和添加标记。观看虚拟现实内容是一种身临其境的体验，在 Premiere Pro CC 2018 中融入了身临其境的 VR 编辑功能。当用户佩戴 VR 头戴式显示器时，能够体验所编辑、查看内容的身临其境感，并标记需要处理的地方。

7. 身临其境的 VR 音频编辑

Premiere Pro CC 2018 使用基于方向的音频编辑 VR 内容，从而以指数方式增加 VR 内容的身临其境感。新增功能不仅可以按照方向/位置编辑音频，还可以将其导出为多声道模拟立体声音频。与 Premiere Pro CC 2018 中的 VR 视频类似，音频是可探索和再现的。Premiere Pro CC 2018 在基本 VR 工作流程组件上加以扩展，提供了身临其境的多声道模拟立体声音频，将 VR 体验带入球形视频内呈现的位置，感知音频的新水平。

8. 动态过渡、标题和效果

Premiere Pro CC 2018 为 VR 提供了一套深入整合的 Mettle Skybox 增效工具套件，包括动态过渡、效果和标题。在 360/VR 中工作的用户不再需要安装第三方增效工具就能获得身临其境的动态过渡、效果和标题体验。

9. 支持更多格式

Premiere Pro CC 2018 支持最新的格式，包括 Sony X-OCN（RAW for Sony F55）以及超过 4GB 的 WAV 文件；支持某些区域性隐藏字幕标准，可以将元数据设置为 STL 文件，以便创建的 sidecar 文件包含所需的信息。

10. 直接使用 After Effects 创建的动态图形模板

用户在 After Effects 中创建动态图形模板的属性时，可以直接使用，而无须在计算机上安装 After Effects。

11. 全新的新手入门体验

增强的入门体验可帮助用户在短时间内取得成功。因此，Premiere Pro CC 2018 可使用户轻松使用软件，迅速获得自信与成就感。总之，新版本的功能更多、更强大，以上内容仅包括但不局限于新功能，更多的功能请自行安装体验。

4.2.3 Premiere Pro CC 2018 中常用的视频编辑术语

使用 Premiere Pro CC 2018 的过程中，会涉及许多专业术语。理解这些术语的含义，了解这些术语与 Premiere Pro CC 2018 的关系，是学习 Premiere Pro CC 2018 的基础。

1. 帧

在日常生活中，电影和电视都是利用动画的原理使图像产生运动的。动画是一种将一系列差别很小的画面以一定速率连续放映而产生运动视觉的技术。利用人类的视觉暂留现象，连续的静态画面可以产生运动效果。构成动画的最小单位为帧（frame），即组成动画的每一幅静态画面，一帧就是一幅静态画面，如图 4-1 所示。

图 4-1 运动中的“帧”

2. 源

源指视频/音频的原始媒体或来源，通常指便携式摄像机、录像带等。配音是音频的重要来源。

3. 字幕

字幕可以是移动文字提示、标题、片头或文字标题。

4. 故事板

故事板是影片可视化的表示方式，单独的素材在故事板上被表示成图像的略图。

5. 画外音

对视频或影片的解说、讲解通常称为画外音，经常用在新闻、纪录片中。

6. 素材

素材是指视频中的小片段，可以是音频、视频、静态图像或标题。

7. 转场

转场就是在一个场景结束到另一个场景开始之间出现的内容。通过添加转场，剪辑人员可以将单独的素材和谐地融合成一部完整的影片。

8. 时间码

时间码是指用数字的方法表示视频文件的一个点相对于整个视频或视频片段的位置。时间码可以用于做精确的视频编辑。

9. 制式

所谓制式，是指传送电视信号所采用的技术标准。基带视频是一个简单的模拟信号，由视频模拟数据和视频同步数据构成，用于接收端正确地显示图像，信号的细节取决于应用的视频标准或者制式（NTSC/PAL/SECAM）。

10. 节奏

一部好影片的形成大多源于节奏。视频与音频紧密结合，使人们在观看某部影片时，不但有情感的波动，还要在看完一遍后对这部影片整体有感觉，这就是节奏的魅力，它是音频与视频的完美结合。节奏是在整部影片的感觉基础上形成的，它也象征一部影片的完整性。

11. 宽高比

视频标准中的一个重要参数是宽高比，可以用两个整数的比来表示，也可以用小数来表示，如 4∶3 或 1.33。SDTV（标清电视）、HDTV（高清晰度电视）和电影具有不同的宽高比，SDTV 的宽高比是 4∶3 或 1.33；HDTV 和 EDTV（扩展清晰度电视）的宽高比是 16∶9 或 1.78；电影的宽高比从早期的 1.333 到宽银幕的 2.77。由于输入图像的宽高比不同，便出现了在某一宽高比屏幕上显示不同宽高比图像的问题。像素宽高比是指图像中一个像素的宽度和高度之比，帧宽高比则是指图像的一帧的宽度与高度之比。某些视频输出使用相同的帧宽高比，但使用不同的像素宽高比。例如，某些 NTSC 数字化压缩卡产生 4∶3 的帧宽高比，使用方像素（1.0 像素比）及 640×480 分辨率；DV-NTSC 采用 4∶3 的帧宽高比，但使用矩形像素（0.9 像素比）及 720×486 分辨率。

12. 渲染

渲染是将节目中所有源文件收集在一起，创建最终的影片的过程。

4.3 Premiere Pro CC 2018 界面介绍

使用 Premiere，可以在计算机上观看并编辑多种文件格式的影片，还可以创建用于后期节目制作的编辑决策列表（edit decision list，EDL）。通过其他外部设备，Premiere 可以进行电影素材的采集，可以将作品输出到录像带、CD-ROM 和网络等，或将 EDL 输出到录像带生产系统。Premiere Pro CC 2018 既是一个独立的产品，也是 Adobe Video Collection 中的关键组件。Premiere Pro CC 2018 能够支持高清晰度和标准清晰度的电影胶片，剪辑人员能够输入和输出各种视频和音频格式。

4.3.1 Premiere Pro CC 2018 的启动与退出

双击桌面上的 Premiere Pro CC 2018 快捷方式图标或选择“开始”菜单中的 Premiere Pro CC 2018 选项，即可启动 Premiere Pro CC 2018，启动成功后进入“开始”界面，如图 4-2 所示。

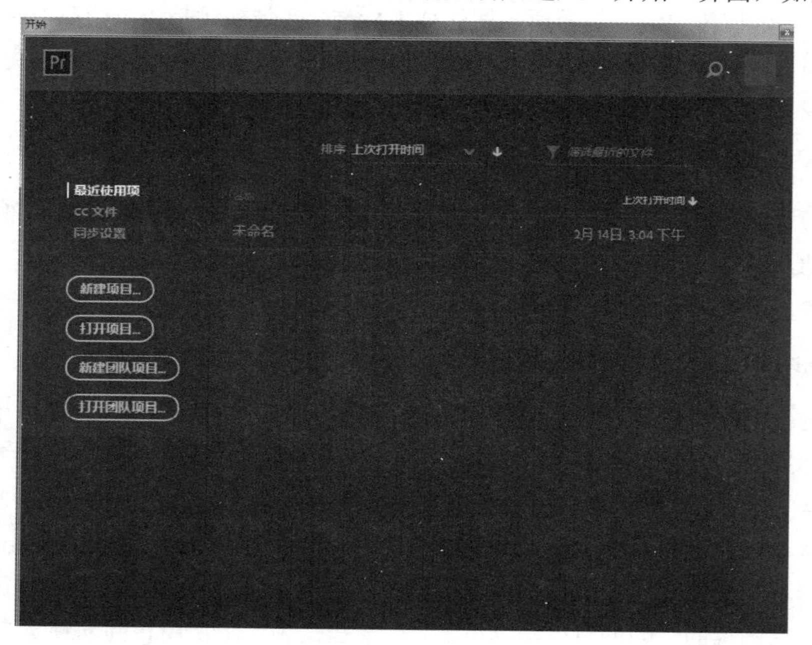

图 4-2 Premiere Pro CC 2018 “开始” 界面

在“开始”界面中主要有以下几个按钮，具体功能如下。

➢ 新建项目：单击该按钮，弹出“新建项目”对话框，新建一个项目文件。
➢ 打开项目：单击该按钮，在弹出的对话框中打开一个已有的项目文件。
➢ 新建团队项目：单击该按钮，新建一个新的团队项目文件。
➢ 打开团队项目：单击该按钮，在弹出的对话框中打开一个已有的团队项目文件。

1. 新建一个项目文件

在“开始”界面单击“新建项目”按钮后，弹出“新建项目”对话框，如图 4-3 所示。在该对话框中单击“位置”右侧的“浏览”按钮，可以选择文件保存的路径。在“名称”文本框中输入当前项目文件的名称，单击“确定”按钮，即可新建一个空白的项目文件，如图 4-4 所示。

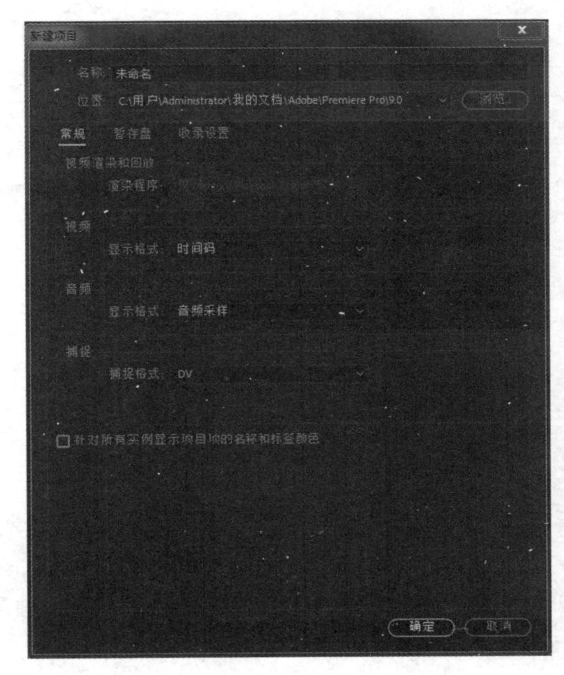

图 4-3　“新建项目”对话框

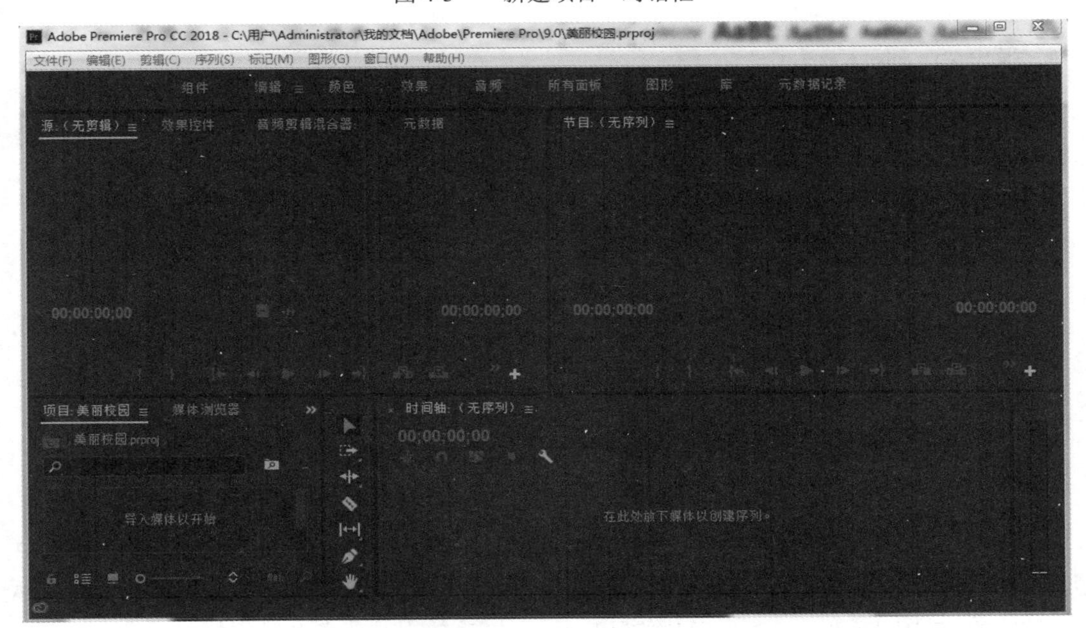

图 4-4　新建空白项目文件

2. 新建一个序列文件

在 Premiere Pro CC 2018 中需要单独建立序列文件，执行“文件”|“新建”|“序列”命令，即可打开“新建序列”对话框，如图 4-5 所示。

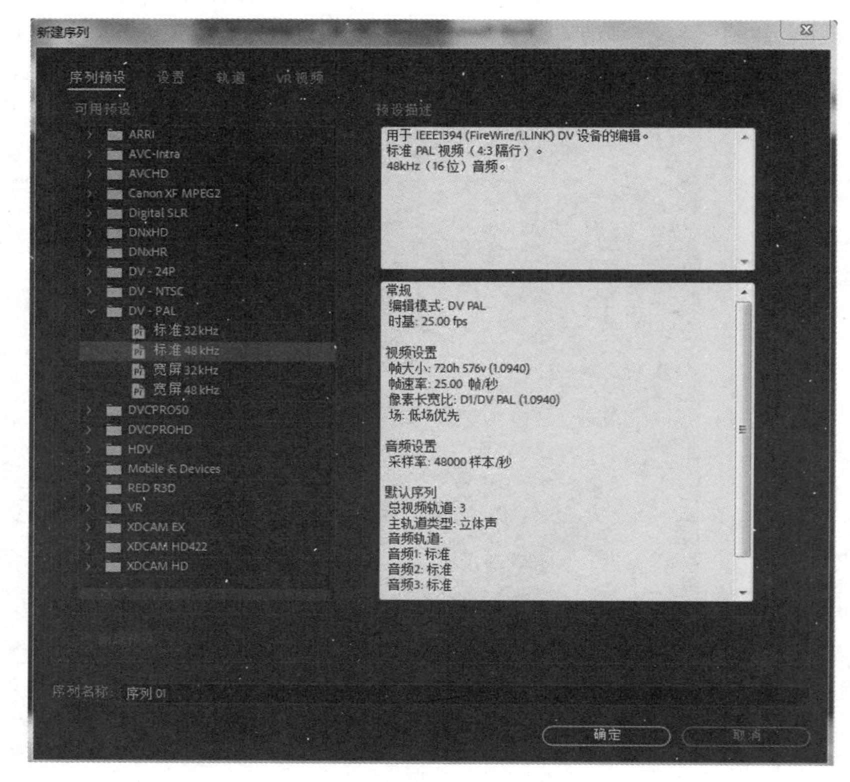

图 4-5 “新建序列”对话框

3. 退出 Premiere Pro CC 2018

项目文件编辑完成后，可关闭 Premiere Pro CC 2018 软件。退出 Premiere Pro CC 2018 的方法有以下几种，使用任意一种方法都可以退出软件。

- 执行“文件”|“退出”命令。
- 按 Ctrl+Q 快捷键。
- 单击新建文件窗口右上角的“关闭”按钮。

4.3.2 功能面板

1. “项目”面板

Premiere Pro CC 2018 中的面板用来管理当前项目中用到的各种素材。

在“项目”面板的左上方有一个很小的预览窗口，选中每个素材后，都会在预览窗口中显示当前素材的画面。在预览窗口右侧会显示当前选中素材的详细资料，包括文件名、文件类型、持续时间等，如图 4-6 所示。通过预览窗口，还可以播放视频或者音频素材。

2. “节目”监视器

在“节目”监视器（见图 4-7）中显示的是视频和音频编辑合成后的效果，可以通过预览最终效果来估计编辑的质量，以便进行必要的调整和修改。监视器还可以用多种波形图的方式来显示画面的参数变化。

图 4-6　“项目”面板

图 4-7　“节目”监视器

3. “源”监视器

“源”监视器主要用来播放、预览源素材，并可以对源素材进行初步的编辑操作，如设置素材的入点、出点，如图 4-8 所示。

图 4-8　“源”监视器

4. “时间轴”面板

“时间轴”面板是 Premiere Pro CC 2018 中主要的编辑窗口，如图 4-9 所示。可以按照时间顺序排列和连接各种素材，也可以对视频进行剪辑、叠加，设置动画关键帧和合成效果。在

“时间轴”面板中还可以使用多重嵌套，这对于制作影视长片或者复杂特效非常有用。

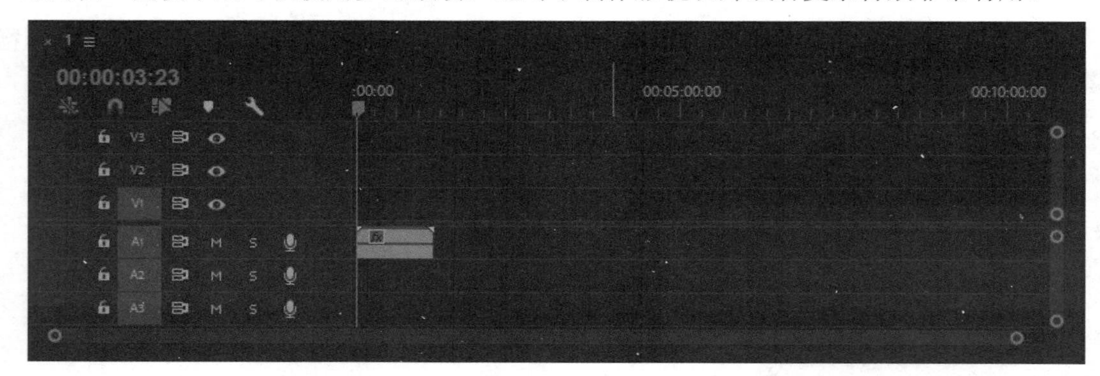

图 4-9 “时间轴”面板

5. “工具”面板

Premiere Pro CC 2018 的“工具”面板含有视频编辑中常用的工具，如图 4-10 所示。

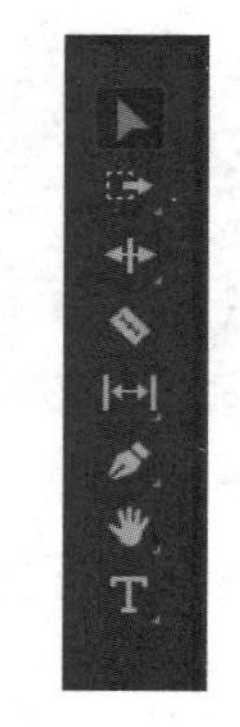

图 4-10 “工具”面板

具体工具功能如下。

- （选择工具）：用于选择一段素材或同时选择多段素材，并将素材在不同的轨道中进行移动，也可以调整素材上的关键帧。
- （向前选择轨道工具）：用于选择轨道上的某个素材及位于此素材后的其他素材。按住 Shift 键，鼠标指针变为双箭头状，此时可以选择位于当前位置后面的所有轨道中的素材。
- （波纹编辑工具）：使用此工具拖动素材的入点或出点，可改变素材的持续时间，但相邻素材的持续时间保持不变，被调整素材与相邻素材之间所相隔的时间也保持不变。
- （滚动编辑工具）：使用此工具调整素材的持续时间，可使整个影视节目的持续时间保持不变。当一个素材的时间长度变长或变短时，其相邻素材的时间长度会相应地变短或变长。
- （比率拉伸工具）：使用此工具在改变素材的持续时间时，素材的运动速度也会相应地改变，可用于制作快/慢镜头。
- （剃刀工具）：此工具用于对素材进行分割。使用此工具可将素材分为两段，并产生新的入点、出点。按住 Shift 键可将“剃刀工具”转换为“多重剃刀工具”，可一次将多个轨道上的素材在同一时间位置进行分割。
- （外滑工具）：改变一段素材的入点与出点，并保持其长度不变，且不会影响相邻的素材。
- （内滑工具）：使用此工具拖动素材时，素材的入点、出点及持续时间都不会改变，其相邻素材的长度却会改变。
- （钢笔工具）：此工具用于框选、调节素材上的关键帧，按住 Shift 键可同时选择多个关键帧，按住 Ctrl 键可添加关键帧。

➢ （矩形工具）：使用此工具可在“节目”监视器中绘制矩形，通过“效果控件”面板设置矩形参数。

➢ （椭圆工具）：使用此工具可在“节目”监视器中绘制椭圆形，通过“效果控件”面板设置椭圆形参数。

➢ （手形工具）：在对一些较长的影视素材进行编辑时，可使用此工具拖动轨道显示出原来看不到的部分。其作用与“序列”面板下方的滚动条相同，但在调整时要比滚动条更加容易调节且更准确。

➢ （缩放工具）：使用此工具可将轨道上的素材放大显示，按住 Alt 键，滚动鼠标滚轮，则可缩小面板的范围。

➢ （文字工具）：使用此工具可在“节目”监视器中单击输入文字，创建水平字幕文件。

➢ （垂直文字工具）：使用此工具可在“节目”监视器中单击输入文字，创建垂直字幕文件。

6. “效果”及“效果控件”面板

Premiere Pro CC 2018 的“效果”面板如图 4-11 所示。其内置预设、Lumetri 预设、音频效果、音频过渡、视频效果和视频过渡 6 个文件夹。单击面板下方的“新建自定义素材箱”按钮，可以新建文件夹，将常用的特效放置在新建文件夹中，便于在制作时使用。直接在“效果”面板上方的文本框中输入特效名称，按 Enter 键，即可找到所需要的特效。而“效果控件”面板用于对素材进行参数设置，如音频的“音量级别”、视频的“运动”和“不透明度”等，如图 4-12 所示。

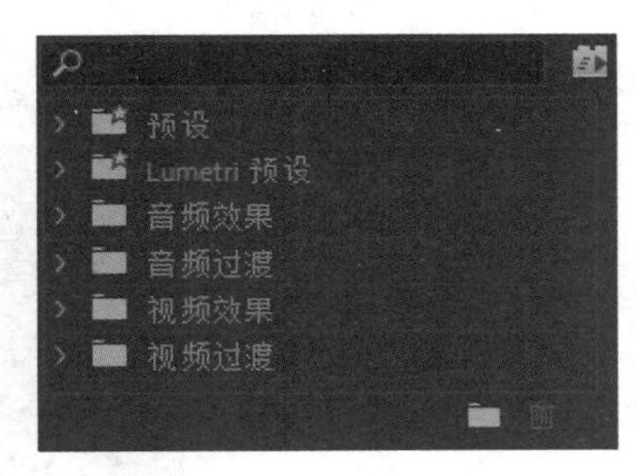

图 4-11　“效果”面板

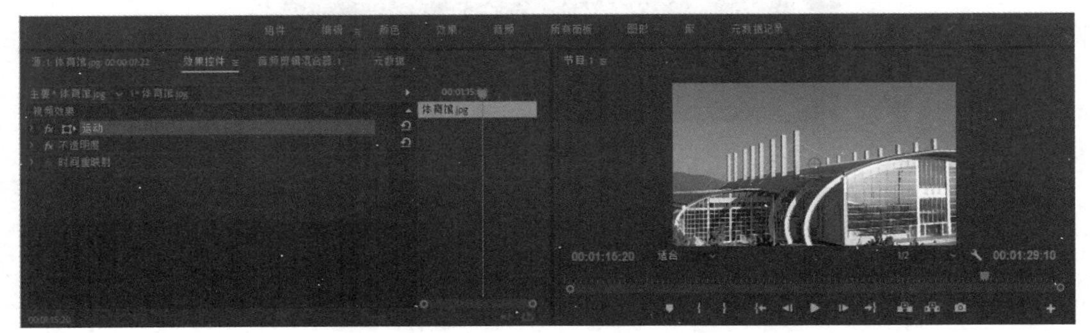

图 4-12　“效果控件”面板

7. “字幕”面板

在视频编辑的过程中，字幕是一个非常重要的元素，它能对视频所要表达的内容起到精确阐释的作用。Premiere Pro CC 2018 创建字幕的方法如下。

（1）执行“文件”|“新建”|“旧版标题”命令，弹出“新建字幕”对话框，在“名称”

文本框中输入字幕名称，如图 4-13 所示，可新建一个名为“美丽校园”的字幕文件。

（2）单击“确定”按钮，打开“字幕”面板，如图 4-14 所示，可在其中对字幕进行设置。

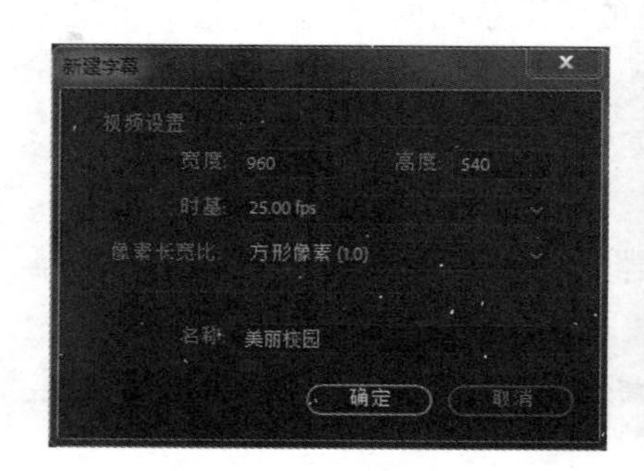

图 4-13 “新建字幕”对话框

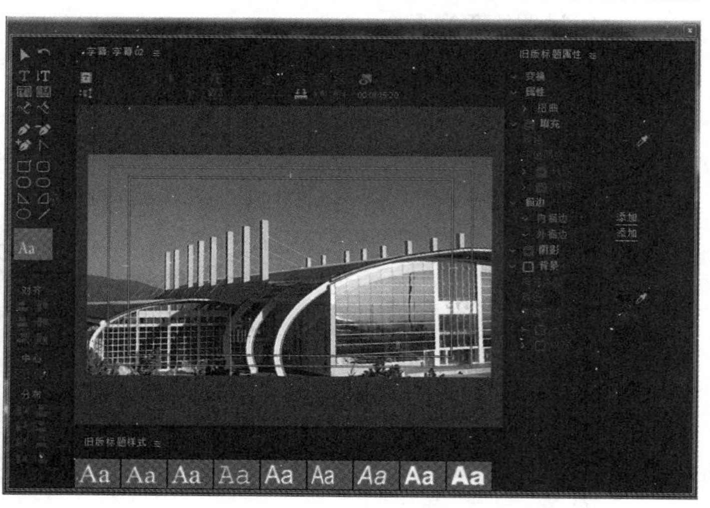

图 4-14 “字幕”面板

8. “音轨混合器”面板

Premiere 中的“音轨混合器”面板主要用来实现音频的混音效果，如图 4-15 所示。

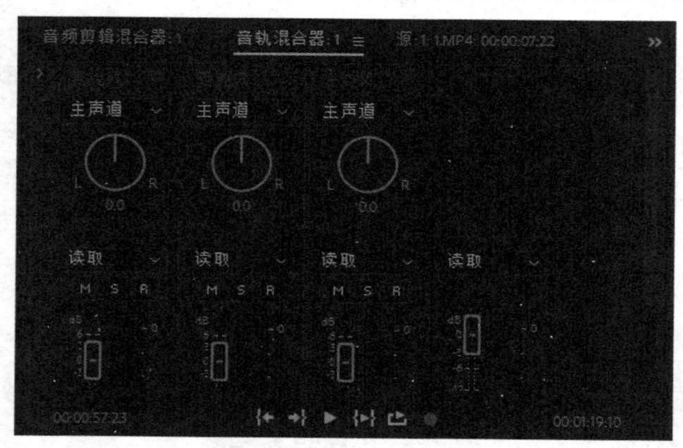

图 4-15 “音轨混合器”面板

4.3.3 界面布局

在视频编辑过程中，由于 Premiere Pro CC 2018 功能非常强大，其界面会显示许多功能窗口和控制面板，可以根据自己的需求选择不同的工作界面，打开或关闭一些窗口。Premiere Pro CC 2018 提供了 4 种预设界面布局：“音频”模式工作界面、“颜色”模式工作界面、“编辑”模式工作界面、“效果”模式工作界面。

在菜单栏中选择“窗口”|“工作区”，执行对应的命令，就能打开相应的工作模式界面，如执行“窗口”|“工作区”|“编辑”命令，即可启动“编辑”模式工作界面，如图 4-16 所示。

图 4-16 “编辑”模式工作界面

4.4 Premiere Pro CC 2018 基本操作

通过前几节的学习，读者对 Premiere Pro CC 2018 界面窗口有了一个初步的认识，本节主要介绍 Premiere Pro CC 2018 基本操作，包括项目文件的保存、素材文件的导入，以及编辑导入的素材文件等，让读者进一步了解 Premiere Pro CC 2018 的界面和操作体验。

4.4.1 项目文件的保存

在用 Premiere Pro CC 2018 对音/视频文件进行编辑操作时，为了避免因为停电、死机等意外造成数据丢失，应该养成随时保存项目文件的习惯。Premiere 提供了两种保存项目文件的方法：手动保存和自动保存。

1. 手动保存项目文件

在 Premiere Pro CC 2018 的工作界面中，执行“文件”|“保存”命令，可保存项目文件。执行“文件”|“另存为”命令，系统会弹出“保存项目”对话框，可在该对话框中设置项目文件的名称和保存路径，然后单击“保存”按钮，即可将项目文件保存起来，如图 4-17 所示。

2. 自动保存项目文件

自动保存项目文件是指系统会按照设置的间隔时间定时对项目文件进行保存，以避免工作数据的丢失。

在 Premiere Pro CC 2018 的工作界面中，执行“编辑”|“首选项”|“自动保存”命令，即可转到“首选项”对话框的“自动保存”选项组中，在该选项组中选中“自动保存项目”复选框，然后设置“自动保存时间间隔”和“最大项目版本”参数，这样系统就会按照设置的间隔

时间定时对项目文件进行保存。如图 4-18 所示，设置了每隔 15 分钟对项目文件保存一次。

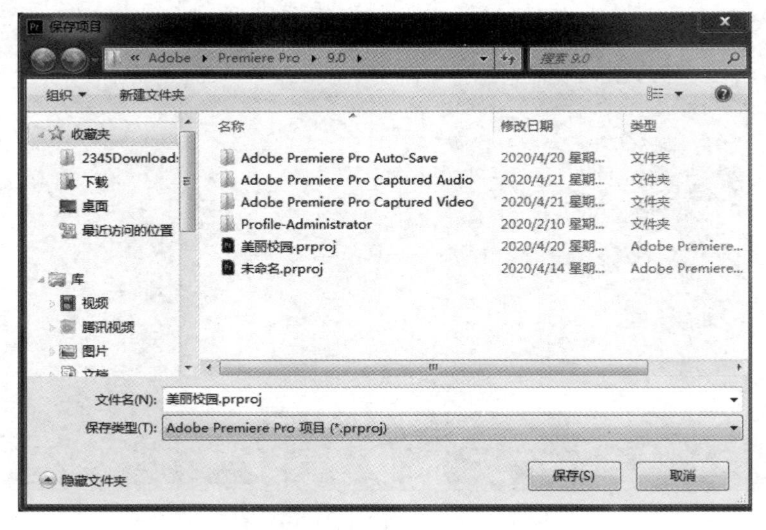

图 4-17 “保存项目”对话框

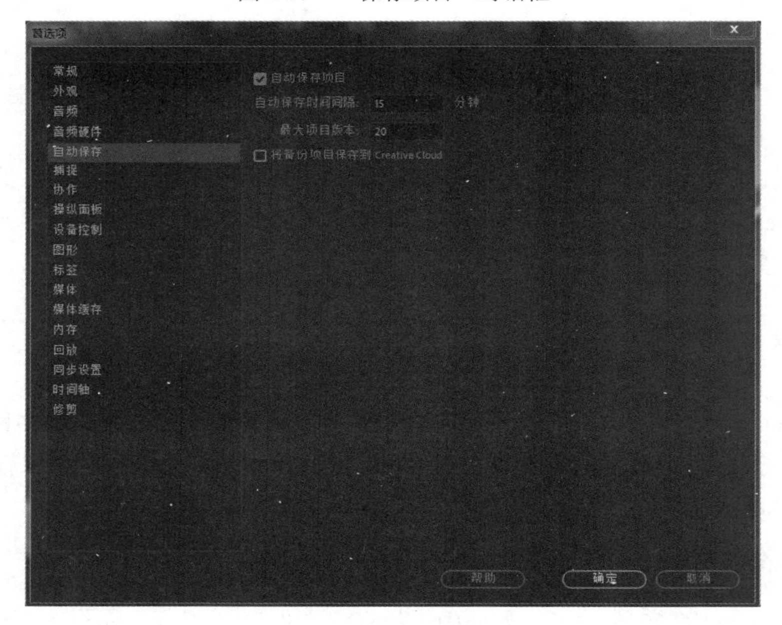

图 4-18 设置自动保存项目

4.4.2 素材文件的导入

为了制作出精彩的音/视频作品，可以在 Premiere Pro CC 2018 中导入很多格式的素材文件，不同格式的素材文件对应不同的导入方法。

1. 音/视频素材文件的导入

音频和视频素材文件是视频编辑过程中最常用的素材文件，导入的方法也很简单，只要计算机安装了相应的音频和视频解码器，不需要进行其他设置就可以直接将其导入。

进入 Premiere Pro CC 2018 的工作界面，在“项目”面板“名称”选项组的空白处右击，在弹出的快捷菜单中选择“导入”命令，打开“导入”对话框，在该对话框中选择需要导入的音/视频素材，如图 4-19 所示，然后单击“打开”按钮，就可将选择的素材文件导入“项目”面板中，如图 4-20 所示。

图 4-19　“导入”对话框

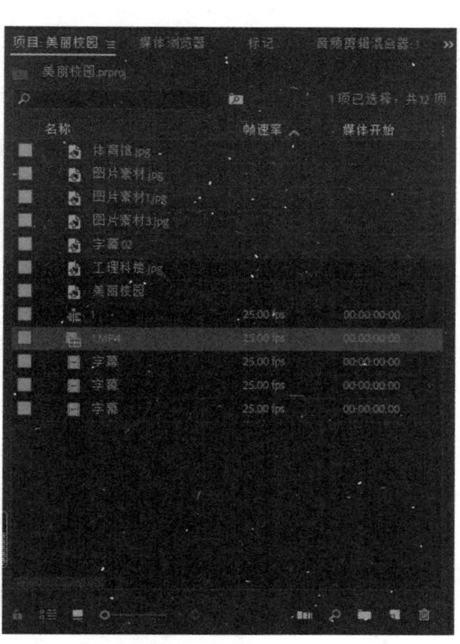

图 4-20　导入素材到“项目”面板

2. 序列文件的导入

序列文件是带有统一编号的图像文件，如果只是导入序列文件里的一张图片，它就是一个静态的图像文件。如果把它们按照序列全部导入，系统就自动将这个整体作为一个视频文件。

进入 Premiere Pro CC 2018 的工作界面，在“项目”面板“名称”选项组的空白处右击，在弹出的快捷菜单中选择“导入”命令，打开“导入”对话框，在该对话框中选中“图像序列”复选框，然后选择素材文件 01.PNG，如图 4-21 所示。单击“打开”按钮，即可将序列文件合成为一段视频文件导入“项目”面板中。在“项目”面板中双击导入的序列文件，将其导入“源”监视器中，可以播放、预览视频的内容，如图 4-22 所示。

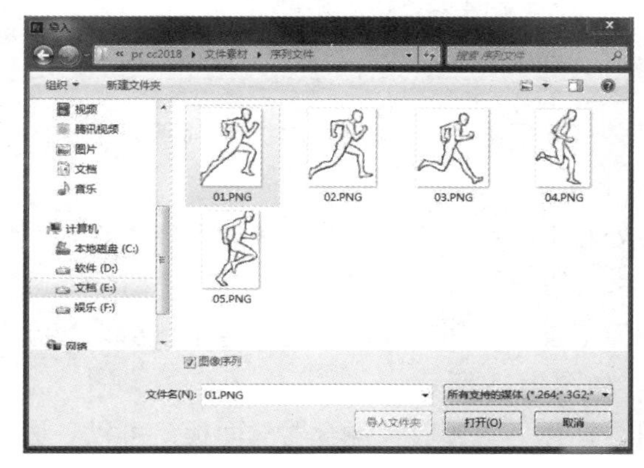

图 4-21　“导入”对话框

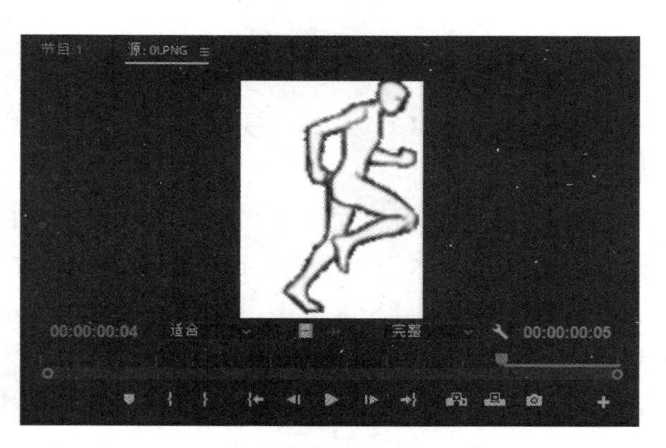

图 4-22　“源”监视器中的序列文件

3. 图层文件的导入

图层文件包含多个相互独立的图像文件，是静态文件。Premiere Pro CC 2018 中，可以将图层文件的所有图层作为一个整体导入，也可以单独导入其中一个图层。

（1）进入 Premiere Pro CC 2018 的工作界面，在“项目”面板“名称”选项组的空白处右击，在弹出的快捷菜单中选择“导入”命令，打开“导入”对话框，选择所需的图层文件，然后单击“打开”按钮，弹出“导入分层文件：图层文件”对话框（其中“图层文件”为选择的图层文件名称，这里为“美丽校园”），在默认情况下，设置“导入为”选项为“序列”，这样就可以将所有的图层全部导入并保持各个图层的相互独立，如图 4-23 所示。

（2）单击“确定”按钮，即可将图层导入“项目”面板中。展开前面导入的文件夹，可以看到文件夹下包括多个独立的图层文件。在“项目”面板中，双击图层文件夹，会弹出“素材箱”面板，在该面板中显示了文件夹下的所有独立图层，如本例双击“美丽校园”文件夹，即可打开该文件夹中的所有图层文件，可以单独导入，如图 4-24 所示。

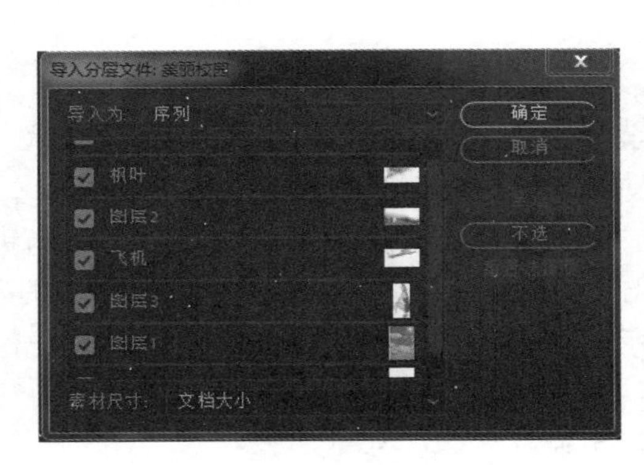

图 4-23　导入图层

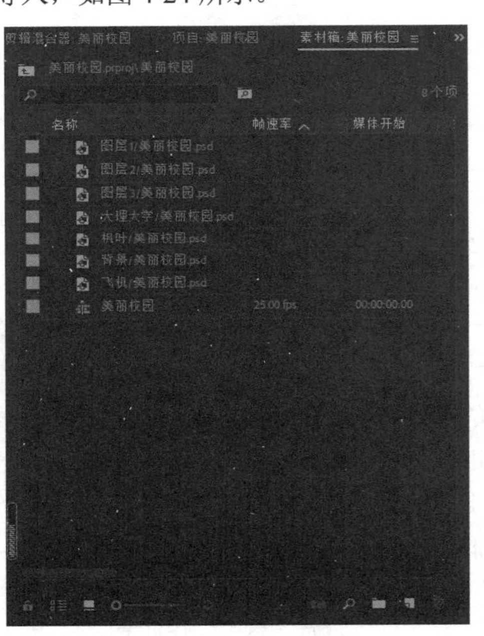

图 4-24　打开图层文件夹

4. 音频文件的导入

Premiere Pro CC 2018 中视频编辑结束后，很多时候需要导入声音来烘托视频所要表达的思想。

（1）在“项目”面板“名称”选项组的空白处右击，在弹出的快捷菜单中选择“导入”命令，打开“导入”对话框，选择所需的声音文件，然后单击“打开”按钮。

（2）在“项目”面板中，将“音频素材.mp3”拖至“时间轴”面板的轨道中，剪切音频素材，使音频素材和视频轨道中的素材首位对齐，如图 4-25 所示。

（3）剪切音频素材之后，单击“音频”按钮，打开“音频剪辑混合器”面板，可以一边预览影片效果，一边观察音频电平，如图 4-26 所示。

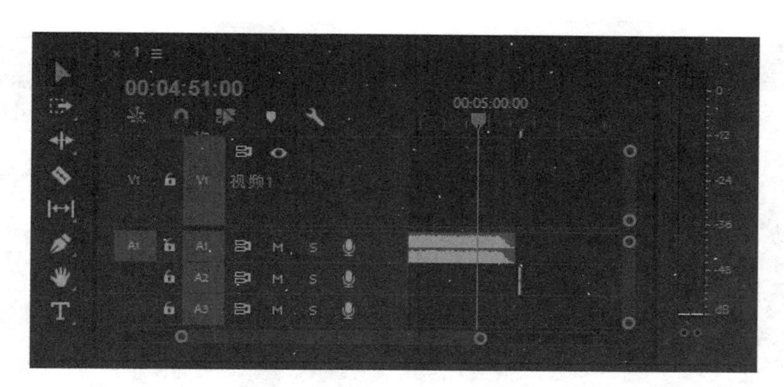

图 4-25　导入音频文件

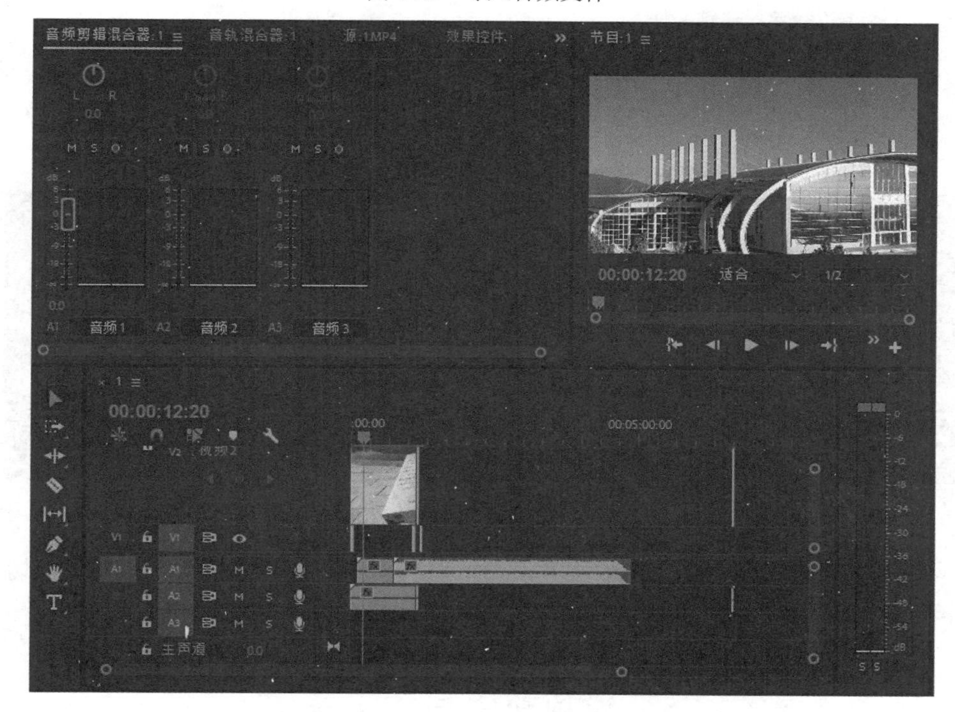

图 4-26　“音频剪辑混合器”面板

4.4.3　编辑导入的素材文件

在 Premiere Pro CC 2018 中，导入素材文件后，就可以对素材文件进行编辑了。一般情况下是先在“源”监视器中对素材进行初步编辑，然后在“时间轴”面板中对素材进行连接，即可形成一个新的文件。

具体操作步骤如下。

（1）在“项目”面板中双击视频文件“校园生活.mp4”，将其导入“源”监视器，如图 4-27 所示。

（2）在“源”监视器中，设置时间为 00:00:13:16，单击按钮设置入点。然后将时间设置为 00:00:19:18，单击按钮设置出点，将视频进行剪切，如图 4-28 所示。

图 4-27 导入视频文件

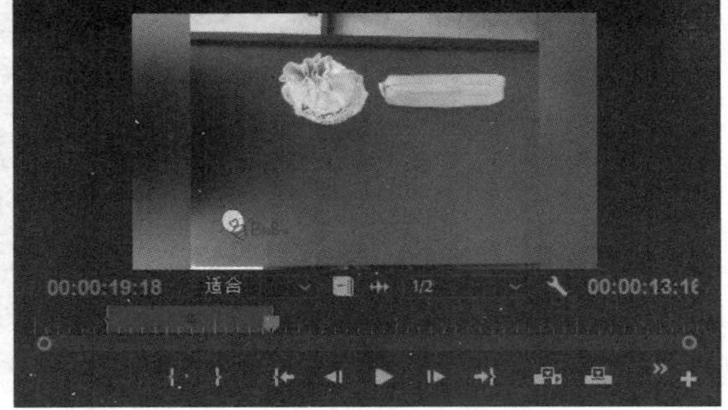

图 4-28 设置入点和出点

（3）设置好视频素材的入点和出点之后，在“源”监视器中单击“插入”按钮。将剪切之后的“校园生活.mp4”视频文件插入“时间轴”面板中，默认放置在 V1 轨道中，如图 4-29 所示。

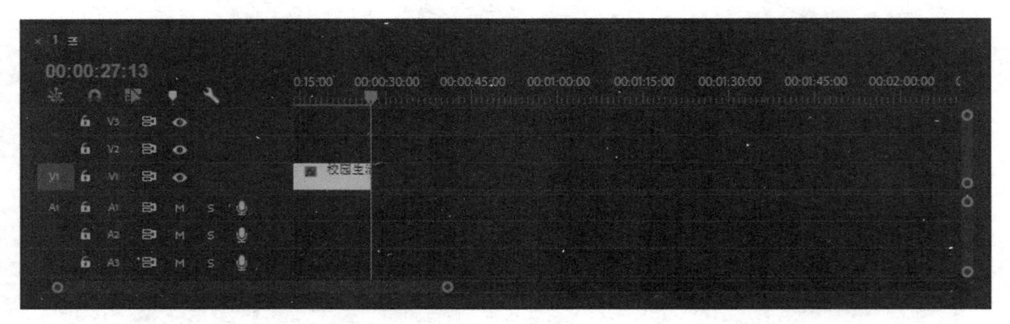

图 4-29 将剪切的视频插入“时间轴”面板

（4）在“源”监视器中，依次对视频设置入点和出点，通过“插入”按钮将剪切之后的视频文件插入“时间轴”面板，使所有素材首尾连接，形成一个新的文件。

4.5 视频剪辑与镜头转场

用 Premiere Pro CC 2018 编辑视频的过程是非线性的，可以在任何时候插入、复制、替换、传递和删除素材片段，还可以采取各种各样的顺序和效果进行测试，并在合成最终影片或输出前进行预演。

在 Premiere Pro CC 2018 中编辑视频有两个界面非常重要，一个是监视器，一个是“序列”面板。其中，监视器用于观看素材和完成的影片，设置素材的入点和出点等；“序列”面板主要用于建立序列、安排素材、分离素材、插入素材、合成素材以及混合音频素材等。在使用监视器和“序列”面板编辑影片时，还会使用相关的其他窗口和面板。

4.5.1 监视器

在 Premiere Pro CC 2018 中有两个监视器，即“源”监视器与“节目”监视器，分别用来显示素材与作品在编辑时的状况。图 4-30 所示为“源”监视器，用于显示和设置节目中的素材；图 4-31 所示为“节目”监视器，用于显示和设置序列。

图 4-30 “源”监视器

图 4-31 “节目”监视器

不论是已经导入的素材，还是使用“打开”命令观看的素材，系统都自动在“源”监视器中打开，可在“源”监视器中单击“播放”按钮▶播放和观看素材。

4.5.2 素材的裁剪

在视频剪辑过程中，为了使作品播放节奏更加紧凑，要对导入的各种素材进行必要的裁剪。增加或删除帧可以改变素材的长度。素材开始帧的位置被称为入点，素材结束帧的位置被称为出点。在监视器、“序列”面板和修整窗口中都可以剪裁素材文件。对素材入点和出点所做的改变不影响磁盘上源素材本身。下面介绍在“源”监视器中裁剪素材的方法。

1. 在“源”监视器中裁剪素材

Premiere Pro CC 2018 的“源”监视器每次只能显示一个单独的素材，如果在“源”监视器中打开了若干个素材，可以通过“源”下拉列表进行管理。单击素材窗口上方的“源”下拉按钮，其下拉列表中显示了所有在“源”监视器中打开过的素材，如图 4-32 所示，可以在该列表中选择需在“源”监视器中打开的素材。如果序列中的影片在“源”监视器中打开，名称前会显示序列名称。

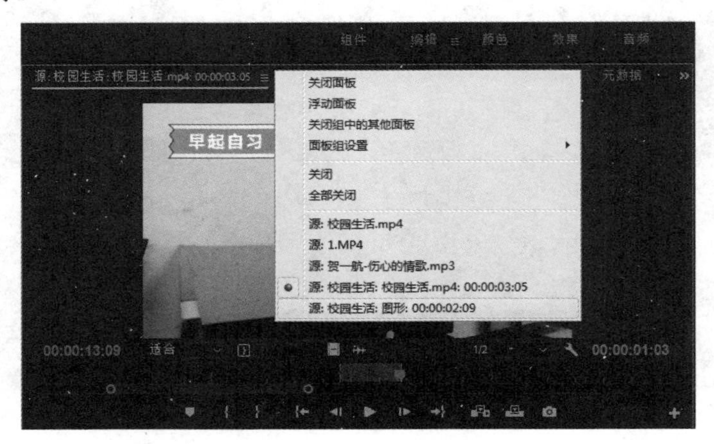

图 4-32 选择素材列表

大部分情况下，导入节目的素材要删除不需要的部分才会完全适合最终节目的需要。这时候，可以通过设置入点、出点的方法来裁剪素材。在“源”监视器中改变入点和出点的方法如下。

在“项目”面板中双击要设置入点、出点的素材，将其在“源”监视器中打开。在“源”监视器中拖动滑块或按 Space 键，找到需要使用的片段的开始位置，单击“源”监视器下方的“标记入点”按钮或按 I 键，“源”监视器显示当前素材入点画面，监视器右上方显示入点标记。继续播放影片，找到使用片段的结束位置，单击下方的“标记出点”按钮或按 O 键，监视器中显示当前素材的出点，入点和出点间显示为深色，此时置入序列片段即入点与出点间的素材片段，这样就完成了入点到出点素材片段的裁剪，如图 4-33 所示。

图 4-33 在“源”监视器中裁剪素材

在为素材设置入点和出点时，对素材的音频和视频部分同时有效。也可以为素材的视频或音频部分单独设置入点和出点。具体操作步骤如下。

在素材视频中选择要设置入点、出点的素材。播放影片，找到使用片段的开始位置，选择“源”监视器中的素材并右击，在弹出的快捷菜单中选择“标记拆分”，在弹出的子菜单中选择对应的命令，即可单独完成素材文件中音频和视频的出入点设置，如图 4-34 所示。

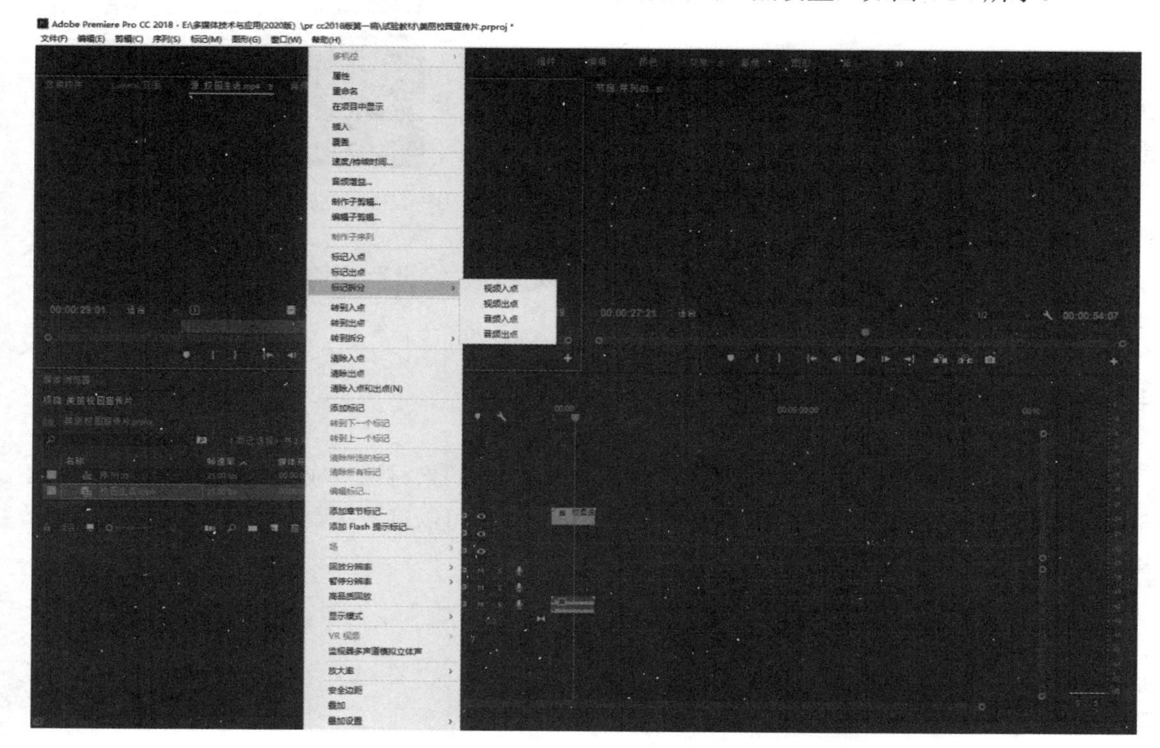

图 4-34 “标记拆分”快捷菜单

在 Premiere Pro CC 2018 中，除了可以用“源”监视器完成对素材的裁剪，还可在“序列”面板中利用“选择工具”“滚动编辑工具”“波纹编辑工具”“外滑工具”“内滑工具”完成对素材的裁剪。

2. 调整影片速度

在素材编辑过程中，可以为素材指定一个新的百分比或长度来调整素材的播放速度。视频和音频素材的默认速度为 100%。可以设置速度为-10000%～10000%，负的百分值可以使素材反向播放。当改变一个素材的速度时，“节目”监视器和“信息”面板会反映出新的设置，可以设置序列中的素材（视/音频素材、静止图像或切换）长度。

调整素材的速度会有效地减少或增加原始素材的帧数，这会影响影片素材的运动质量和音频素材的声音质量。例如，设定一个影片的速度到 50%（或长度增加一倍），影片会产生慢动作效果；设定影片的速度到 200%（或长度减半），可以产生快进效果。

执行“剪辑”|“速度/持续时间”命令，弹出“剪辑速度/持续时间”对话框，如图 4-35 所示。“速度”选项控制影片速度，100%为原始速度，低于 100%速度会变慢，高于 100%速度则变快。在“持续时间”栏中输入新时间，会改变影片出点，如果该选项与“速度”链接，则

改变影片速度。选中“倒放速度”复选框，可以倒播影片；选中“保持音频音调”复选框，可以锁定音频。设置完毕后单击“确定”按钮退出。

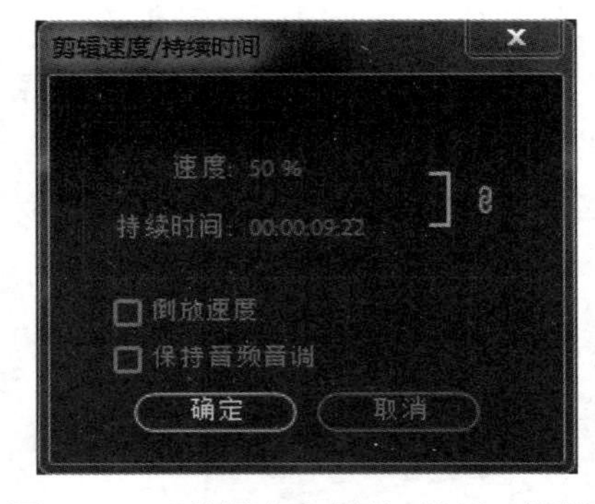

图 4-35 “剪辑速度/持续时间”对话框

3. 删除素材

如果决定不使用序列中的某个素材片段，则可以在序列中将其删除。从序列中删除一个素材不会将其在“项目”面板中删除。当删除一个素材后，可以在轨道上的该素材处留下空位。也可以选择波纹删除，将其他轨道上的内容向左移动，以覆盖被删除的素材留下的空位。

在序列中选择一个或多个素材，按 Delete 键或执行“编辑”|“清除”命令，即可删除选中的素材。

4.5.3 素材分离

在 Premiere Pro CC 2018 的序列中，可以将一个单独的素材切割成两个或更多个单独的素材，也可以对素材进行插入、覆盖、提升和提取编辑，还可以将链接素材的音频或视频部分分离或将分离的音频和视频素材链接起来。

1. 素材切割

当切割一个素材时，实际上是建立了该素材的两个副本。在对某个素材进行切割时，为了避免影响其他轨道上的素材文件，可以在序列中锁定轨道，保证在一个轨道上进行编辑时，其他轨道上的素材不被影响。

在“工具”面板中选择“剃刀工具”，在素材需要剪切处单击，即可完成对素材的切割。该素材被切割为两个素材，每一个素材都有其独立的长度和入点与出点，如图 4-36 所示。如果要将多个轨道上的素材在同一点分割，可按住 Shift 键，此时显示多重刀片，单击某位置，轨道上所有未锁定的素材都在该位置被分为两段。

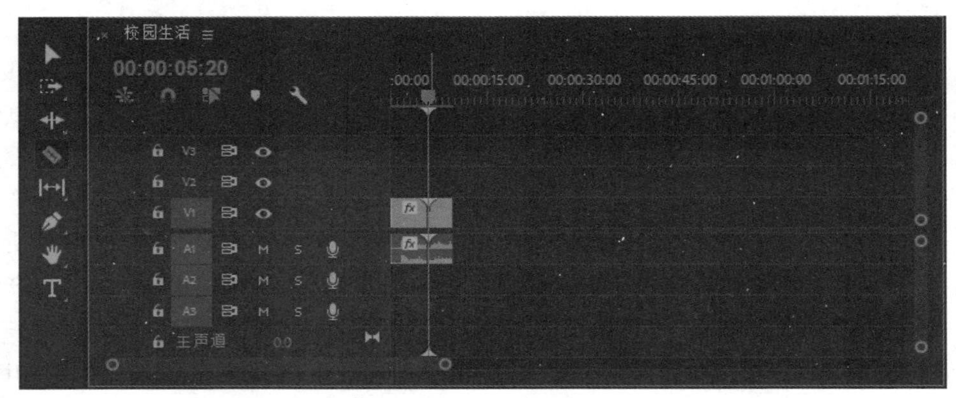

图 4-36 切割序列中的素材

2. 插入编辑和覆盖编辑

可以选择插入编辑和覆盖编辑，将“源”监视器或者“节目”监视器中的影片插入序列中。在插入素材时，可以锁定其他轨道上的素材，以避免引起不必要的变动。锁定轨道非常有用，例如，可以在影片中插入一个视频素材而不改变音频轨道。

单击“插入”按钮和“覆盖”按钮可以将“源”监视器中的片段直接置入序列中时间标示点位置的当前轨道中。

1）插入编辑

使用插入工具置入片段时，凡是处于时间标示点之后（包括部分处于时间指示器之后）的素材都会向后推移。如果时间标示点位于目标轨道中的素材之上，插入的新素材会把原有素材分为两段，直接插在其中，原素材的后半部分将会向后推移，接在新素材之后。

2）覆盖编辑

覆盖编辑是将“源”监视器或者“节目”监视器中的影片插入序列中。在插入素材后，加入的新素材会在编辑标示线处覆盖其下素材，素材总长度保持不变。

3. 提升编辑和提取编辑

单击“提升”按钮和“提取”按钮可以在“序列”面板中删除轨道上指定的一段素材。

1）提升编辑

使用提升工具对影片进行删除修改时，只会删除目标轨道中选定范围内的素材片段，不会对其前、后的素材以及其他轨道上素材的位置产生影响。

2）提取编辑

使用提取工具对影片进行删除修改时，不但会删除目标轨道中指定的片段，还会将其后的素材前移，填补空缺。而且，会删除其他未锁定轨道中位于该选择范围之内的片段，并将后面的所有素材前移。

4. 链接和分离素材

视频编辑过程中，经常需要将“序列”面板中的视频、音频链接素材的视频和音频部分分离。可以完全打断或者暂时释放链接素材的链接关系并重新放置其各部分。当然，很多时候也需要将各自独立的视频和音频链接在一起，作为一个整体调整。

1）链接素材

链接素材就是将“序列”面板中的视频、音频素材进行链接，具体方法如下。

在“序列”面板中选择要进行链接的视频和音频片段，右击，在弹出的快捷菜单中选择“链接”命令，如图 4-37 所示，视频和音频就能被链接在一起。

2）分离素材

分离素材就是将“序列”面板中的视频、音频链接素材进行分离，具体方法如下。

在“序列”面板中选择视频和音频链接的素材，右击，在弹出的快捷菜单中选择“取消链接”命令，如图 4-38 所示，即可分离素材的音频和视频部分。

图 4-37 链接素材

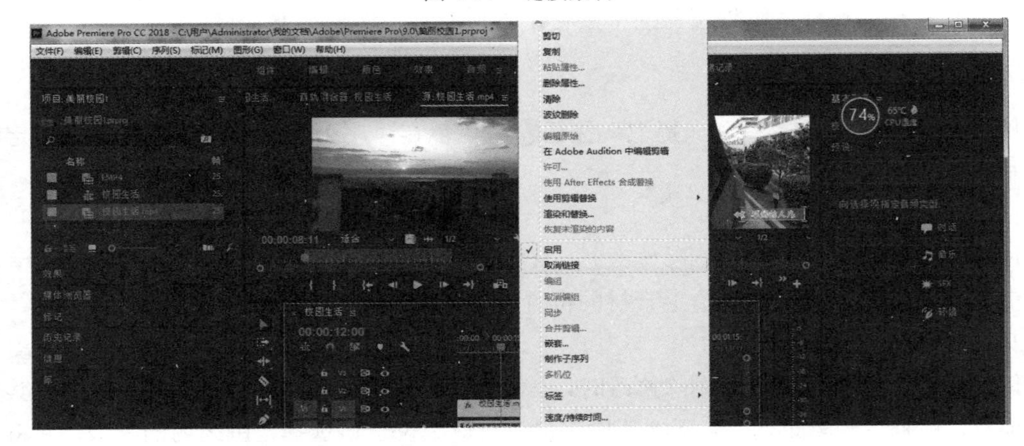

图 4-38 分离素材

4.6 转场过渡与视频特效

电影和电视都是由很多镜头组成的，镜头之间组合显示的变化称为过渡，也称为转场，相当于 PPT 中幻灯片之间的“切换”效果。Premiere Pro CC 2018 提供了丰富的过渡效果，可以对这些过渡效果进行设置，以使最终的显示效果更加丰富多彩。在过渡设置对话框中，可以设置每一个过渡效果的多种参数，从而改变过渡的方向、开始和结束帧的显示以及边缘效果等。

4.6.1 视频镜头转场过渡

视频镜头过渡效果在影视制作中比较常用，可以使两段不同的视频之间产生各式各样的过渡效果。

1. 设置转场特效

在影视制作过程中，为了表现镜头的视觉冲击力，往往需要为镜头之间的转接过渡设置一个比较好的转场特效，Premiere Pro CC 2018 提供了丰富的转场特效，下面以实例的形式讲解设置一种转场特效的方法，其他效果的设置方法与此类似，不再详细介绍。

（1）启动 Premiere 软件，在弹出的“开始”界面中单击“新建项目”按钮，在弹出的“新建项目”对话框中指定保存位置，并设置名称为“转场特效实例”，如图 4-39 所示。

（2）单击“确定”按钮，在“项目”面板中右击，在弹出的快捷菜单中选择“导入”命令。

（3）在弹出的“导入”对话框中选择“图片素材 1.jpg”“图片素材 2.jpg”两个素材文件，如图 4-40 所示。

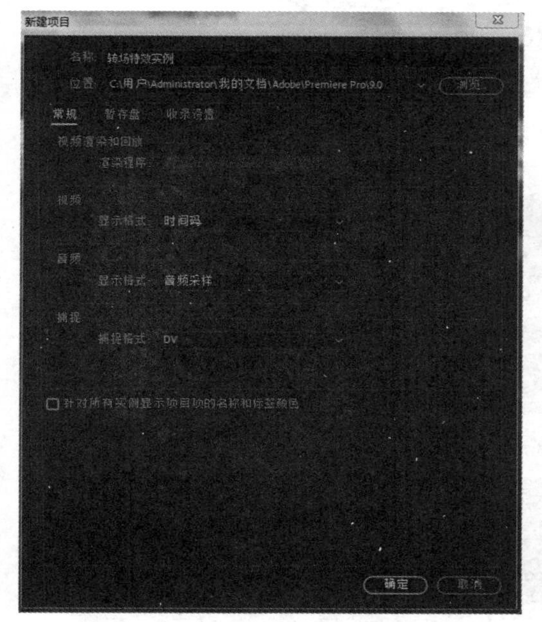

图 4-39 “新建项目”对话框

图 4-40 选择素材文件

（4）单击“打开”按钮，返回 Premiere 界面。执行“文件”|“新建”|“序列”命令，弹出“新建序列”对话框，设置“序列名称”为“转场特效序列”，其他选项使用默认设置，单击“确定”按钮，创建一个序列，如图 4-41 所示。

（5）在“项目”面板中选择导入的素材文件，将素材拖至“序列”面板中的 V1 轨道，如图 4-42 所示。

（6）确定当前时间为 00:00:00:00，选中“图片素材 1.jpg”素材文件，执行“编辑”命令切换到“效果控件”面板中，将“缩放”设置为 150，如图 4-43 所示。

（7）将当前时间设置为 00:00:05:00，选中“图片素材 2.jpg”素材文件，切换到“效果控件”面板中，将“缩放”设置为 50，如图 4-44 所示。

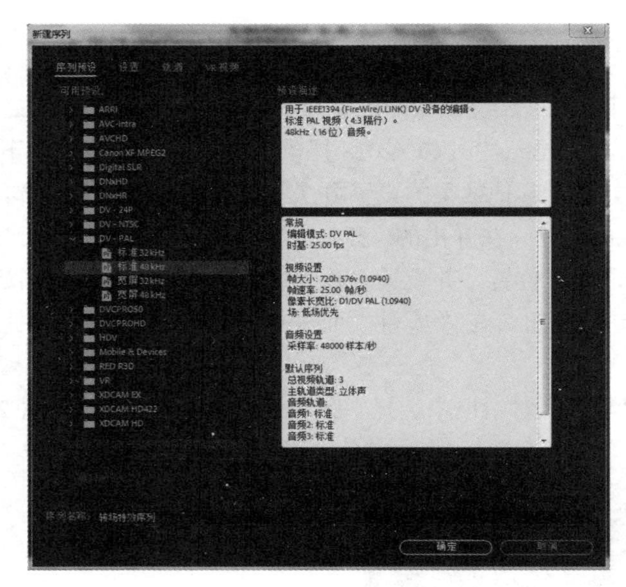

图 4-41 “新建序列”对话框

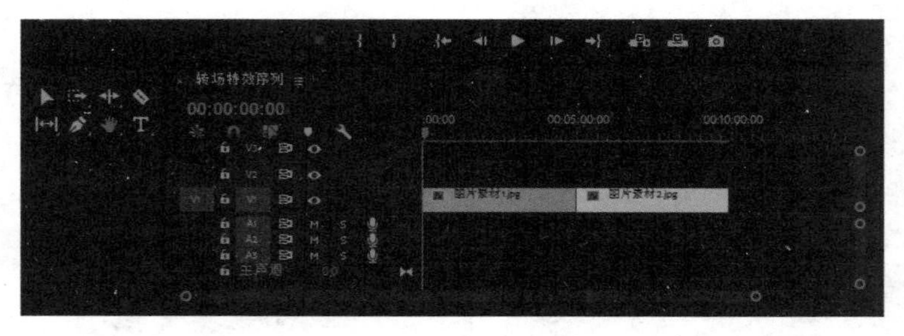

图 4-42 素材拖放到序列

图 4-43 素材“缩放”参数设置（1）

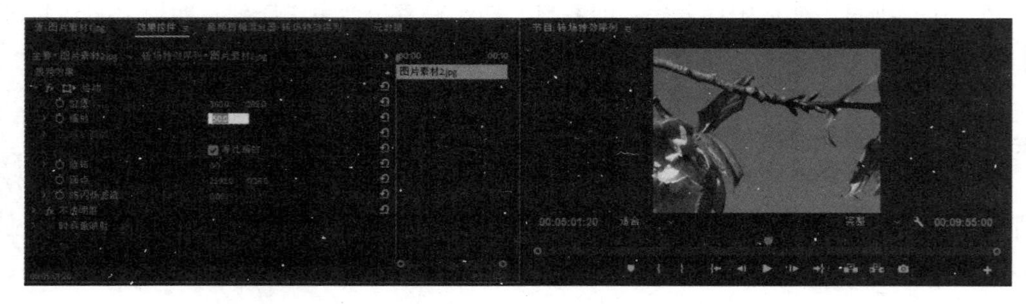

图 4-44 素材“缩放”参数设置（2）

（8）激活“效果”面板，打开“视频过渡”文件夹，选择“3D 运动”下的“立方体旋转”过渡特效，如图 4-45 所示。

图 4-45　选择过渡特效

（9）将“立方体旋转”特效拖至两个素材之间，如图 4-46 所示。

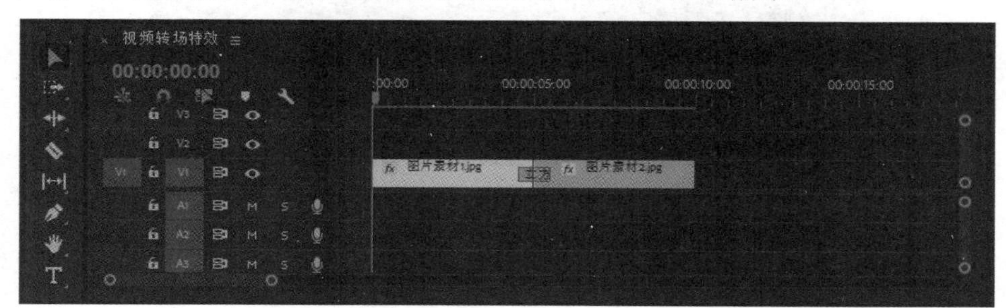

图 4-46　添加转场特效

（10）按 Space 键进行播放，观看播放效果。

为影片添加过渡后，可以改变过渡的长度。最简单的方法是在序列中选中过渡，再拖动过渡的边缘，如图 4-47 所示。

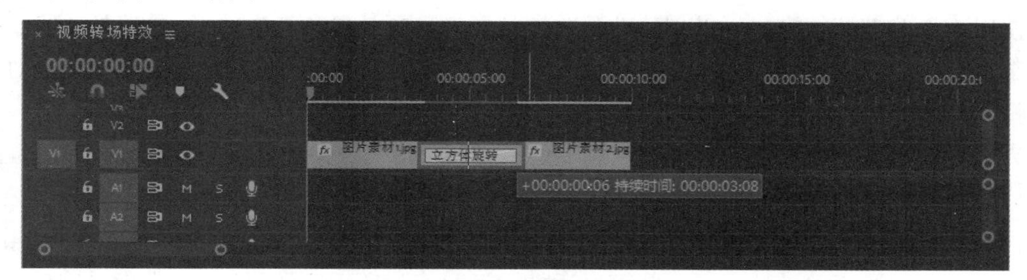

图 4-47　拖动调整过渡长度

还可以在“效果控件”面板中对过渡进行调整。双击过渡，打开“设置过渡持续时间”对话框，如图 4-48 所示，可以在该对话框中设置过渡的持续时间。

图 4-48　“设置过渡持续时间”对话框

2. 调整过渡区域

设置好转场特效后，可以在“效果控件”面板中根据需求设置过渡的持续时间和位置，如图 4-49 所示。在两段影片间加入过渡后，时间轴上会有一个重叠区域，这个重叠区域就是发生过渡的范围。同时，“序列”面板中只显示入点和出点间的影片的不同，在“效果控件”面板的时间轴中，会显示影片的完整长度。边角带有小三角即表示影片结束。这样设置的好处是可以随时修改影片参与过渡的位置。

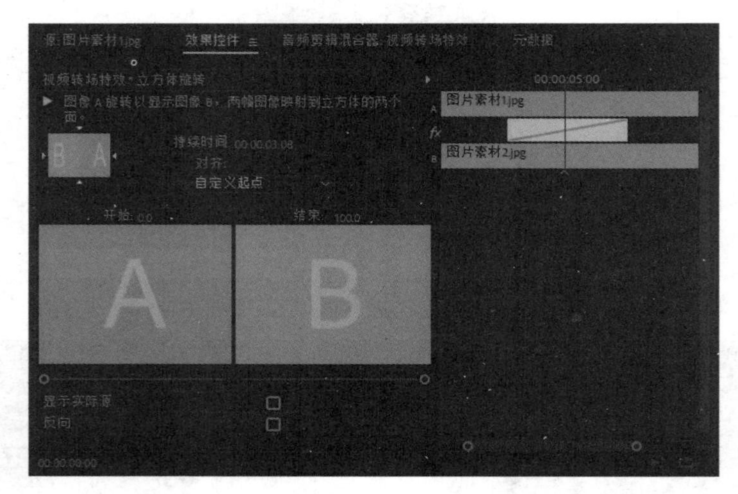

图 4-49　“效果控件”面板

4.6.2　视频特效

在使用 Premiere Pro CC 2018 的过程中，巧妙地为影片添加各式各样的视频特效可以使影片具有很强的视觉感染力，剪辑人员学会如何在影片上添加视频特效是非常重要的。

1. 使用关键帧控制效果

使用添加关键帧的方式可以创建动画并控制素材动画效果和音频效果，通过关键帧查看属性的数值变化，如位置、不透明度等。当为多个关键帧赋予不同的值时，Premiere 会自动计算关键帧之间的值，这个处理过程称为插补。

为了设置动画效果属性，必须激活属性的关键帧，在“效果控件”面板或者“序列”面板中可以添加并控制关键帧。

任何支持关键帧的效果属性都包括“切换动画”按钮，单击该按钮可插入一个动画关键帧。插入关键帧（即激活关键帧）后，就可以添加和调整素材所需要的属性，如图 4-50 所示。

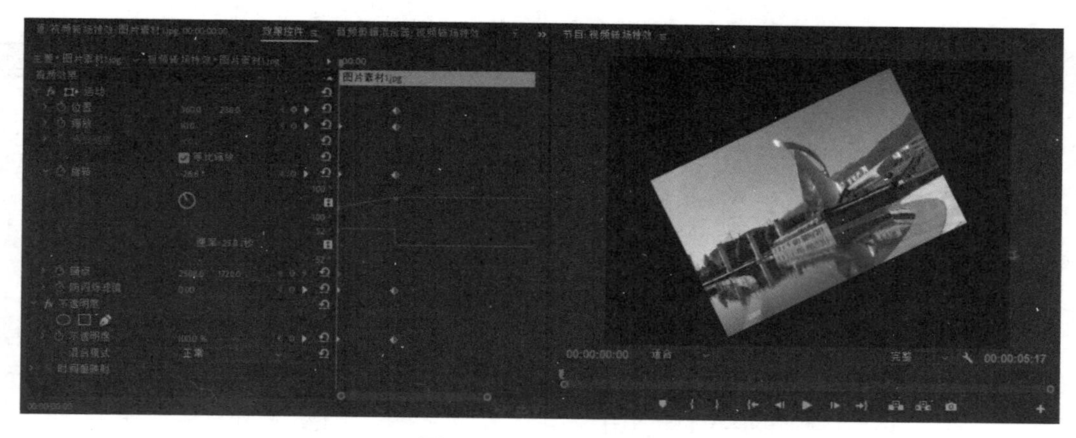

图 4-50 关键帧的设置

2. 视频特效与特效操作

在 Premiere Pro CC 2018 中添加特效后，在“效果”面板（见图 4-51）中选择添加的特效，然后单击特效名称左侧的按钮，即可对特效参数进行设置。

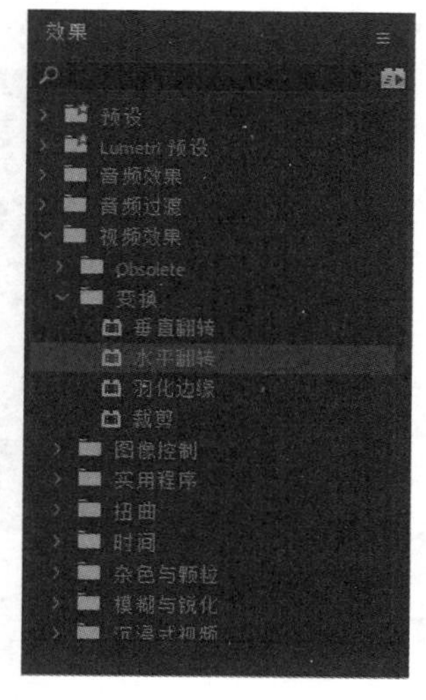

图 4-51 “效果”面板

从 Premiere Pro CC 2018“效果”面板中可以看出其提供的视频特效非常丰富，包括“Obsolete”“变换”“图像控制”“实用程序”等 19 类视频效果。每种视频效果又包含几种具体的视频效果，在编辑视频时可以根据需要进行选择，从而制作出非常绚丽的视频作品。下面以其中的一个视频特效“镜像”为例讲解设置视频特效的方法，其他视频特效的设置方法与此类似，不再详细介绍。

（1）新建一个项目文件，在“项目”面板的空白处双击，在弹出的“导入”对话框中选择“第三教学楼.PNG”素材文件，如图 4-52 所示。

（2）新建一个名为“视频特效序列”的序列，如图 4-53 所示。

图 4-52 选择素材

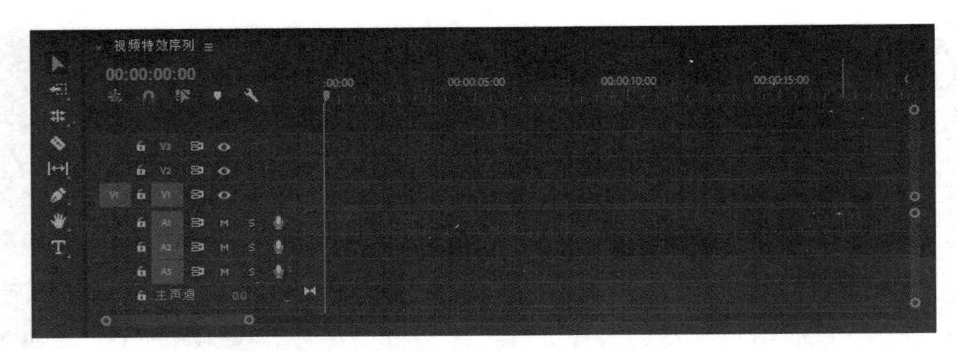

图 4-53　新建名为“视频特效序列”的序列

（3）按住鼠标将其拖曳至 V1 轨道中，并选中该对象，右击，在弹出的快捷菜单中选择“缩放为帧大小”命令。

（4）在“效果控件”面板中将“位置”设置为 310、288，将“缩放”设置为 125，如图 4-54 所示。

图 4-54　设置视频特效参数

（5）选择 V1 轨道上的素材文件，打开“效果”面板，在“视频效果”文件夹中选择“扭曲”中的“镜像”特效，双击该特效，在“效果控件”面板中将“镜像”选项组中的“反射中心”设置为 230、150，将“反射角度”设置为 0。

（6）设置完成后，即可对选中的素材进行镜像，效果如图 4-55 所示。

图 4-55　运用“镜像”特效后的效果

4.7 制作字幕与编辑音频

在影视作品中，字幕是不可缺少的关键因素，具有解释画面和补充内容等作用。对于视频编辑人员来说，制作字幕是不可缺少的一项基本技能。利用 Premiere Pro CC 2018，不仅可以设计静止的字幕，还可以设计丰富多彩的动态字幕。

4.7.1 常用字幕分类

常用字幕一般分为外挂字幕和内嵌字幕。

1）外挂字幕

外挂字幕即视频与字幕文件分开，字幕就像“浮”在视频画面上。由于外挂字幕在显示时是调用数码设备等内部的字体，因此可修改，还可制作出个性化的字幕。外挂字幕是最常用的一种字幕，制作时可以单独设置字幕格式等，常见的外挂字幕有以下几种。

（1）srt：最常用的字幕，只有时间码和文本，能够用文本编辑工具打开，非常便于对字幕内容进行细节修改和调整，也可以导入视频编辑软件并修改。

（2）ssa：除了可以添加时间码，还能添加作者信息、设置字幕大小和位置等。

（3）ass：是 ssa 的升级版，包含更多信息。

2）内嵌字幕

内嵌字幕即字幕与视频经过压制融合在同一个文件中，很难对字幕进行修改。使用内嵌字幕的视频源文件经过再次压缩形成适合数码设备播放的文件后，字幕效果往往不是很好。从网上下载的带字幕的视频大部分采用内嵌字幕。

4.7.2 制作字幕

1. 制作常用字幕

在使用 Premiere Pro CC 2018 制作字幕时，字幕是一个独立的文件。例如，有一段视频，这段视频有一段旁白（或配音等），现在需要为这段旁白或配音添加字幕，那么如同“项目”面板中的其他片段一样，只要把字幕文件加入该段视频所在“序列”面板视频轨道中，就可以成功地为该段视频添加字幕。

字幕的制作主要是在“字幕”面板中进行的。创建字幕的具体操作步骤如下。

（1）执行“文件”|“新建”|“旧版标题”命令，打开“新建字幕”对话框，如图 4-56 所示。

这里需要注意，“时基”需要和视频的帧速率保持一致，如示例视频是 25fps，那么这里也要设置为 25fps。同样，“宽度”“高度”也要与视频相关参数保持一致。

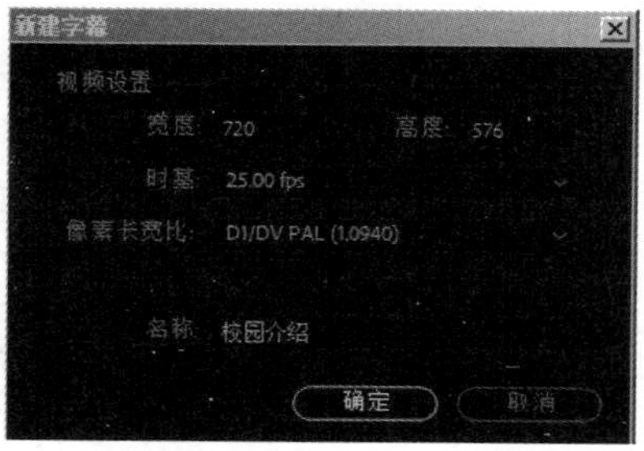

图 4-56 “新建字幕”对话框

（2）单击“确定”按钮，即可打开字幕编辑器，如图 4-57 所示。选择“文字工具”，在对应的位置单击，即可在光标闪烁的位置输入对应的字幕。还可在该面板中进行其他操作，如修改字幕属性。此外，还可以修改字体、字体颜色、字体位置、字体大小，选择字体样式等。完成一个所需的字幕设计后，需要使用时，手动拖放到对应的视频轨道中即可在播放视频时显示所设计的字幕，如图 4-58 所示。

图 4-57　字幕编辑器

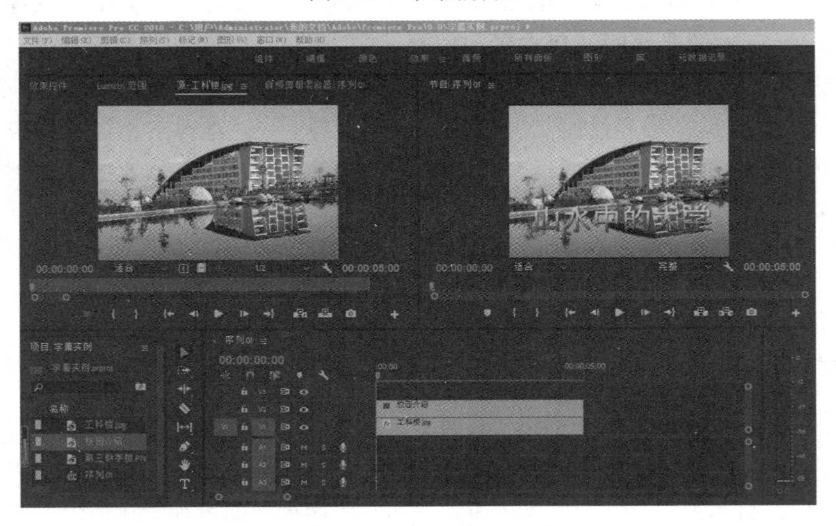

图 4-58　字幕制作效果图

以上方法适合制作比较短的字幕，如果字幕较长，可以借助第三方软件，利用人工智能自动识别并生成字幕，做必要的修改后，再导出为 srt 字幕文件。导出 srt 字幕文件后，必须要转码，srt 文件的编码必须设置为 Unicode，否则，导入 Premiere 后，中文字幕会出现乱码。

字幕转码方法介绍如下。

（1）用记事本打开需要转码的 srt 文件。

（2）执行“文件”|“另存为”命令，在弹出的“另存为”对话框中，将“编码”设置为 Unicode，如图 4-59 所示。

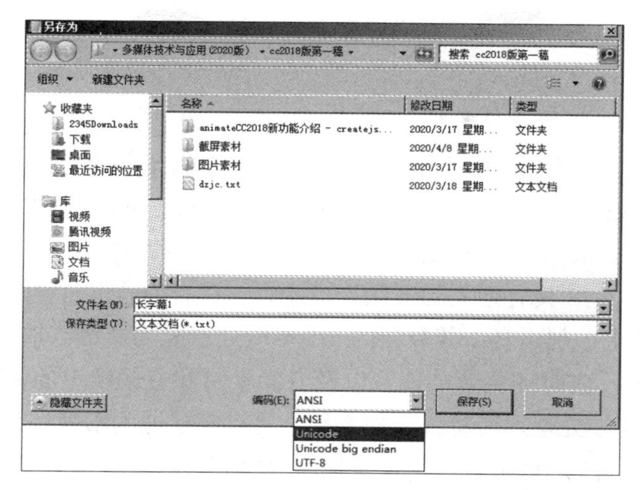

图 4-59　srt 字幕文件转码

（3）转码结束后，在 Premiere Pro CC 2018 的“项目”面板右击，在弹出的快捷菜单中选择“导入”命令，把 srt 字幕导入项目中，再手动拖到需要的轨道上，即可制作出长字幕效果。

2. 制作动态字幕

在 Premiere Pro CC 2018 中不仅可以创建静态字幕，也可以实现动态字幕，以表现出更好的效果。

例如，要制作一个在屏幕上上下滚动的动态字幕，具体操作步骤如下。

（1）执行“文件”|“新建”|“旧版标题”命令，在打开的对话框中保持默认设置，单击“确定”按钮，在弹出的字幕编辑器中选择“文本工具”，输入需要的字幕文字，并设置好文字大小、颜色、位置等参数。

（2）选择所有的文字，单击“滚动/游动选项”按钮，在弹出的“滚动/游动选项”对话框中选中“滚动”单选按钮，选中“开始于屏幕外”和“结束于屏幕外”复选框，如图 4-60 所示。

（3）关闭字幕编辑器，将做好的字幕拖曳至视频轨道中。在“序列”面板中选中拖入的字幕文件，打开“效果控件”面板，如图 4-61 所示，对字幕进行必要的编辑，即可制作出一个在屏幕上上下滚动的动态字幕。

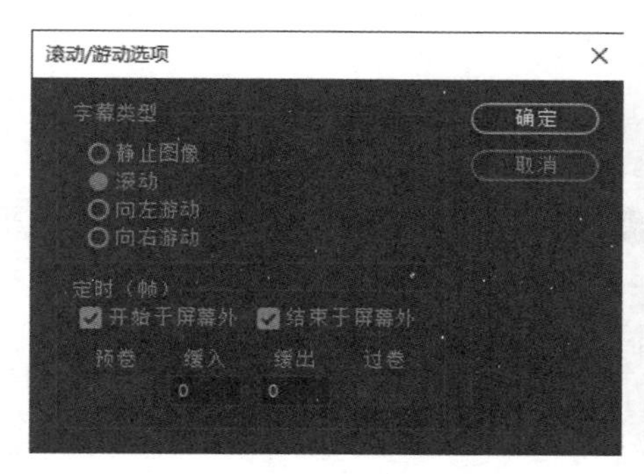

图 4-60　“滚动/游动选项”对话框

图 4-61　“效果控件”面板

4.7.3 编辑音频

在影视作品中，声音具有重要的作用，无论是同期的配音还是后期的效果、伴乐，都是一部作品不可缺少的重要元素。对一个剪辑人员来说，掌握音频基本理论和声画合成的基本规律，以及 Premiere Pro CC 2018 中音频剪辑的基础操作是非常必要的。

Premiere Pro CC 2018 具有强大的音频处理能力。在“音轨混合器”面板中，可以使用专业混音器的工作方式来控制声音，其最新的 5.1 声道处理能力，可以输出带有 AC.3 环绕音效的 DVD 影片。另外，实时的录音功能，以及音频素材和音频轨道的分离处理概念也使得在 Premiere Pro CC 2018 中处理声音特效更加方便，可以轻松地为影视作品添加背景音乐和音频特效，录制音频文件，实时调节音频，以及使用“序列”面板合成音频等。

1. “音轨混合器”面板

Premiere Pro CC 2018 加强了处理音频的能力，更加专业化。“音轨混合器”面板是 Premiere Pro CC 2018 新增的面板。执行“面板”|“音轨混合器”命令可打开该面板，在其中可以更加有效地调节节目的音频，如图 4-62 所示。

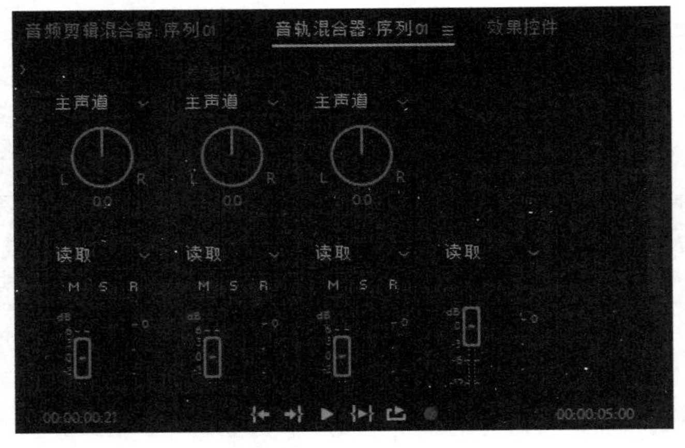

图 4-62 “音轨混合器”面板

利用“音轨混合器”面板可以实时混合“序列”面板中各轨道的音频对象。可以在“音轨混合器”面板中选择相应的音频控制器进行调节，该控制器可调节它在“序列”面板对应轨道的音频对象。

2. 调节音频

在 Premiere Pro CC 2018 中，可以通过淡化器调节工具或者音轨混合器调节音频电平。对音频的调节分为素材调节和轨道调节，素材调节中，音频的改变仅对当前的音频素材有效，删除素材后调节效果即消失；而轨道调节仅针对当前音频轨道，所有在当前音频轨道上的音频素材都会在调节范围内受到影响。当使用实时记录的时候，则只能针对音频轨道进行。

使用淡化器调节音频电平的方法如下。

（1）默认情况下，音频轨道面板是关闭的。选择音频轨道，滑动鼠标将音频轨道面板展开。

（2）在“工具”面板中选择“钢笔工具”，按住 Ctrl 键，使用该工具拖动音频素材（或轨道）上的白线即可调节音量。将鼠标指针移动到音频淡化器上，鼠标指针变为带有加号的笔头，单击可产生一个句柄，可以根据需要产生多个句柄。按住鼠标左键上下拖动句柄，句柄之间的直线指示音频素材是淡入或者淡出，这样即可设计一些淡入淡出的效果，如图 4-63 所示。

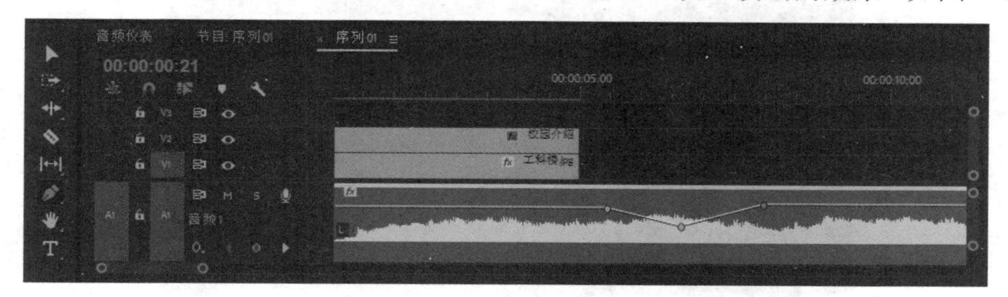

图 4-63　设计淡入淡出效果

3. 添加音频特效

Premiere Pro CC 2018 提供了 20 多种音频特效，可以通过特效产生回声、合声以及去除噪声的效果，还可以使用扩展的插件得到更多的特效。音频特效的添加方法与视频特效相同，这里不再赘述。可以在“效果”面板或执行“效果”|“音频效果”命令展开设置栏，选择音频特效并进行设置，如图 4-64 所示。

Premiere Pro CC 2018 还为音频素材提供了简单的切换方式，即一些特殊的音频过渡效果，如图 4-65 所示。为音频素材添加过渡效果的方法与视频素材相同，把选择的过渡效果放到两段声音之间即可。

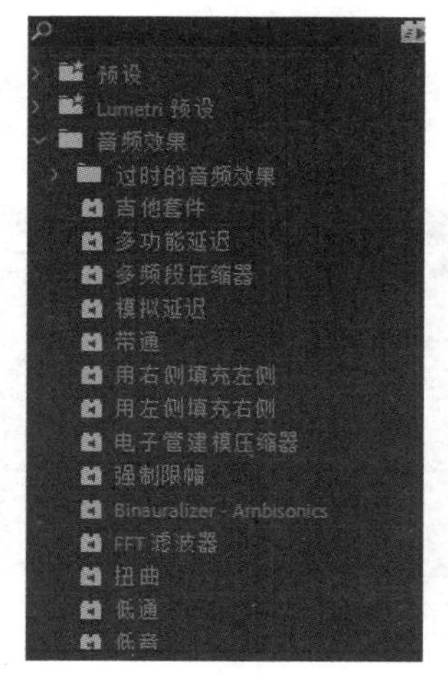

图 4-64　“音频效果”面板

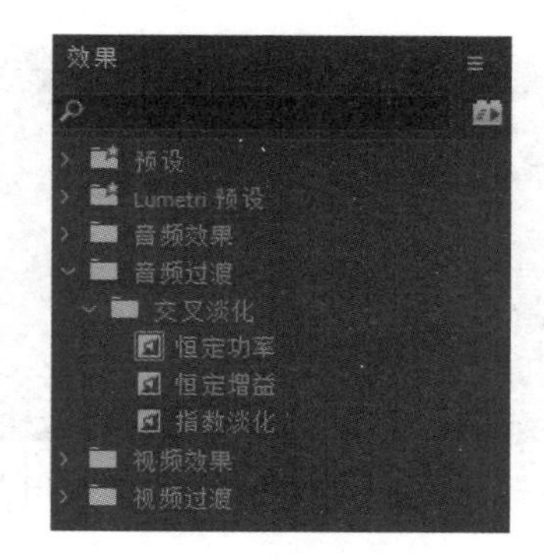

图 4-65　音频过渡效果

4. 为视频添加背景音乐

下面介绍为视频添加背景音乐的方法。

（1）运行 Premiere，在“开始”界面单击“新建项目”按钮，在“新建项目”对话框中，选择项目的保存路径，对项目进行命名，单击“确定”按钮。

（2）进入工作区后按 Ctrl+N 快捷键，打开“新建序列”对话框，在“序列预设”选项卡中“可用预设”区域下选择 DV-PAL|“标准 48kHz”选项，设置“序列名称”为“序例 02”，单击“确定”按钮，如图 4-66 所示。

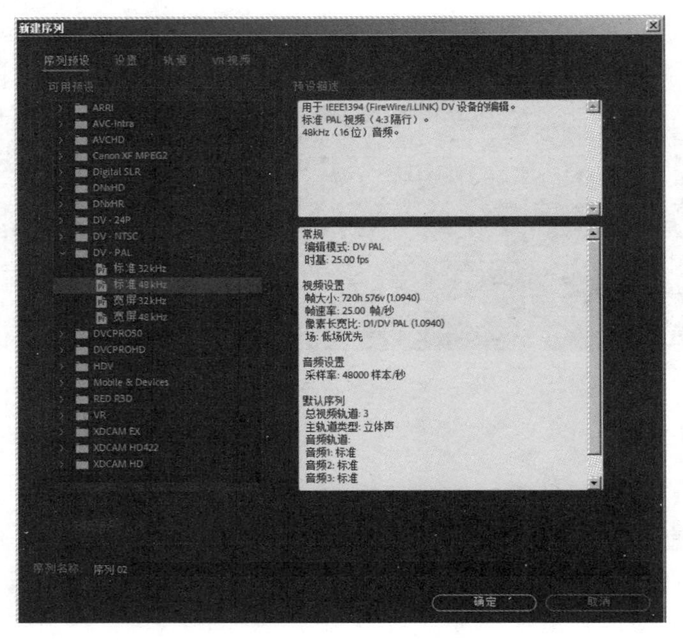

图 4-66　“新建序列”对话框

（3）进入操作界面，在“项目”面板中“名称”区域下的空白处双击，在弹出的对话框中选择音频文件和视频文件，单击“打开”按钮。

（4）将视频文件拖至 V1 轨道中。

（5）将音频文件拖至 A1 轨道中，使用“剃刀工具”在时间线处进行必要的裁剪，如图 4-67 所示。

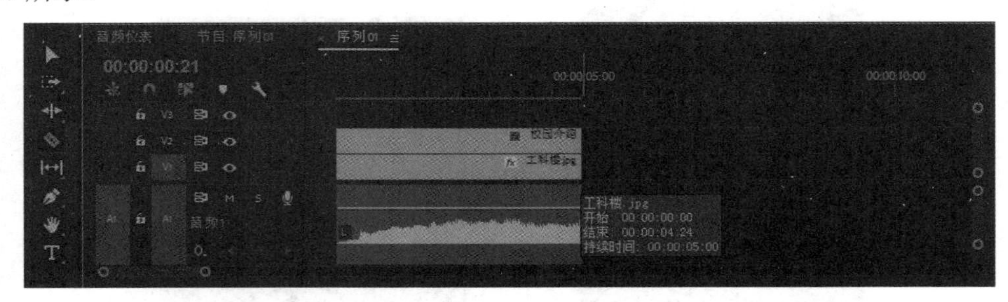

图 4-67　使用“剃刀工具”裁剪

（6）按 Ctrl+M 快捷键，调出“导出设置”面板。设置其“格式”为 H.264，也就是日常使用的.mp4 格式。选中“导出视频”和“导出音频”复选框，如图 4-68 所示，即可为视频添加背景音乐。

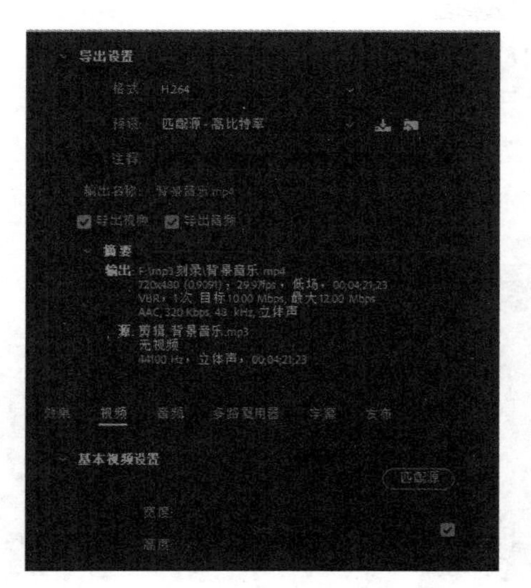

图 4-68　“导出设置”面板

4.8　文件输出与设置

视频编辑完成后，需要输出文件，就像支持多种格式文件的导入一样，Premiere Pro CC 2018 可以将“时间轴”面板中的内容以多种格式文件的形式渲染输出，以满足多方面的需要。在输出文件之前，需要先对输出选项进行设置。

在 Premiere Pro CC 2018 编辑过程中，如果项目还没完成，而暂时需要保存以供后面继续完成项目的设计，那么可执行“文件”|“保存”/“另存为”命令，打开“保存项目”对话框，如图 4-69 所示。把未完成的项目保存为.prproj 文件，以便后面继续开发设计。

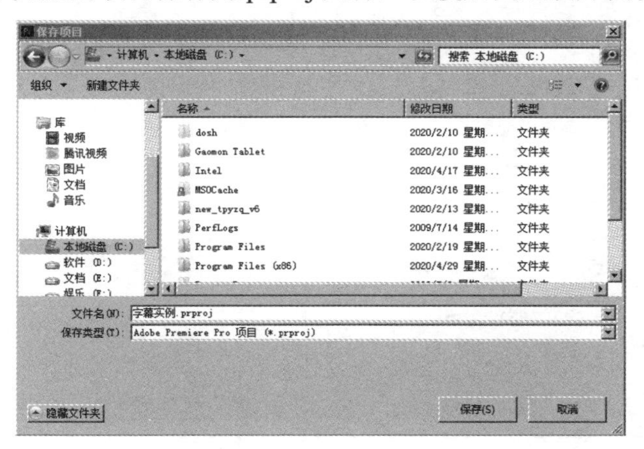

图 4-69　“保存项目”对话框

当一个项目编辑完成后，就可把项目文件输出为能在其他媒体（如电视、计算机等）上播放的 AVI 格式文件、静止图片序列或动画文件。在进行文件的输出操作时，首先必须知道制作这个作品的目的，以及这个作品面向的对象，然后根据作品的应用场合和质量要求选择合适的输出格式。

在 Premiere Pro CC 2018 中，输出文件的具体操作步骤如下。

（1）执行“文件”|“导出”|“媒体”命令，如图 4-70 所示。

（2）弹出“导出设置”对话框，如图 4-71 所示。在“导出设置”区域设置“格式”为 H.264，“预设”为“匹配源-高比特率”。比特率越高，视频画面越清晰。

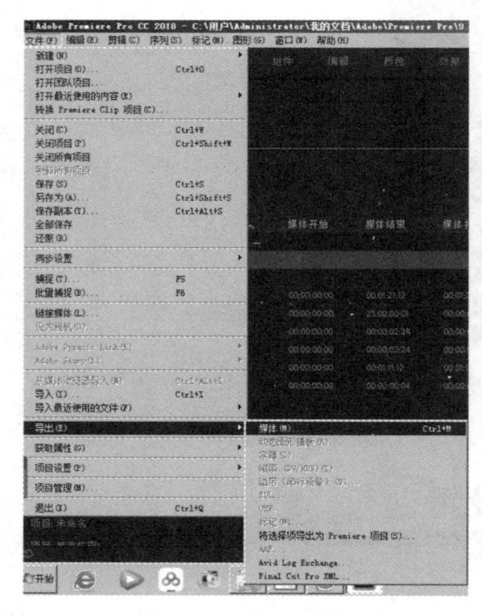

图 4-70　“导出”菜单

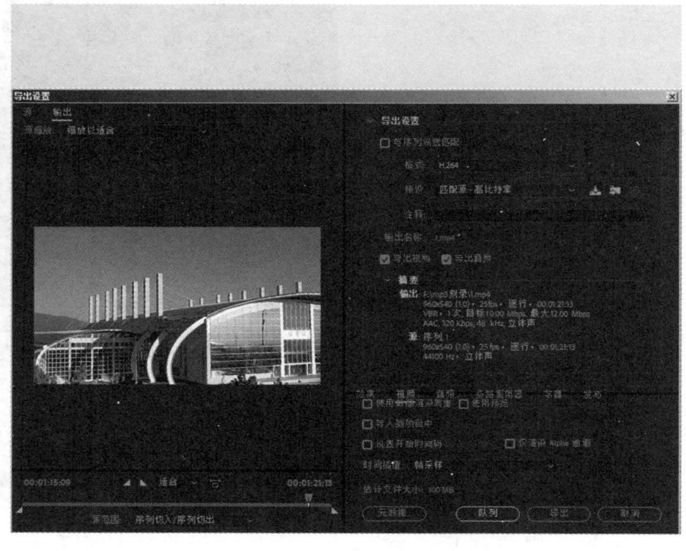

图 4-71　“导出设置”对话框

（3）单击“输出名称”右侧的文字，弹出“另存为”对话框，在该对话框中设置影片名称和导出路径，如图 4-72 所示。

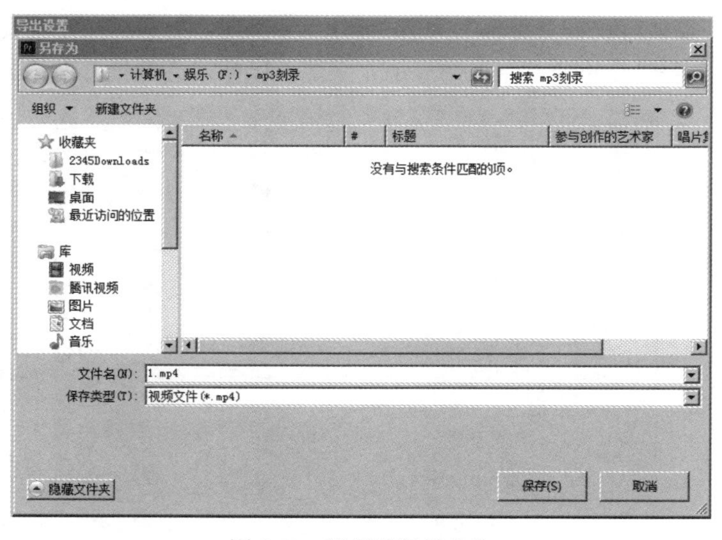

图 4-72　设置路径及名称

（4）设置完成后，单击“保存”按钮，返回“导出设置”对话框，在该对话框中单击“导出”按钮，即可完成对项目文件的输出，如图 4-73 所示。

图 4-73 导出影片

在 Premiere Pro CC 2018 中，除了可以将文件输出为影片，还可以将文件输出为单帧图像、序列文件、单帧静止图像、EDL 文件等。

第5章 动画制作技术

学习目标

- 掌握 Animate CC 2018 动画制作基础
- 掌握 Animate CC 2018 动画制作方法
- 掌握 Animate CC 2018 的工作界面及基本工具的使用
- 熟悉 Animate CC 2018 交互动画制作基础
- 熟悉 Animate CC 2018 动画的测试、优化和导出

重点难点

- Animate CC 2018 动画的基本概念
- Animate CC 2018 动画的实现
- Animate CC 2018 文件的基本操作
- Animate CC 2018 ActionScript 3.0 脚本的使用

动画是一种视觉传达方式，是艺术的一种，是以图像的方式向观众传播信息。动画制作分为二维动画制作和三维动画制作。目前网页上流行的 Flash 动画属于二维动画。最有魅力并运用最广的当属三维动画，包括动画制作大片、电视广告片头、建筑动画等。成就一部好作品除了要有好的脚本、经验丰富的导演，具有魅力的人物造型也是使作品更吸引人的重要因素。因此，绘画和美工是动画制作人员不可或缺的技能。本章以 Animate CC 2018 为平台介绍二维动画制作技术。

5.1 Animate 动画概述

5.1.1 Animate 动画的形成

2015年12月2日，Adobe公司宣布Flash Professional更名为Animate CC，在支持Flash SWF文件的基础上，加入了对 HTML5 的支持。2016 年 1 月发布新版本的时候，正式更名为 Adobe Animate CC，缩写为 An。Animate CC 动画简称为 Animate 动画或 An 动画。

由 Flash Professional 更名为 Animate CC 并不是一次简单的改名，而是一次全新的升级。Animate CC 拥有大量的新特性，特别是在继续支持 Animate SWF、AIR 格式的同时，还支持 HTML5 Canvas、WebG，并能通过可扩展架构支持包括 SVG 在内的几乎任何动画格式。

其他主要新变化还有矢量艺术笔刷、360° 旋转画布、改进的铅笔和笔刷、更简单的音频同步、更快的色彩变化、彩色洋葱皮、Adobe Stock 海量素材库、Creative Cloud Libraries 云端图形与笔刷库、4K+视频导出、自定义分辨率导出、OAM 支持等技术。

在现实生活中，所有的动画，包括 Animate 动画都采用一个原理——快速连续播放静止的图片，利用人的视觉暂留现象，让人产生画面连续变化的错觉。那些静止的图片叫作帧，播放速度越快，动画越流畅。电影胶片的播放速度是 25 帧/秒，电视是 24 帧/秒。

由此可知，产生动画最基本的元素就是静止的图片，即帧。所以怎样生成帧就是制作动画的核心。而用 Animate 制作动画也是这个道理——时间轴上每个小格其实就是一个帧。原则上，每一帧都是需要制作的，但 Animate 能根据前一个关键帧和后一个关键帧自动生成中间的帧，而不用人工制作，这就是 Animate 制作动画的原理。

5.1.2 Animate 动画的特点

1. 短小

Animate 动画受网络资源的制约一般比较短小，但绘制的画面是矢量格式，无论放大多少倍都不会失真。

2. 交互性强

Animate 动画可以更好地满足所有用户的需要。它可以让欣赏者的动作成为动画的一部分。欣赏者可以通过单击、选择等动作，决定动画的运行过程和结果，具有交互性的优势，这一点是传统动画所无法比拟的。

3. 具有广泛传播性

Animate 动画可以放在网上供人欣赏和下载。由于它使用的是矢量图技术，具有文件小、传输速度快、播放采用流式技术的特点，因此动画可以边下载边播放。如果速度控制得好，则根本感觉不到文件的下载过程。所以 Animate 动画在网上被广泛传播。

4. 轻便与灵巧

Animate 动画有崭新的视觉效果，已成为新时代的一种艺术表现形式，比传统的动画更加轻便与灵巧。

5. 人力少，成本低

Animate 动画的制作成本非常低，使用 Animate 制作动画能够大大地减少人力、物力资源的消耗。同时，制作时间也会大大减少。Animate 动画在制作完成后，可以把生成的文件设置成带保护的格式，这样就维护了设计者的版权利益。

5.1.3 Animate 动画的应用范围

Animate 不仅仅是一款用来制作网页动画的软件，发展到今天，其功能已经非常强大。对专业的动画设计师来说，Animate 是一个完美的工具，可以用来制作交互式媒体网页或者开发多媒体内容，它强调对多种媒体（如音频、录像、位图、矢量图、文本和数据等）的导入和控制。Animate 还提供了项目管理工具来协调一个团队的设计开发，使其达到最高的工作效率。外部脚本和处理数据库的动态数据能力使得 Animate 特别适合大规模的复杂项目。其主要应用领域包括以下几个方面。

1. Animate 动画短片

制作动画短片是 Animate 最常用的功能，一般的 Animate 爱好者的兴趣主要也是在这里。除此之外，Animate 在商业领域也有着广泛的应用。基于 Web 应用的不同规格的 Banner（动态广告横幅）和 Web 页的修饰性动画都属于 Animate 动画短片，如网站网页的导航条、广告条、联机贺卡以及卡通画等。

2. Animate 游戏

使用 Animate 可以制作许多不同类型的休闲小游戏。游戏通常结合了 Animate 的动画功能和 ActionScript 的逻辑功能，玩家可以使用鼠标或者键盘与游戏交互。

3. Animate MV

可以在 Animate 动画中加入声音，生成多媒体的图形和界面。因此可以将 MP3 等格式的歌曲导入 Animate 中，并根据自己的创意为歌曲设计同步的动画，以 MV 的形式表达出来，就变成了具有独特魅力的 Animate MV，可以实现现实中的 MV 无法实现的效果，这是 Animate 的一个重要应用。

4. 简单的应用系统

随着 Animate 功能的日益强大，Animate 渐渐地走上了实际应用领域的前台。Animate 不同于其他编程工具和动画制作软件，它把图形图像、动作设计、ActionScript 语言完美地结合在一起，克服了一般编程语言（如 C 和 Java 语言等）使用程序绘图的抽象问题，以及普通动画制作软件的局限性。现在可以在越来越多的地方看到 Animate 的身影，如电子课件、模拟导航系统、虚拟实验电子教程、网站开发等。

5. 其他应用

除了上面介绍的功能，Animate 还有许多方面的应用，特别是在多媒体应用领域，Animate 扮演着越来越重要的角色。

近年来由于网络技术的发展，基于互联网的远程教育在世界范围内形成了热点。远程教育的服务提供商或院校提供高标准、高质量且基于 Web 的课件，已成为亟待解决的问题。Animate 动画完全可以满足这一要求，特别是随着 Animate CC 系列的发布，提供了更多的工具和模板，可以很容易地进行多媒体课件的开发。Animate 生成的动画一般为*.swf 格式，而*.swf 格式的文件可以方便地转换为可执行文件格式*.exe。因此，Animate 可以在多媒体光盘的片头动画中发挥很好的作用。

5.1.4 Animate 动画的基本概念

1. 矢量图和位图

1）矢量图

矢量图是用包含颜色和位置属性的直线或曲线公式来描述图像的，与分辨率无关。矢量图的最大优点就是所占空间极少，且无论放大多少倍，都不会产生失真现象。对矢量图的编辑，就是在修改描述图形形状的属性。矢量图不宜制作色调丰富或者色彩变化太多的图形，而且绘制出来的图形无法像位图那样精确地描绘各种绚丽的景象。

2）位图

位图通过像素点来记录图像。位图的大小和质量取决于图像中的像素点的多少，存储容量较大。存储位图实际上是存储图像的各个像素的位置和颜色数据等信息。位图的优点在于表现力强、细腻、层次多、细节多。放大位图时，实际是对像素的放大，因此放大到一定程度时会出现马赛克。

2. 场景和舞台、帧

1）场景和舞台

一个影片可以拥有任意多个场景，场景具有先后顺序排列的特点。各个场景彼此相互独立，各不干扰，每个场景都有独立的图层和帧。

舞台相当于舞台剧中的舞台。动画最终只显示场景中白色区域的内容及舞台中的内容。就如同演出一样，无论在后台做多少准备工作，最后呈现给观众的只能是舞台上的表演。

2）帧

在 Animate 动画中随时间产生动画效果的单元是帧，是进行 Animate 动画制作的最基本的单位。

Animate 中主要有 3 种帧：关键帧、空白关键帧、普通帧。

（1）关键帧：连接两段不同的内容，这一帧后面的视频内容会有新的变化或过渡。在时间轴上，这一帧带有小黑点标志。

（2）空白关键帧：跟关键帧作用相同，但是这一帧没有内容，在时间轴上，这一帧没有小黑点标志。在这一帧填充内容后，该帧就变成关键帧。

（3）普通帧：是用来计量播放时间或过渡时间用的，不能手动设置普通帧的内容，它是播放过程中由前后关键帧以及过渡类型自动填充的，手动插入或删除普通帧，会改变前后两个关键帧之间的过渡时间。

5.1.5 制作 Animate 作品的一般步骤

一个好的作品必须有一个严格的制作流程，一般按照以下流程制作 Animate 作品。

（1）熟悉制作 Animate 作品的相关软件。

（2）确定主题和准备素材。

（3）充分发挥想象力，改变思维模式。

（4）开始具体的制作动画过程，新建元件、设计场景等。

（5）发布和浏览动画。

（6）测试和保存及导出动画。

5.2 认识 Animate CC 2018

Animate CC 2018 是由早期的 Animate CC 升级而来的一个版本，是一款用于媒体动画制作的专业级软件工具。Animate CC 2018 拥有十分出色的二维动画制作功能，使用起来简单高效，是电脑端最好的动画制作软件之一，支持几乎所有动画格式。

5.2.1 Animate CC 2018 特色介绍

1. 整合式虚拟摄影机

使用 Animate 内建虚拟摄影机（V-Cam）平移和缩放动画，就像平常操作视讯摄影机一样。虚拟摄影机还能加入色调和滤镜。

2. 可重复使用的组件

在使用 Animate 的过程中，可快速又轻松地在 HTML5 Canvas 文件中加入和重复使用视频播放器、按钮及转盘等通用组件。

3. 改进的矢量刷

在 Animate 中建立和共用自定笔刷，将图样笔刷转换为标准笔刷，以及通过提升的压力与倾斜感应能力可以展现更丰富的效果。

4. 透过 CC Libraries 进行协作

开发团队在使用 Animate 的过程中，可以同时与多位团队成员协作进行动画制作。透过

CC Libraries 共用、修改和重复使用整个动画、剪辑或符号，并可以直接将动画置入 InDesign 和 Adobe Muse 中。

5. 支持全球 JavaScript 和第三方 JavaScript 库

Animate 用户在作品设计过程中可以获得使用适用于动画中所有帧的 JavaScript 代码所需的灵活性。此外，还可以使用动画 UI 中的最新 JavaScript 库进行动画处理。

5.2.2　Animate CC 2018 新增功能

1. 图层深度和摄像头增强功能

图层深度随 Animate CC 中的摄像头工具提供，可启用动画制作器以创建更引人入胜的内容。通过在不同的平面中放置素材，可以在动画中创建深度感；可以修改图层的深度并进行补间；还可以放大某一特定平面上的内容。摄像头工具可通过缩放、旋转和平移来增强效果，如图 5-1 所示。如果不希望将摄像头应用于某些图层，可以通过将这些图层附加到摄像头以将其锁定。例如，当为平视显示器创建动画时，可以使用此功能。可以在运行时管理摄像头和图层深度，并使用摄像头添加交互式移动功能。例如，希望摄像头在游戏中基于播放器的操作移动。

图 5-1　图层深度和摄像头增强功能

2. 时间轴增强功能

在 Animate CC 2018 中，时间轴经过改进，具有以下增强功能：与帧编号一起显示时间；延长或缩短现有间距的时间；使用每秒帧数（fps）扩展帧间距；将空白间距转换为 1s、2s 或 3s；在舞台上平移动画，如图 5-2 所示。

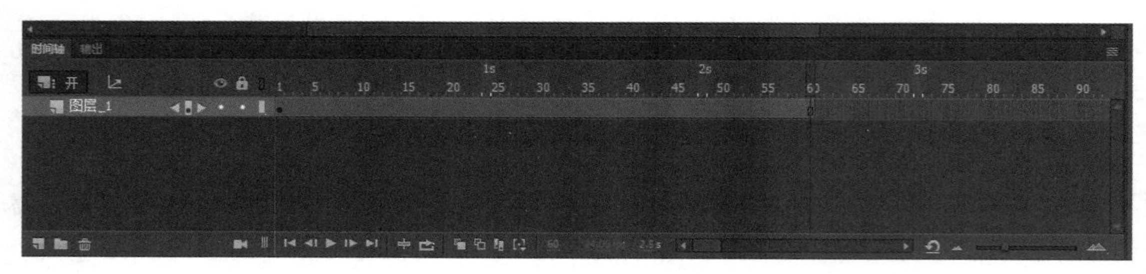

图 5-2 Animate CC 2018 时间轴

3. 操作码向导

在 Animate CC 2018 中，创建 HTML5 Canvas 动画时，可以使用操作向导添加代码，而无须手工编写任何代码。例如，要在单击按钮时开始动画，但不会编写代码，可以借用操作码向导来完成代码的编写，如图 5-3 所示。

4. 创建自定义缓动预设

在 Animate CC 2018 中，可提供一个选项，用于在传统和形状补间的属性级别保存自定义缓动预设，如图 5-4 所示。可以再次使用 Animate 项目中的自定义缓动预设。

图 5-3 Animate CC 2018 操作码向导

图 5-4 保存自定义缓动预设

5. 纹理贴图集增强功能

在 Animate CC 2018 中，Unity 插件支持 Animate 生成的纹理贴图集文件的色彩效果。该插件通过图层支持蒙版。蒙版功能仅适用于 Unity 2017 以后的版本。Animate 开发人员可以创作动画，并且将它们作为纹理贴图集导出到 Unity 游戏引擎或者任何其他常用游戏引擎。开发人员可以使用 Unity 示例插件，还可以为其他游戏引擎自定义该插件。

6. 转换为其他文档类型

在 Animate CC 2018 中，可以通过执行“文件”|“转换为”命令，将 Animate 项目从一个文档类型转换为其他文档类型，如图 5-5 所示。如果有大量要转换为其他格式或文档类型的文件，可利用 JSAPI。

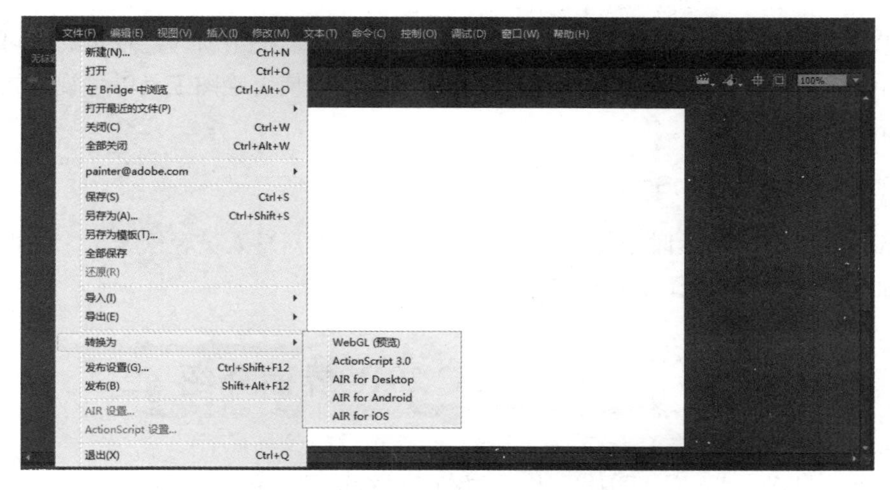

图 5-5　Animate CC 2018 文件类型转换

7. “组件参数”面板

在 Animate CC 2018 中，向组件属性检查器对话框中添加了“显示参数”按钮。单击“显示参数”按钮可打开“组件参数”面板，如图 5-6 所示。

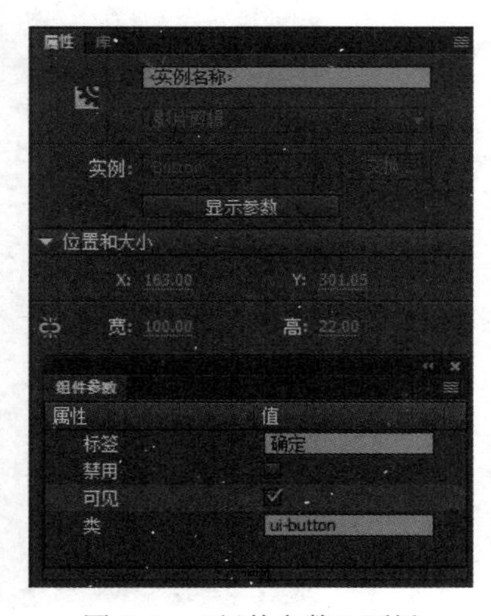

图 5-6　“组件参数”面板

5.2.3　ActionScript 3.0 的增强功能

ActionScript 有多个版本，可以满足各类开发人员和回放硬件的需要。Animate CC 2018 中使用的是 ActionScript 3.0，它执行速度快，与其他的 ActionScript 版本相比，此版本要求开发人员对面向对象的编程概念有更深入的了解。ActionScript 3.0 中的改进部分包括新增的核心语言功能，以及能够更好地控制低级对象的改进 Flash Player API。使用 ActionScript 3.0 语言可以节省开发时间，该语言具有改进的性能、增强的灵活性，以及更加直观和结构化的开发能力，与 ActionScript 2.0 相比，其增强了如下几方面的功能。

1. 功能强大的调试器

在 Animate CC 2018 中可使用功能强大的新的 ActionScript 调试器测试内容。

2. 脚本辅助功能

使用 ActionScript 3.0 脚本辅助功能便于脚本的编写。脚本辅助功能提供了一个可视化界面，用于编辑脚本，包括自动完成语法以及任何给定操作的参数描述。

3. 操作面板及界面

从 ActionScript 3.0 操作面板的不同语言配置文件中进行选择（包括用于移动开发的配置

文件），可以轻松地使用 ActionScript 语言的不同版本。可以使用新的、轻量的、可轻松设置外观的界面组件为 ActionScript 3.0 创建交互式内容。可以使用绘图工具以可视方式修改组件的外观，而不需要进行编码。

4. 将动画转换为 ActionScript

Animate CC 2018 能及时地将时间线动画转换为可由开发人员轻松编辑、能再次使用的 ActionScript 3.0 代码，将动画从一个对象复制到另一个对象。

5.3 Animate CC 2018 界面介绍

双击桌面上的 Animate CC 2018 图标，启动 Animate CC 2018，进入初始欢迎界面，如图 5-7 所示。在舞台的下方和右侧分别列有一些常用的面板。

图 5-7 Animate CC 2018 初始欢迎界面

如果要生成 HTML5 Canvas 文档，单击 Animate CC 2018 初始欢迎界面中“新建”下的 HTML5 Canvas，即可新建一个 HTML5 文档，如图 5-8 所示。

Animate CC 允许创建具有图稿、图形及动画等丰富内容的 HTML5 Canvas 文档，这种文档类型对创建丰富的交互性 HTML5 内容提供本地支持。这意味着可以使用传统的 Animate 时间轴、工作区及工具来创建内容，而生成的是 HTML 输出。只需单击几次，即可创建 HTML5 Canvas 文档并生成功能完善的输出。通俗地讲，在 Animate 中，文档和发布选项会经过预设以便生成 HTML5 输出。

Animate CC 集成了 CreateJS，后者支持通过 HTML5 开放的 Web 技术创建丰富的交互性内容。Animate CC 可以为舞台上创建的内容（包括位图、矢量图、形状、声音、补间等）生成 HTML 和 JavaScript 脚本。其输出可以在支持 HTML5 Canvas 的任何设备或浏览器上运行。

Canvas 是 HTML5 提供的一个用于展示绘图效果的标签，Canvas 在 HTML5 中提供了一个空白的图形区域，可以使用特定的 JavaScript API 来绘画图形（Canvas 2D 或 WebGL），也可以用来制作照片集或者制作动画，甚至可以进行实时视频处理和渲染，以及制作图片线性渐变，并渲染文字做成特效。初始使用 HTML5 Canvas 文档时，某些功能和工具是不被支持或禁用的。例如，不支持 3D 转换、虚线、斜角效果等。这是因为 Flash Professional 支持的功能不被 HTML5 中的 Canvas 元素支持。

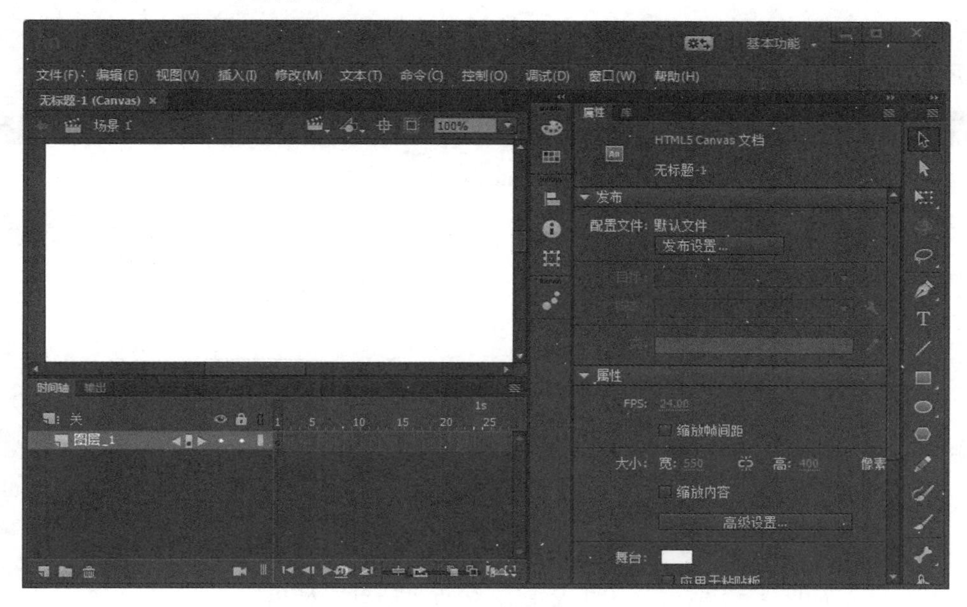

图 5-8　新建 HTML5 Canvas 文档

如果要新建一个传统意义的动画作品，单击 Animate CC 2018 初始欢迎界面中“新建”下的 ActionScript 3.0 即可新建一个 Animate 文档，打开 Animate CC 2018 的工作界面，如图 5-9 所示。

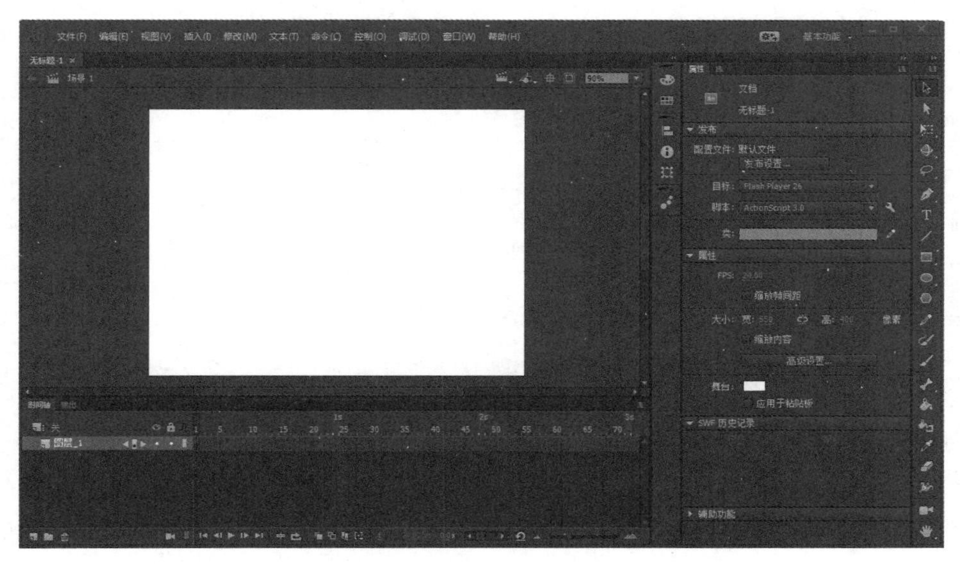

图 5-9　Animate CC 2018 工作界面

5.3.1 菜单栏

Animate CC 2018 菜单栏是最常用的界面要素，其中包括 11 个菜单，即文件、编辑、视图、插入、修改、文本、命令、控制、调试、窗口和帮助，如图 5-10 所示。在菜单栏的右侧还有一个“基本功能”按钮，读者可以根据自己的需求选择下拉菜单中不同的开发人员类型，如图 5-11 所示，从而打开对应的设计窗口界面。

图 5-10 Animate CC 2018 菜单栏

1. “文件”菜单

“文件”菜单如图 5-12 所示，包含打开、关闭、导入、导出、发布等功能，还包括用于同步设置的命令。

2. “编辑”菜单

“编辑”菜单如图 5-13 所示，包含用于基本编辑操作的标准菜单项，以及对首选项的访问。

3. “视图”菜单

“视图”菜单如图 5-14 所示，用于控制屏幕的各种显示效果，以及控制文件的外观。

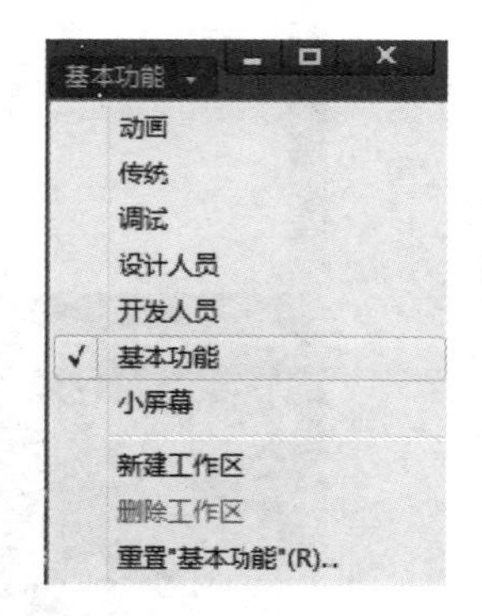

图 5-11 “基本功能”选项

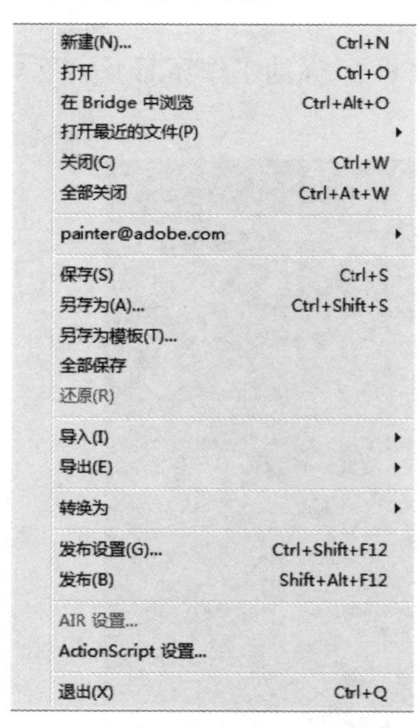

图 5-12 “文件”菜单

图 5-13 “编辑”菜单

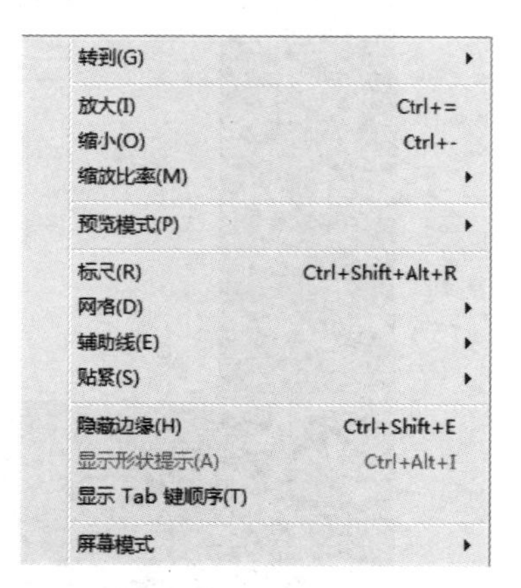

图 5-14 “视图”菜单

4. “插入”菜单

“插入”菜单如图 5-15 所示，提供新建元件、补间动画、时间轴和场景等命令。

5. “修改”菜单

“修改”菜单如图 5-16 所示，用于更改选定的舞台对象的属性。

6. “文本”菜单

“文本”菜单如图 5-17 所示，用于设置文本格式和嵌入字体。

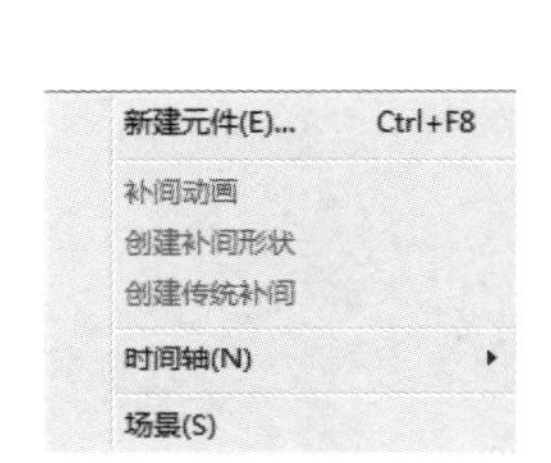

图 5-15 “插入”菜单

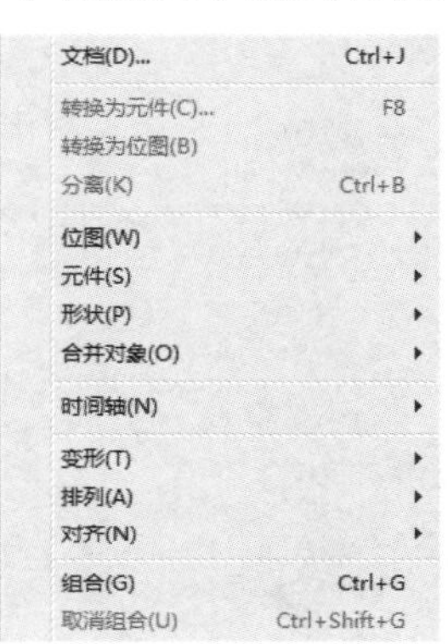

图 5-16 “修改”菜单

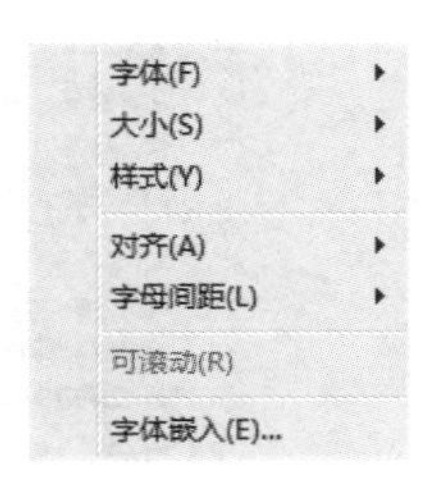

图 5-17 “文本”菜单

7. “命令”菜单

“命令”菜单如图 5-18 所示，提供管理保存的命令和获取更多命令，以及导入、导出动画 XML 等命令。

8. “控制”菜单

“控制”菜单如图 5-19 所示，用来控制对影片的操作。

9. “调试”菜单

“调试”菜单如图 5-20 所示，用于对影片代码进行测试和调试。

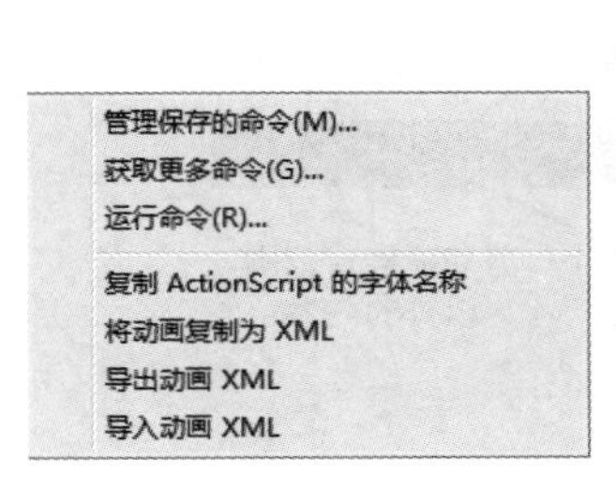

图 5-18 “命令”菜单

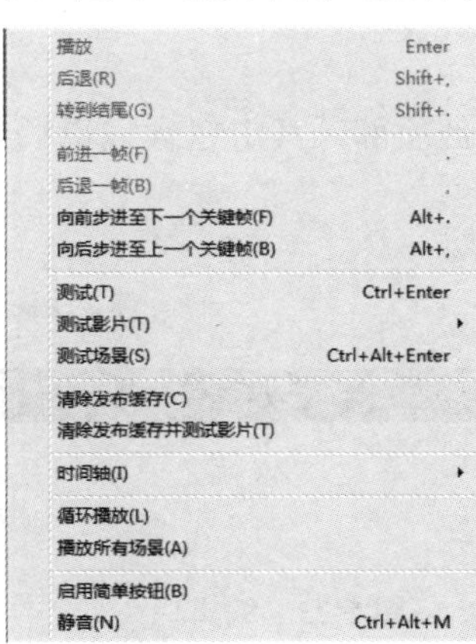

图 5-19 “控制”菜单

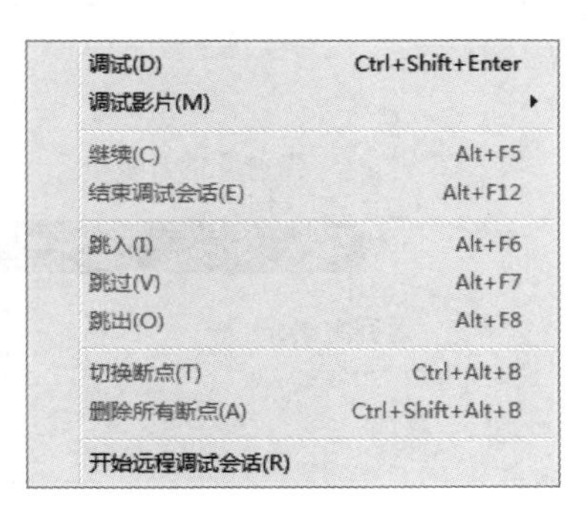

图 5-20 “调试”菜单

10. “窗口”菜单

“窗口”菜单如图 5-21 所示，提供对 Animate CC 2018 的所有浮动面板和窗口的访问。

11. “帮助”菜单

“帮助”菜单如图 5-22 所示，提供对 Animate CC 2018 帮助系统的访问，可以用作学习指南。

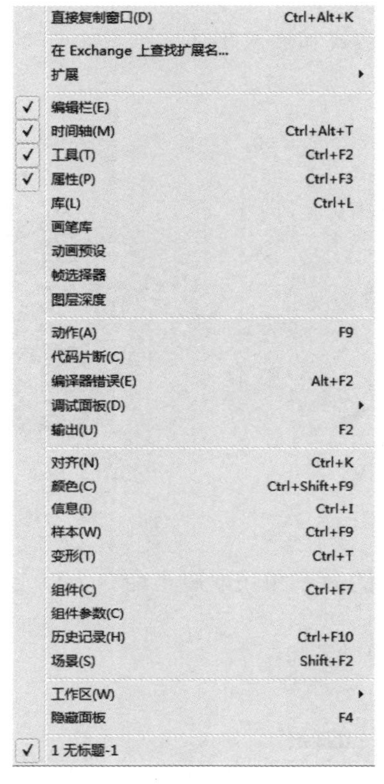

图 5-21 “窗口”菜单

图 5-22 “帮助”菜单

5.3.2 编辑栏

Animate CC 2018 编辑栏位于舞台顶部，其中包含编辑场景和元件的常用命令，如图 5-23 所示。

图 5-23 编辑栏

编辑栏中从左到右分布着“返回主场景”按钮、当前场景名称、“切换场景”按钮、“编辑元件”按钮、“舞台居中”按钮、“剪切掉舞台范围以外的内容”按钮、舞台缩放比例等。其功能介绍如下。

- “返回主场景”按钮：在元件编辑窗口时该按钮可用，单击该按钮返回主场景时间轴。
- 当前场景名称：显示当前场景名称。
- “切换场景”按钮：单击该按钮，在弹出的下拉列表中显示当前文档中的所有场景名称。选中一个场景名称，即可进入对应的场景。
- “编辑元件”按钮：单击该按钮，将弹出当前文档中的所有元件列表，选中一个元件，即可进入对应元件的编辑窗口。
- “舞台居中”按钮：滚动舞台以聚集到特定舞台位置后，单击该按钮，可以快速定位到舞台中心。
- “剪切掉舞台范围以外的内容”按钮：将舞台范围以外的内容裁切掉。
- 舞台缩放比例：用于设置舞台缩放的比例。舞台上的最小缩小比率为 8%，最大放大比率为 2000%。在其下拉列表中，选择“符合窗口大小”，则缩放舞台以完全适应程序窗口大小；“显示帧”用于显示整个舞台；“显示全部”用于显示当前帧的内容，如果场景为空，则显示整个舞台。

5.3.3 “工具”面板

使用 Animate CC 2018 进行动画创作，首先要绘制各种图形和对象，这就要用到各种绘图工具。Animate CC 2018“工具”面板中提供了常用的基本工具，单击其中的工具按钮，即可选中对应的工具，对图像或选区进行操作，如图 5-24 所示。默认状态下，“工具”面板垂直停靠在工作区右侧，可以用鼠标拖动，改变它在窗口中的位置。将“工具”面板拖到工作区之后，拖动面板的左右侧边或底边，可以调整面板的尺寸。

执行“窗口”|“工具”命令或者按 Ctrl+F2 快捷键，可以打开或关闭“工具”面板。

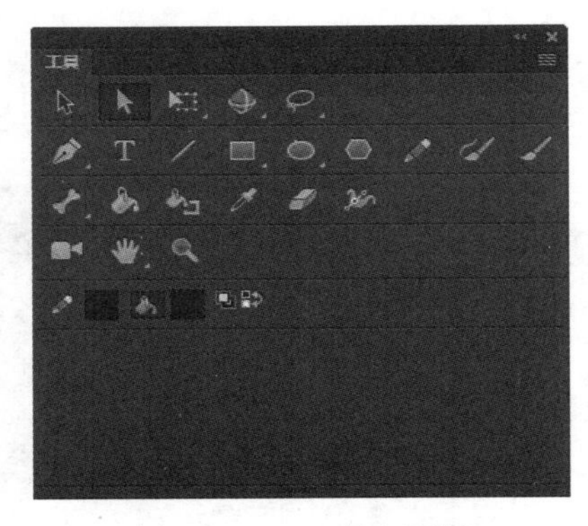

图 5-24 “工具”面板

“工具”面板中常用工具的功能介绍如下。

- “选择工具”：选择和移动舞台中的对象，改变对象的大小和形状。
- “部分选取工具”：从选中对象中再选择部分内容。
- “任意变形工具”：对选择的对象进行缩放、扭曲和旋转变形。
- “3D 旋转工具”：对影片剪辑实例添加的 3D 透视效果进行编辑。
- “套索工具”：在舞台中选择不规则区域或多个对象。
- “钢笔工具”：绘制更加精确、光滑的曲线，调整曲线曲率等。
- “文本工具”：创建和编辑字符对象和文本表单。

- “线条工具” ：绘制各种长度和角度的直线段。
- “矩形工具” ：绘制矩形的矢量色块或图形。
- “椭圆工具” ：绘制圆或椭圆的矢量色块或图形。
- “多角星工具” ：绘制不规则图形的矢量色块或图形。
- “铅笔工具” ：绘制任意形状的曲线矢量图形。
- “画笔工具” ：绘制任意形状的色块矢量图形。
- “骨骼工具” ：为动画角色添加骨骼，可以轻松地制作出各种动作的动画。
- “颜料桶工具” ：改变填充色块的色彩属性。
- “墨水瓶工具” ：改变填充色块轮廓的色彩属性。
- “滴管工具” ：将舞台中已有对象的一些颜色属性赋予当前绘图工具。
- “橡皮擦工具” ：擦除工作区中正在编辑的对象。
- “宽度工具” ：调整对象的宽度和线条的宽度。
- “摄像头工具” ：可以模仿虚拟的摄像头移动。在摄像头视图下查看作品时，看到的图层会像透过摄像头来看一样。还可以对摄像头图层添加补间或关键帧。
- “手形工具” ：通过鼠标拖曳来移动舞台画面，以便更好地观察。
- “缩放工具” ：可以改变舞台中对象画面的显示比例。
- “笔触颜色工具” ：选择图形边框和线条的颜色。
- “填充颜色工具” ：选择图形中要填充的颜色。

5.3.4 “时间轴”面板

Animate CC 2018 中的时间轴至关重要，可以说时间轴是动画的灵魂。只有熟悉了时间轴的操作方法，才能在制作动画的时候得心应手。“时间轴”面板可分为两大部分：图层控制区和时间轴控制区，如图 5-25 所示。

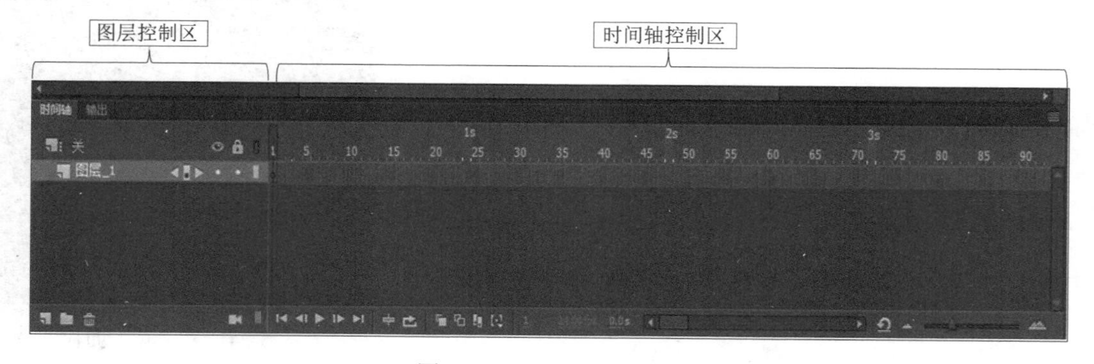

图 5-25 “时间轴”面板

1. 图层控制区

图层控制区位于“时间轴”面板左侧，用于进行与图层有关的操作，按顺序显示当前正在编辑的场景中所有图层的名称、类型、状态等。在时间轴上使用多层层叠技术，可将不同内容放置在不同图层，从而创建一种有层次感的动画效果，也可以根据需要调整图层的叠放秩序，从而得到不同的动画效果。

图层控制区中各个按钮的功能如下。

- ：打开或关闭高级图层。Animate CC 2018 引入高级图层功能，通过在不同的平面中放置资源，可以在动画中创建深度感。
- ：切换选定图层的显示/隐藏状态。
- ：切换选定图层的锁定/解锁状态。
- ：以轮廓或实体显示选定层的内容。
- ：单击该按钮可以在当前层之上新建一个图层。
- ：新建一个文件夹。
- ：删除当前选定的图层。
- ：添加虚拟摄像头，模拟摄像头移动和镜头切换效果。

2. 时间轴控制区

时间轴控制区位于“时间轴”面板右侧，用于控制当前帧、执行帧操作、创建动画、控制动画播放的速度，以及设置帧的显示方式等。舞台上出现的每一帧的内容是该时间点上出现在各层上的所有内容的反映，Animate CC 2018 增强了时间轴功能，使用每秒帧数（fps）扩展帧间距，并将空白间距转换为时间（1s、2s 或 3s）显示在时间轴上。

时间轴控制区中各个按钮的功能如下。

- ：用于调试或预览动画效果的播放控件。
- ：改变时间轴控制区的显示范围，将当前帧显示到控制区的中间。
- ：循环播放当前选中的帧范围。如果没有选中帧，则循环播放当前整个动画。
- ：在舞台上显示在时间轴上选择的连续帧范围内包含的所有帧。
- ：在时间轴上选择一个连续的帧范围，在舞台上显示除当前帧之外的其他帧的外框，当前帧以实体显示。
- ：在时间轴上选择一个连续区域，区域内的所有帧可以同时显示和编辑。
- ：选择显示 2 帧、5 帧或全部帧。
- ：单击该按钮，即可将缩放后的时间轴调整为默认级别。
- ：单击左侧的按钮，可以在视图中显示更多帧；单击右侧的按钮，可以在视图中显示较少帧；拖动滑块，可以动态地调整视图中可显示的帧数。

5.3.5　浮动面板组

使用浮动面板可以节省屏幕空间。用户可以根据需要显示或隐藏浮动面板。在 Animate CC 2018 工作界面的右侧停靠着许多浮动面板，并且自动对齐。可以自由地在界面上拖动这些面板，也可以将多个面板组合在一起，成为一个选项卡组，以扩充文档窗口。Animate CC 2018 的浮动面板有很多种，同时显示出来会使工作界面凌乱不堪，因此可以根据实际工作需要，在“窗口”菜单的下拉菜单中单击面板名称，打开或者关闭指定的浮动面板。

1. “属性”面板

在 Animate 中选择不同的舞台对象就对应不同的属性，修改对象的属性通过“属性”面板完成。“属性”面板的设置项目会根据对象的不同而变化，如图 5-26 所示为选中舞台上的矢量图时对应的“属性”面板。

默认情况下，Animate CC 2018 没有开启“属性”面板，可以通过执行“窗口”|“属性”命令打开“属性”面板。

2. “库”面板

Animate CC 2018 的库主要用于管理动画资源，如元件、位图、声音、字体等。通过“库”面板，可以根据需要创建各种元件，导入各种外部文件，建立文件夹对动画资源进行分类管理，删除不需要的动画资源等。可通过执行 “窗口”|“库”命令打开“库”面板，如图 5-27 所示。

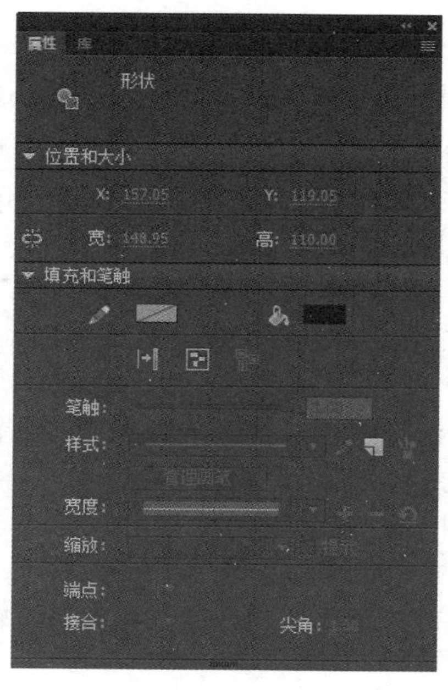

图 5-26 “属性”面板

图 5-27 “库”面板

3. “动画预设”面板

Animate CC 2018 的“动画预设”面板包含 Animate CC 2018 预设的补间动画，在需要经常使用相似类型的补间动画的情况下，可以极大地节约项目设计和开发的时间。还可以导入他人制作的预设，或将自己制作的预设导出，与协作人员共享。可以通过执行“窗口”|“动画预设”命令打开“动画预设”面板，如图 5-28 所示。

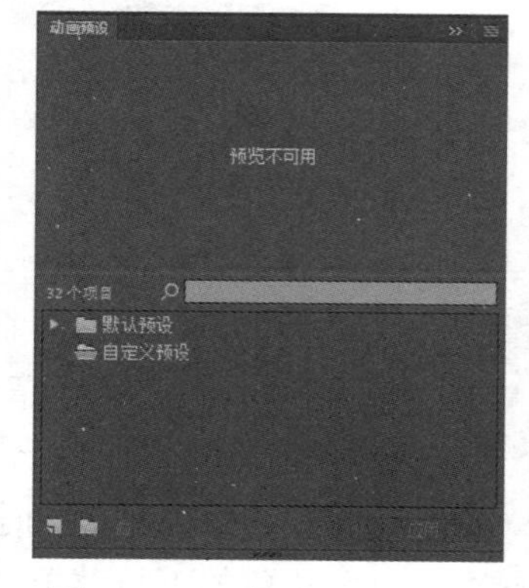

图 5-28 “动画预设”面板

4. “动作”面板

在 Animate CC 2018 的“动作”面板中，可以编写 ActionScript 代码，创建交互式内容，里面的代码片段主要是用来收集、分类一

些非常有用的小代码，以便在“动作”面板中反复使用。编译器错误主要是用来显示 Animate CC 2018 在编译或执行 ActionScript 代码期间遇到的错误，并能快速定位到导致错误的代码行。可以通过执行“窗口”|“动作”命令打开“动作”面板，如图 5-29 所示。

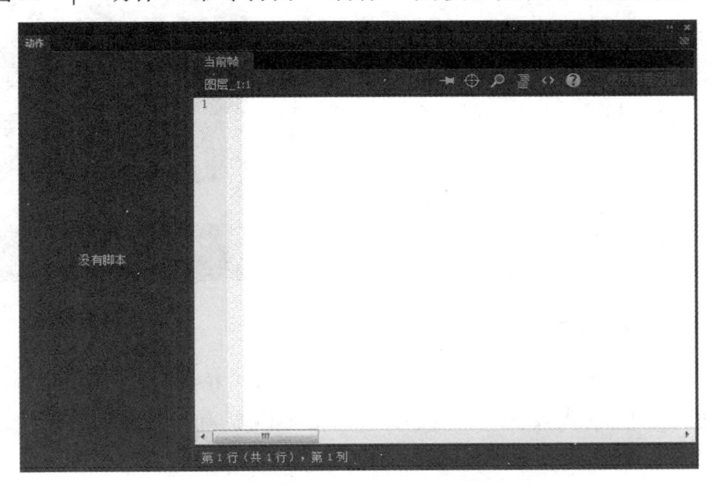

图 5-29　“动作”面板

5. “图层深度”面板

Animate CC 2018 的“图层深度”面板主要用来更改 Animate CC 2018 文档中高级图层的深度，创建深度感。可以通过执行“窗口”|“图层深度”命令打开“图层深度”面板，如图 5-30 所示。

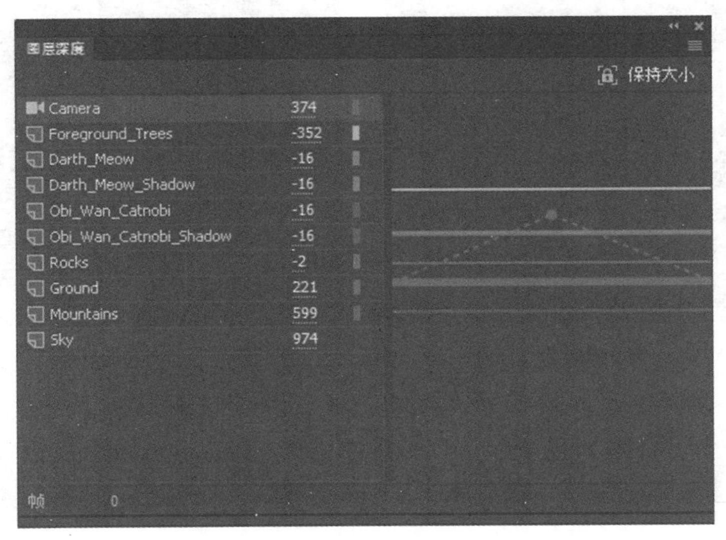

图 5-30　“图层深度”面板

6. “颜色”面板

Animate CC 2018 的“颜色”面板用于选择颜色模式和合适的调配颜色，使用“颜色”面板可以创建和编辑纯色、位置渐变、位图填充以及透明度等。可以通过执行“窗口”|“颜色”命令打开“颜色”面板，如图 5-31 所示。

1）设置纯色

在类型下拉列表框中选择“纯色”选项，在 R、G、B 3 个数值框中输入数值，即可设定和编辑颜色。在选择了一种基本色后，还可以调节黑色小三角形的位置进行进一步的颜色选择。

在 A（Alpha）数值框中可以设置对象的透明度，数值为 100%时，对象为不透明的；数值为 0%时，对象为完全透明的。这是一种重要的对象编辑方法，其具体的应用将在后面的内容中进行介绍。

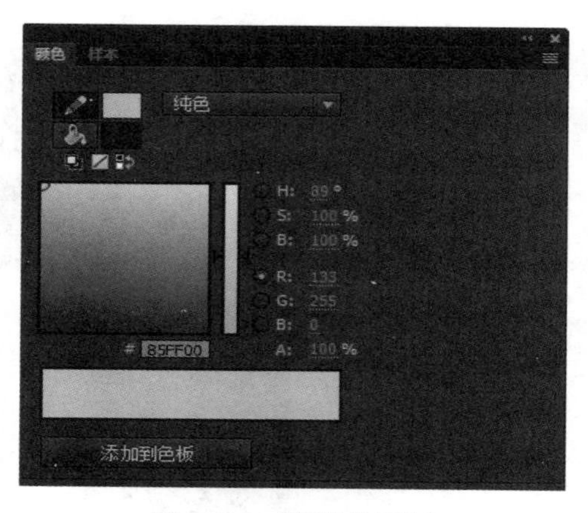

图 5-31 “颜色”面板

2）设置渐变

在类型下拉列表框中可以看到有两种渐变方式：“线性渐变”和“放射状渐变”。“线性渐变”的颜色变化是直线变化，如图 5-32 所示；“放射状渐变”是从内到外的扩散式变化，并且可以随意地改变渐变的颜色和渐变的幅度。

3）位图填充

在类型下拉列表框中选择“位图填充”选项，单击“导入”按钮，打开“导入到库”对话框，在对话框中找到并选择要填充的位图图片，单击“打开”按钮，将其导入“颜色”面板中，如图 5-33 所示。选择要填充的对象，导入的位图图片即成为对象填充位图。

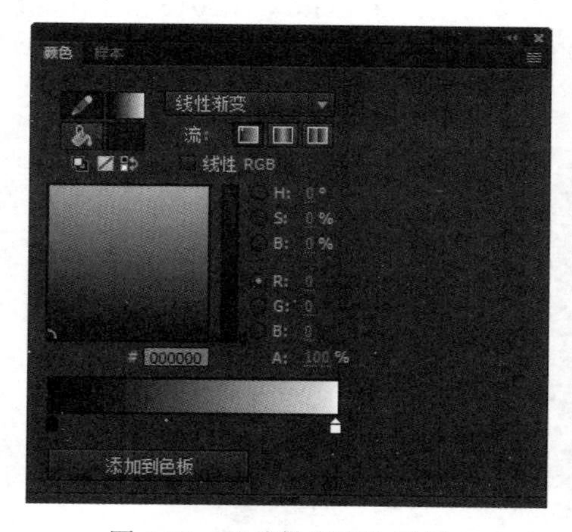

图 5-32 “线性渐变”设置

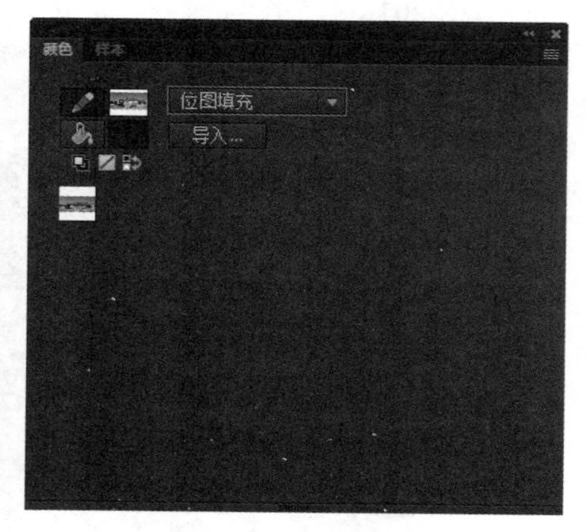

图 5-33 “位图填充”设置

5.4 Animate CC 2018 文件基本操作

通过 5.3 节的学习，读者对 Animate CC 2018 的操作界面应该有了一个初步的认识，本节主要介绍 Animate CC 2018 文件基本操作，即新建文件、保存文件、关闭文件、打开文件和导入外部资源文件，让读者进一步了解 Animate CC 2018 的界面和操作体验。

5.4.1　新建文件

（1）成功启动 Animate CC 2018 后，出现 Animate CC 2018 欢迎初始界面，执行“文件”|“新建”命令，弹出如图 5-34 所示的“新建文档”对话框，在“新建文档”对话框右侧区域可以设置文档属性。

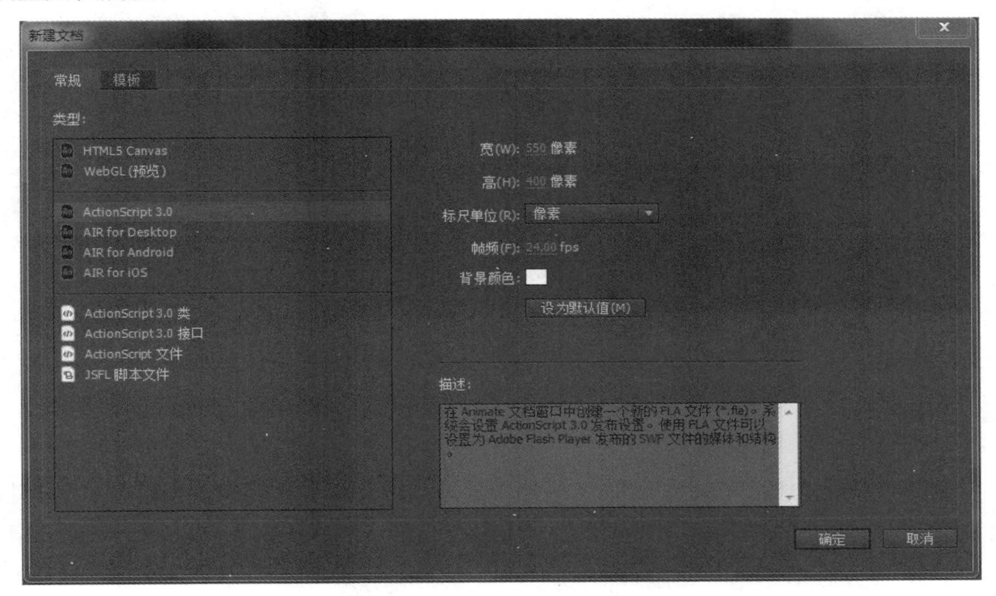

图 5-34　“新建文档”对话框

（2）在“常规”选项卡的“类型”列表中选择要创建的文件类型和模板。Animate CC 2018 可创建的文档类型有很多种，具体类型和功能如下。

- HTML5 Canvas：新建一个空白的 FLA 文件，其发布设置已经过修改，以便生成 HTML5 输出。使用这种类型的文档时，有些功能和工具是不支持的。
- ActionScript 3.0：创建一个脚本语言为 ActionScript 3.0 的 FLA 文档。
- AIR：创建可以运行于桌面和移动设备（Android 系统、iOS 系统）的 AIR 应用程序。
- ActionScript 3.0 类：新建一个后缀为.as 的文本文件。与“ActionScript 文件”不同的是，选择该项时，可快速生成一个用于定义类的基本模板。
- ActionScript 3.0 接口：与“ActionScript 3.0 类”相似，不同的是生成一个定义方法声明的基本模板。
- ActionScript 文件：创建一个后缀为.as 的空白文本文件。
- JSFL 脚本文件：创建一个用于扩展 Flash IDE 的 JavaScript 脚本文件。

（3）设置完成后，单击“确定”按钮，即可创建一个空白的 FLA 文件，如图 5-35 所示。

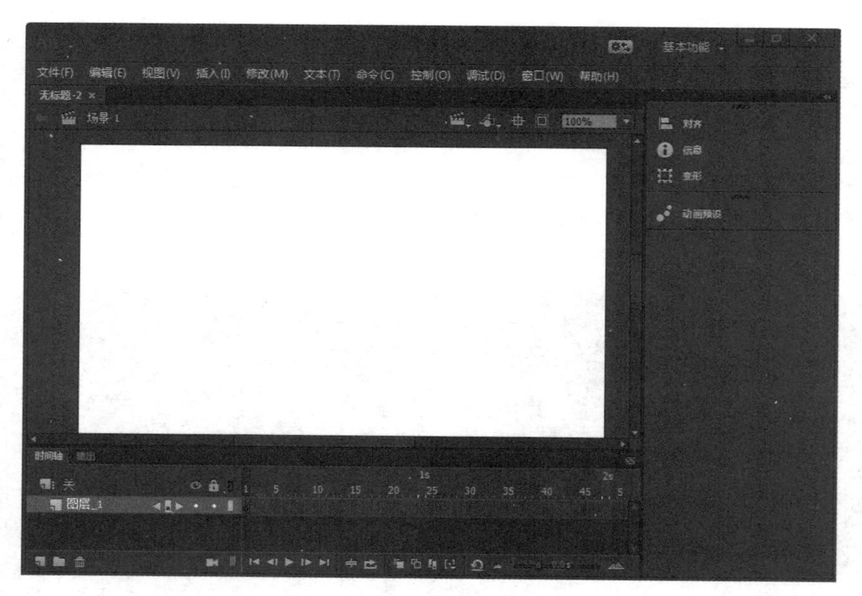

图 5-35 空白的 FLA 文件

5.4.2 保存文件

对于制作过程中的 Animate CC 2018 文件，要及时进行保存，以保证当软件或计算机出现异常时 Animate 文件的数据不丢失。制作完 Animate 文件，也应将其保存起来，便于以后使用。保存 Animate 文件有以下两种常用方法。

（1）执行“文件”|“保存”命令或按 Ctrl+S 快捷键。在弹出的对话框中选择存放文件的位置，然后在“文件名”文本框中输入文件名，并选择“保存类型”，如图 5-36 所示，单击“保存”按钮，即可保存文档并关闭对话框。

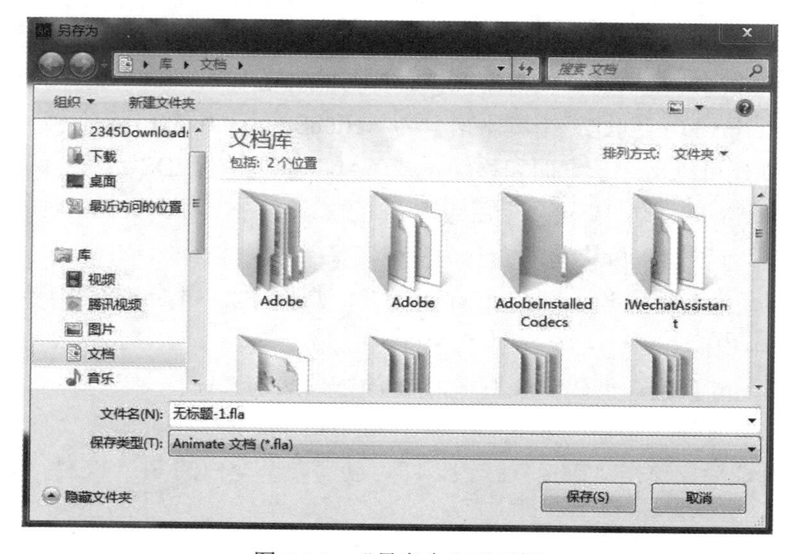

图 5-36 “另存为”对话框

（2）单击主工具栏中的“保存”按钮。具体保存方法与使用“保存”命令相同。

5.4.3 关闭文件

1. 关闭软件

执行“文件”|“退出”命令或按 Ctrl+Q 快捷键，或者单击 Animate CC 2018 软件窗口右上角的“关闭”按钮将退出软件程序。如果文档没有保存，将打开如图 5-37 所示的“保存文档”对话框，可根据情况单击相应的按钮。

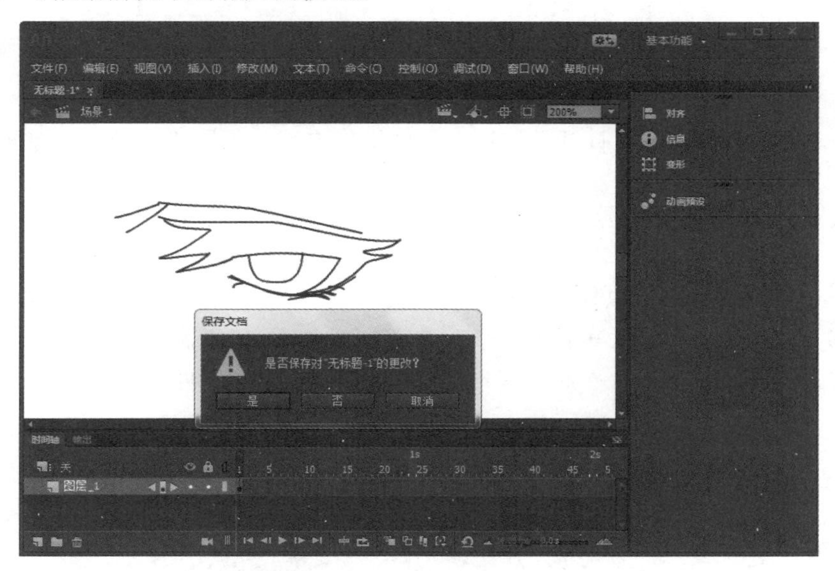

图 5-37 “保存文档”对话框

2. 关闭当前文档

执行“文件”|“关闭”命令或按 Ctrl+W 快捷键，或者单击文档窗口右上角的“关闭”按钮将关闭当前文档。如果此文档没有保存，将打开提示对话框询问是否需要保存当前文档，可根据情况单击相应的按钮。

5.4.4 打开文件

如果要编辑或查看一个已有的 Animate CC 2018 文件，只需要打开此文件即可。打开 Animate 文件有以下两种常用方法。

（1）执行“文件”|“打开”命令或按 Ctrl+O 快捷键，打开如图 5-38 所示的“打开”对话框，在“查找范围”下拉列表框中选择要打开的文档所在的位置，再在“文件名”文本框中输入要打开文档的文件名，或直接在列表中选中要打开的文件图标，最后单击“打开”按钮即可。

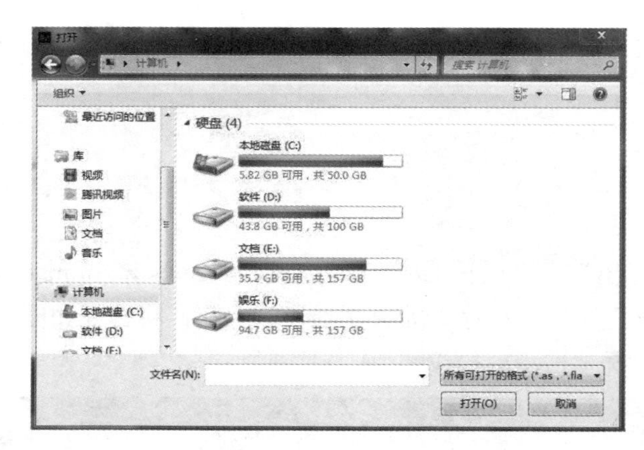

图 5-38 “打开”对话框

（2）单击主工具栏中的“打开”按钮。具体操作方法与使用“打开”命令相同。

5.4.5 导入外部资源文件

在 Animate CC 2018 中可以导入多种类型的外部文件，如声音、图片、视频等媒体文件。

执行“文件”|“导入”菜单中的一个命令，如图 5-39 所示。在弹出的“导入”对话框中选中需要导入的文件，然后单击对话框中的“打开”按钮，即可将选中文件导入所需的地方。

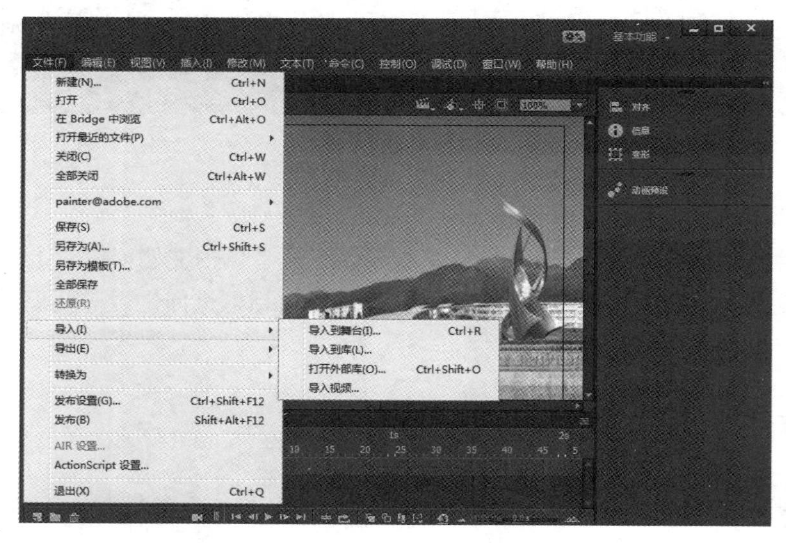

图 5-39 “导入”菜单

其中：

- 导入到舞台：将文件直接导入当前文档中。
- 导入到库：将文件导入当前 Animate 文档的库中。
- 打开外部库：将其他的 Animate 文档作为库打开。
- 导入视频：将视频剪辑导入当前文档中。

5.5 动画制作基础

制作动画前，需设置文档属性、标尺、网格、辅助线及工作区布局模式等。Animate CC 2018 中的帧、图层、元件是动画中最基本的元素，也是学习动画制作的基础。本节将介绍动画制作的基础操作。

5.5.1 设置文档属性

在动画创作之前，必须进行周密计划，正确地设置动画的放映速度和作品尺寸。如果中途修改这些属性，将会大大增加工作量，而且可能导致动画播放效果与所预想的相差很远。在 Animate CC 2018 中通常使用“属性”面板或“文档设置”对话框设置文档属性。

执行“修改”|“文档”命令，弹出如图 5-40 所示的“文档设置”对话框。

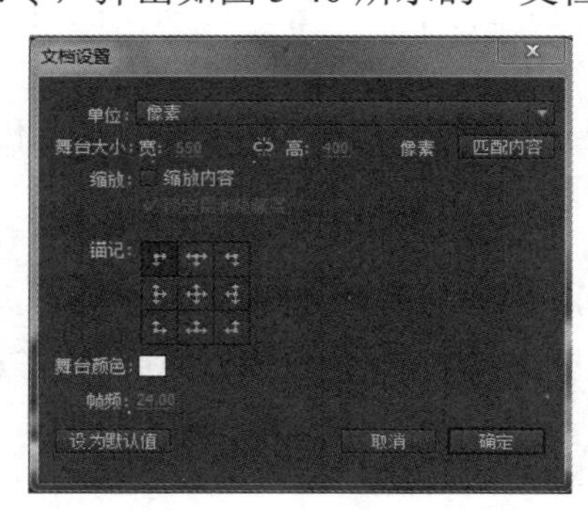

图 5-40 “文档设置”对话框

1. 设置舞台大小

（1）在“单位”下拉列表框中选择舞台大小的度量单位。

（2）在“舞台大小”区域，输入影片的宽度和高度值。单击“匹配内容”按钮，可自动将舞台大小设置为能刚好容纳舞台上所有对象的尺寸。设置舞台大小时，单击“链接”按钮可按比例设置舞台尺寸。如果要单独修改高度或宽度属性值，可再次单击该按钮，解除约束比例设置。

（3）根据需要选择“缩放内容”选项。“缩放内容”功能是指根据舞台大小缩放舞台上的内容。选中此复选框后，如果调整了舞台大小，舞台上的内容会随舞台同比例调整大小。此外，选中“缩放内容”复选框后，舞台尺寸将自动关联并禁用。

2. 设置舞台背景颜色

一般情况下，Animate CC 2018 舞台的默认颜色为白色，可用作影片的背景，在最终影片中的任何区域都可看见该背景。

单击“舞台颜色”右侧的颜色框，可在弹出的色板中选择动画背景的颜色，如图 5-41 所示。选择一种颜色，面板左上角会显示这种颜色，同时以 RGB 格式显示对应的数值。

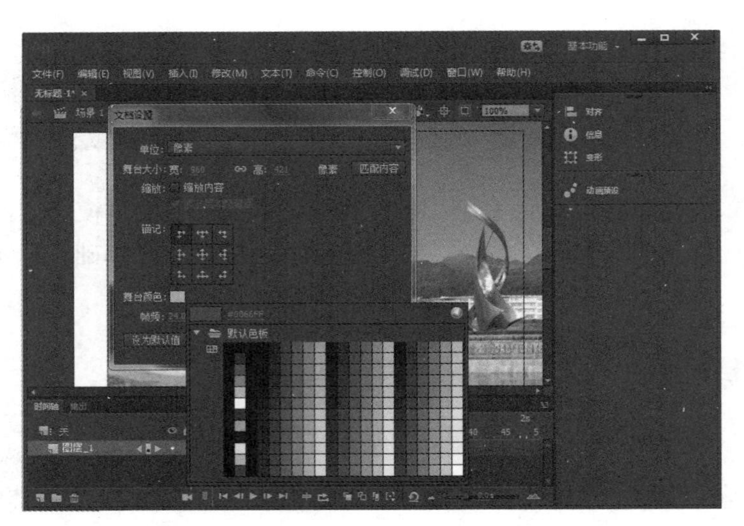

图 5-41　设置舞台背景颜色

Animate CC 2018 支持透明画布背景，在图 5-41 所示的色板右上角设置 Alpha:%的值可以指定透明度级别；单击“无色”按钮，可将舞台设置为完全透明。也可以将位图导入 Animate CC 2018，然后将它放置在舞台的最底层，这样它可覆盖舞台作为背景。

3. 设置帧频

帧频表示动画的放映速度，单位为帧/秒。默认值 24 对于大多数项目已经足够，当然，也可以根据需要选择一个更大或更小的数。帧频越高，则动画在速度较慢的计算机中越难放映。

5.5.2　设置标尺、网格和辅助线

在创作作品过程中，为了精确定位对象，更好地进行创作，时常需要使用辅助工具，如显示工作区标尺、网格和辅助线。这些辅助工具不会导入最终电影，仅在 Animate CC 2018 的编辑环境中可见。

1. 设置标尺

使用标尺可以很方便地布局对象，并能了解编辑对象的位置。

执行“视图”|“标尺”命令，即可在工作区的左沿和上沿显示标尺，如图 5-42 所示。再次执行该命令可以隐藏标尺。

2. 设置网格

网格用于精确地对齐、缩放和放置对象。它不会导出到最终影片中，仅在 Animate CC 2018 的编辑环境中可见。

执行“视图”|“网格”|“显示网格”命令，即可在舞台上显示网格，如图 5-43 所示。

默认的网格颜色为浅灰色，大小为 10 像素×10 像素。如果网格的大小或颜色不合适，可以通过以下方法修改网格属性。

图 5-42　显示标尺

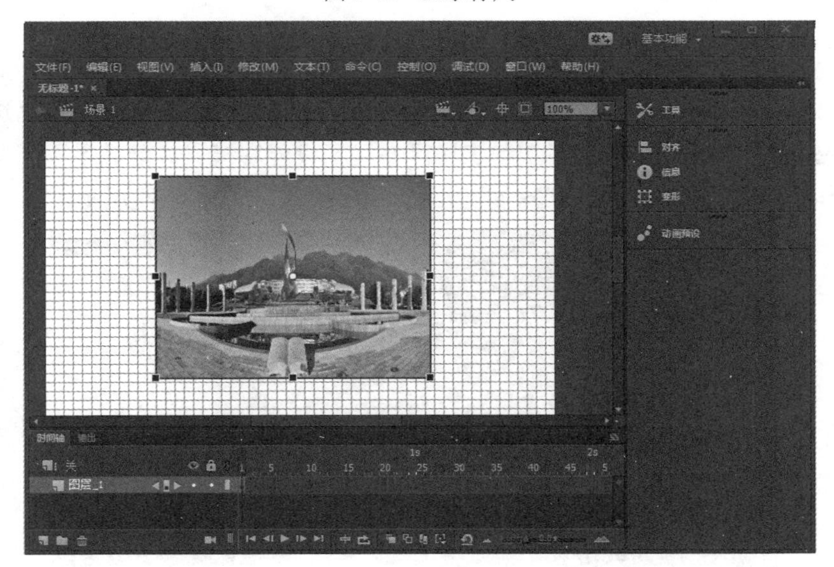

图 5-43　显示网格

执行“视图”|“网格”|“编辑网格”命令，弹出如图 5-44 所示的“网格”对话框，可以根据需要进行设置。

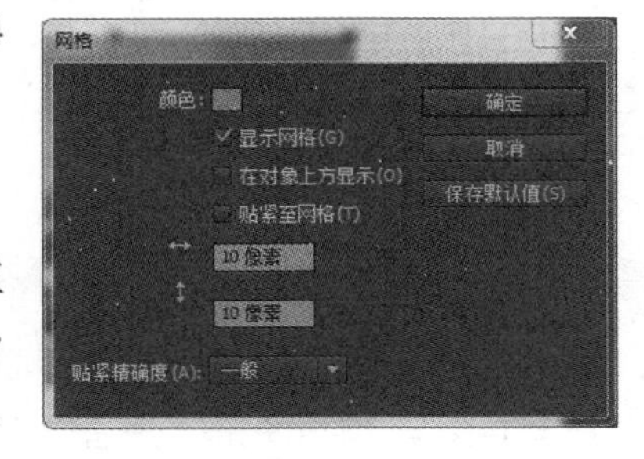

图 5-44　编辑网格线

3. 设置辅助线

在显示标尺时，为了更精确地排列图像，标记图像中的重要区域，可以从标尺上将水平辅助线和垂直辅助线拖动到舞台上，如图 5-45 所示。常用的辅助线操作有添加、移动、锁定、删除等。

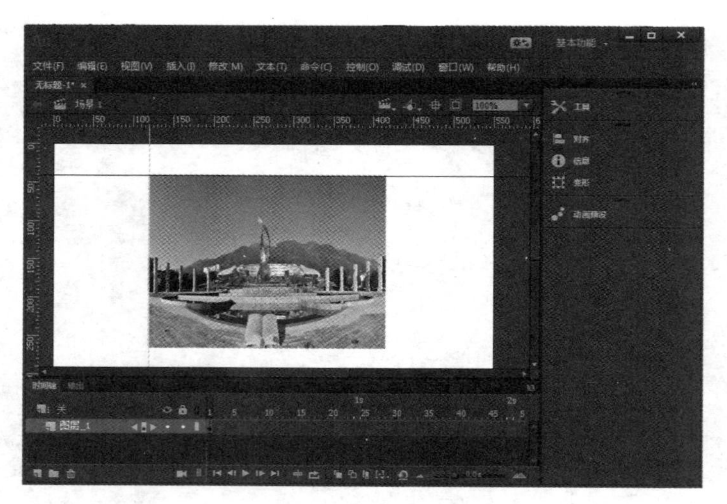

图 5-45　设置辅助线

5.5.3　设置工作区布局模式

在使用 Animate CC 2018 之前，可以根据自己的习惯选择不同的工作区布局模式。单击 Animate CC 2018 标题栏的“工作区布局模式”按钮，在弹出的下拉列表中可以选择喜欢的工作区布局。Animate CC 2018 提供了 7 种工作区布局预设外观模式，能满足不同层次和不同需要的动画制作人员的需求，默认为“基本功能”布局模式，如图 5-46 所示。

图 5-46　工作区布局模式

5.5.4　帧的类型

帧是影像动画中最小单位的单幅影像画面，相当于电影胶片上的每一格镜头。每一个精彩的 Animate 动画都是由很多精心雕琢的帧构成的，在时间轴上的每一帧都可以包含需要显示的所有内容，包括图形、声音、各种素材和其他多种对象。

1. 普通帧

在动画制作中，常在关键帧后插入一些普通帧，其内容与这一关键帧的内容完全相同，目的是延长动画的播放时间。如图 5-47 所示，小球播放的帧是 240 帧，如果当前帧频是 24 帧/秒，那么小球在“场景 1”中停留的时间就是 10 秒。

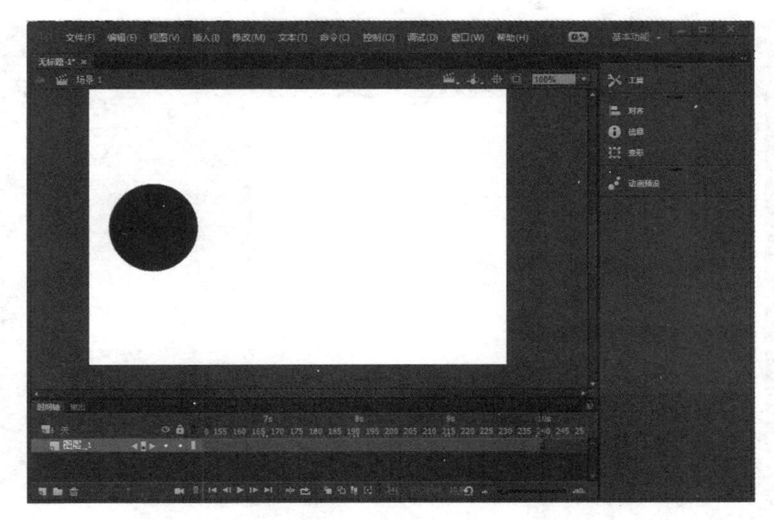

图 5-47　普通帧

2. 关键帧

任何动画要表现运动或变化，至少前后要给出两个不同的关键状态，而中间状态的变化和衔接可以自动完成。在 Animate 中，表示关键状态或者内容的帧叫作关键帧。

下面介绍不同动画关键帧的表现形式。

（1）关键帧：在时间轴上以实心黑色小圆点作为标志，如图 5-48 所示的第 100 帧就是关键帧。

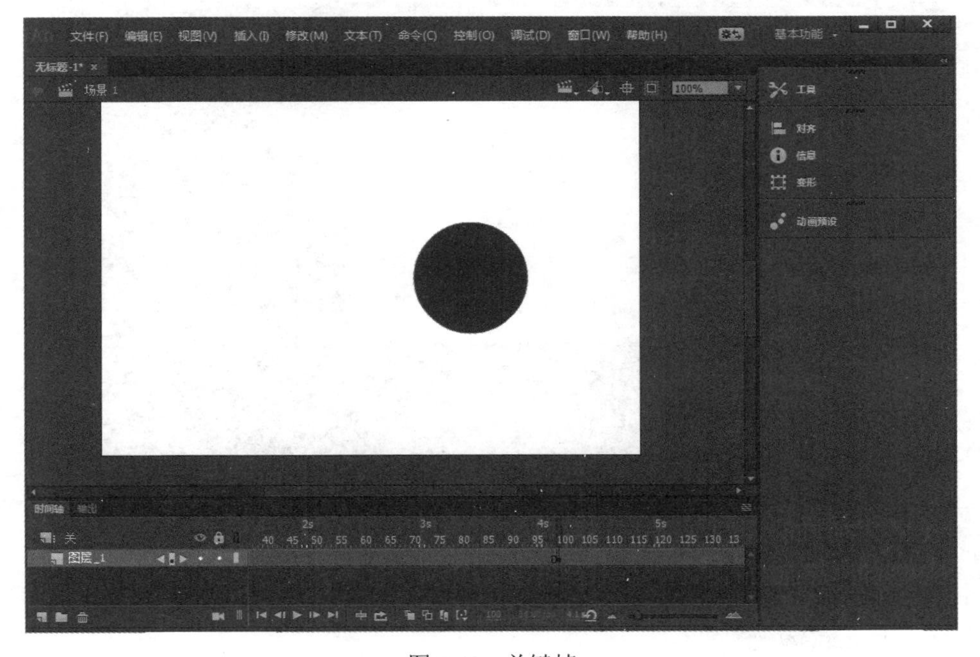

图 5-48　关键帧

（2）空白关键帧：以空心小圆点作为标志，其对应的舞台上编辑内容为空。如图 5-49 所示的第 120 帧就是空白关键帧。

图 5-49　空白关键帧

（3）名称标签帧：关键帧上带一个小红旗，此帧为名称标签帧。如图 5-50 所示，第 100 帧上有小红旗，表示第 100 关键帧名称为“跳跃”，意思是小球运动到这儿有“跳跃”动作。

图 5-50　名称标签帧

（4）包含动作语句帧：关键帧上有 a 标志，此帧为包含动作语句帧。如图 5-51 所示，第 100 帧上有一个 stop()动作。

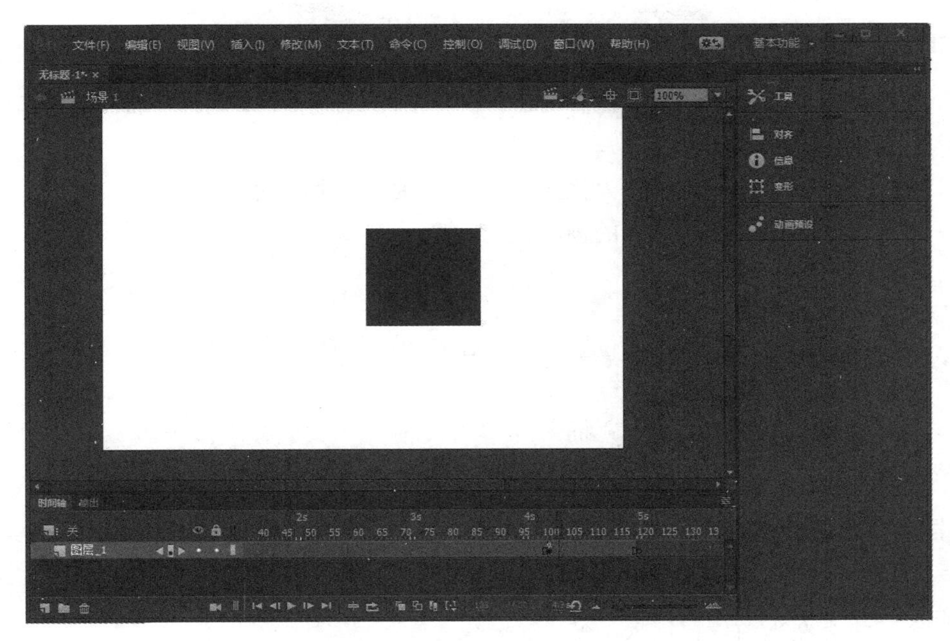

图 5-51　包含动作语句帧

（5）补间错误帧：两个关键帧间用虚线连接，表示补间动画创建不成功。补间动画创建成功用黑色实线箭头表示，如图 5-52 所示。

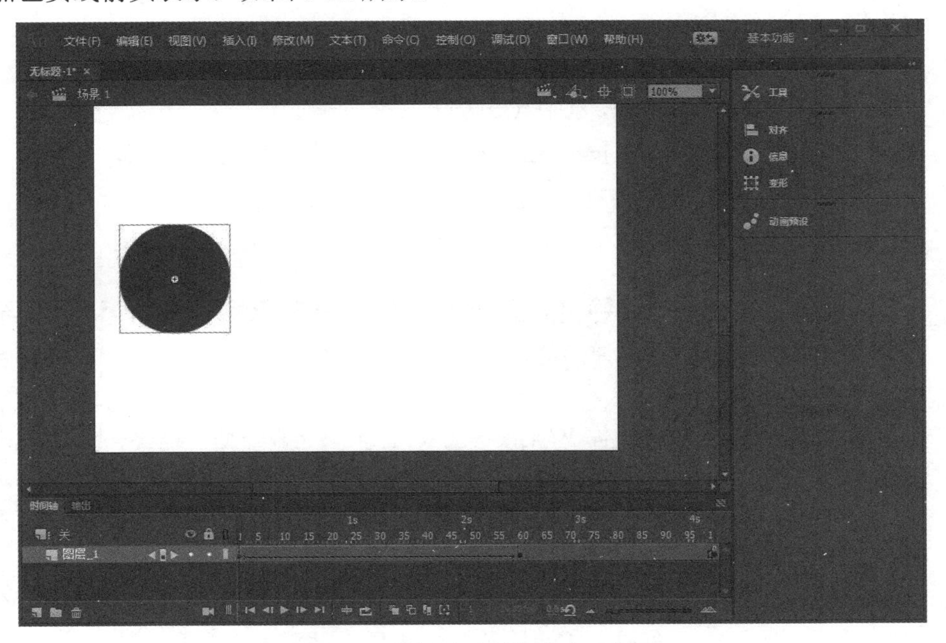

图 5-52　补间动画创建成功示意图

5.5.5　帧的操作

Animate CC 2018 中帧的操作包括帧的插入、帧的选择、帧的删除、帧的移动、帧的复制、帧的翻转、设置帧频等。具体操作的时候可以用鼠标，也可以用菜单命令来完成。

1. 插入普通帧

- 在时间轴上需要创建帧的位置右击，在弹出的快捷菜单中选择“插入帧”选项，将会在当前位置插入一帧。
- 选择需要创建的帧，执行“插入”|“时间轴”|“帧”命令。
- 在时间轴上选择需要创建的帧，按 F5 键。

2. 插入关键帧

- 在时间轴上需要创建帧的位置右击，在弹出的快捷菜单中选择“插入关键帧”命令，将会在当前位置插入一帧。
- 选择需要创建的帧，执行“插入”|“时间轴”|“关键帧”命令。
- 在时间轴上选择需要创建的帧，按 F6 键。

3. 插入空白关键帧

- 在时间轴上需要创建帧的位置右击，在弹出的快捷菜单中选择“插入空白关键帧”命令，将会在当前位置插入一帧。
- 选择需要创建的帧，执行“插入”|“时间轴”|“空白关键帧”命令。
- 在时间轴上选择需要创建的帧，按 F7 键。

4. 选择帧

- 需选择单个帧时，单击需选中的帧。
- 需选择多个不相邻的帧时，按住 Ctrl 键单击多个帧。
- 需选择多个相邻的帧时，按住 Shift 键单击选择范围的始帧和末帧。
- 需选择时间范围内所有的帧时，执行“编辑”|“时间轴”|“选择所有帧”命令。

5. 删除帧

- 在需删除的帧上右击，在弹出的快捷菜单中选择“删除帧”命令，将删除当前帧。
- 在需删除的帧上右击，在弹出的快捷菜单中选择“清除帧”命令，当前帧将会变为一个空白关键帧。
- 选中需删除的帧，然后执行“编辑”|“时间轴”|“删除帧”命令，将删除当前帧。

6. 移动帧

- 将关键帧或者序列拖动到所需移动的位置。
- 在需移动的关键帧上右击，在弹出的快捷菜单中选择“剪切帧”命令，然后在所需移动的目标位置右击，在弹出的快捷菜单中选择“粘贴帧”命令。

7. 复制帧

- 按住 Alt 键，将要复制的关键帧拖动到需要复制的位置，即可完成复制帧操作。
- 在需移动的关键帧上右击，在弹出的快捷菜单中选择“复制帧”命令，然后在所需移动的目标位置右击，在弹出的快捷菜单中选择“粘贴帧”命令。

8. 翻转帧

选择需翻转的帧序列，右击，在弹出的快捷菜单中选择“翻转帧”命令。

9. 设置帧频

执行“修改”|“文档”命令，将会弹出“文档属性”对话框，在“帧频”文本框中输入所需设定的值，单击“确定”按钮即可。

5.5.6　元件

元件对文件的大小和交互能力起着重要作用，任何一个复杂的动画都是借助元件完成的。元件存储在元件库中，不仅可以在同一个 Animate 作品中重复使用，也可以在其他 Animate 作品中重复使用。当把元件从元件库中拖至舞台时，实际上并不是把元件自身放置于舞台上，而是在舞台上创建了一个被称为实例的元件副本，因此可以在不改变原始元件的情况下，多次使用和更改元件实例。如果把一个 Animate 作品比作一台晚会，Animate 中的场景就相当于晚会的舞台，而元件就相当于舞台上的演员。

1. 图形元件

图形元件可以包含文字内容和图像内容，它有自己独立的场景和时间轴，常常用于静态的图形或简单的动画中。图形元件与影片的时间轴同步运行，不能带有音频效果和交互效果。

2. 影片剪辑元件

影片剪辑元件其实就是一个独立的动画片段，它的时间轴独立于主时间轴，可以在一个影片剪辑元件中添加各种元件以创建嵌套的动画效果。与图形元件不同的是，影片剪辑元件可以带有音频效果和交互效果。

3. 按钮元件

按钮元件用于创建动画的交互控制按钮，支持鼠标“弹起”“指针经过”“按下”“点击”4种状态；支持音频效果和交互效果，能与图形元件和影片剪辑元件嵌套使用，功能十分强大。

5.5.7　创建元件

创建元件的方法有以下两种。

（1）执行“插入”|“新建元件”命令或者按 Ctrl+F8 快捷键，打开“创建新元件”对话框，如图 5-53 所示。在“名称”文本框中输入元件的名称，在“类型”下拉列表框中选择对应的元件类型，单击“确定”按钮即可 。

（2）执行“窗口”|“库”命令，打开“库”面板，单击左下角的“新建元件”按钮，打开“创建新元件”对话框，后面的操作与第一种方法相同。

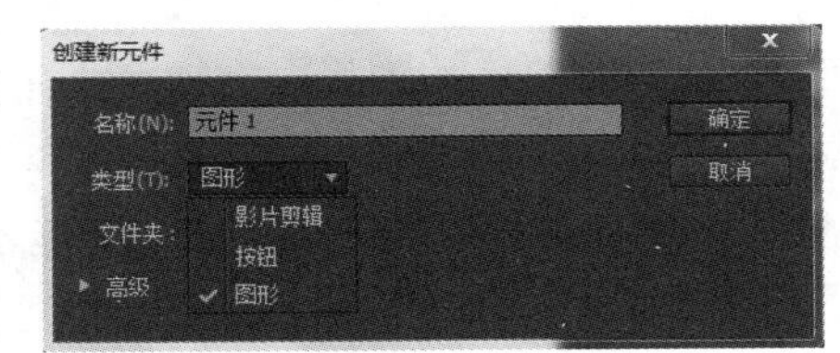

图 5-53　“创建新元件”对话框

Animate CC 2018 的按钮元件可以响应鼠标事件，用于创建动画的交互控制按钮，如动画中的“开始”按钮、“结束”按钮、“重新播放”按钮等都是按钮元件。按钮元件包括“弹起”“指针经过”“按下”“点击”4 个帧，如图 5-54 所示。创建按钮元件的过程实际上就是编辑这 4 个帧的过程。

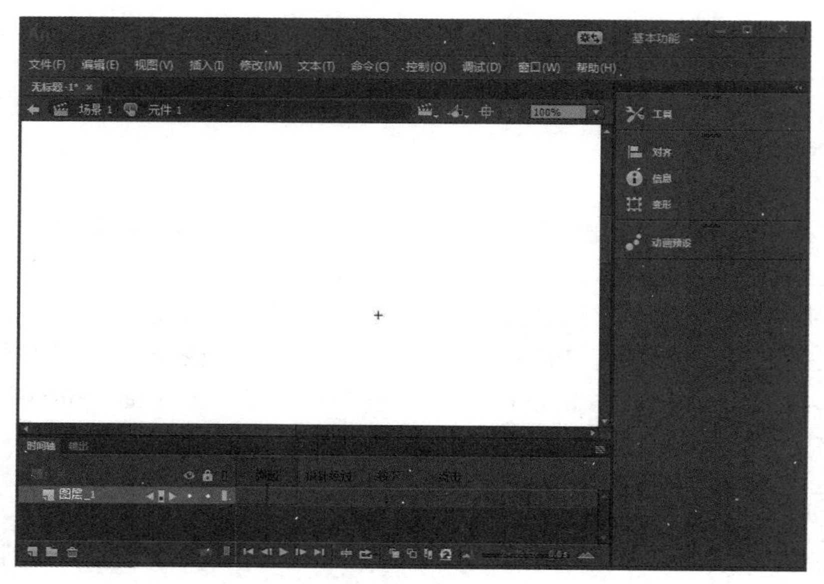

图 5-54　创建按钮元件

这 4 个帧的过程状态分别说明如下。

- 弹起：鼠标指针不在按钮上的一种状态。
- 指针经过：当鼠标指针移动到按钮上的一种状态。
- 按下：当鼠标指针移动到按钮上并单击时的状态。
- 点击：运用此项制作出的按钮不显示颜色、形状，常用来制作“隐形按钮”效果。

5.5.8　元件库操作

在 Animate 中，当把图形转换为元件后，无论是影片剪辑、按钮，还是图形元件都会出现在元件库中。在 Animate 动画制作过程中，元件库的应用也是非常广的，专门用来存放 Animate 中各个元件。

Animate CC 2018 元件库的操作包括向舞台添加元件、重命名元件、复制和删除元件等。

1. 向舞台添加元件

要将元件添加到舞台上，可按下面的步骤进行。

（1）执行“窗口” | “库”命令或按 F11 键，打开“库”面板。

（2）在“库”面板中，选中要添加的元件并将其拖动到舞台上，即可完成向舞台上添加元件，如图 5-55 所示。

2. 重命名元件

重命名元件主要有以下两种方法。

（1）右击元件，在弹出的快捷菜单中选择“重命名”命令，当元件的名称在“库”面板中突出显示时，输入新的名称即可。

（2）双击元件名称并输入新名称。

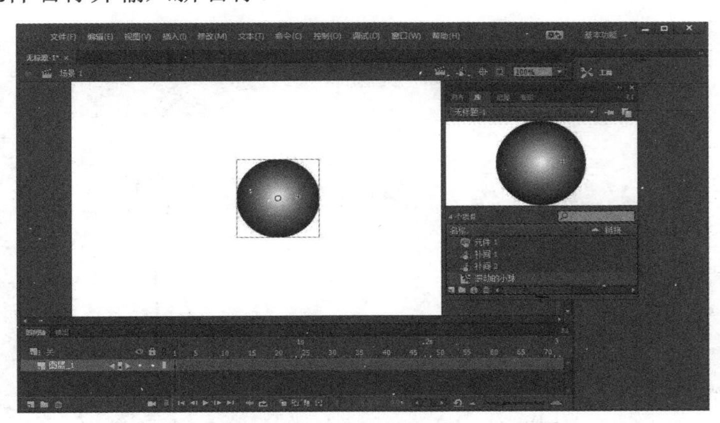

图 5-55　将元件添加到舞台

3. 元件的常用操作

在 Animate 库中，当需要对元件进行复制、粘贴、删除、编辑、移至等各种常用操作时，可以选中该元件，右击，然后在弹出的快捷菜单中选择相应命令，如图 5-56 所示。

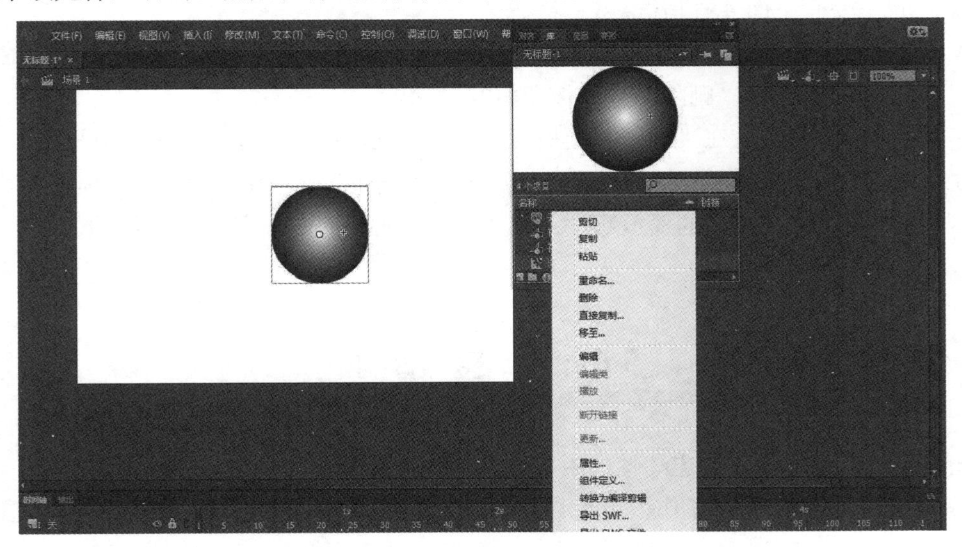

图 5-56　元件的常用操作命令

5.5.9　舞台场景的应用

Animate CC 2018 启动成功，选择新建文件后，默认创建了一个名为“场景 1”的场景。在制作动画作品的过程中，有时根据作品剧情的需要会创建一个或多个舞台场景作为背景。

1. 场景的创建

创建新的舞台场景主要有以下两种方法。

（1）执行“窗口”|“场景”命令，打开“场景”面板，单击“添加场景”按钮，即可新建一个场景。如图 5-57 所示，新建了一个名为“场景 2”的新场景。

（2）执行“插入”|“场景”命令，即可插入新的场景，如图 5-58 所示。

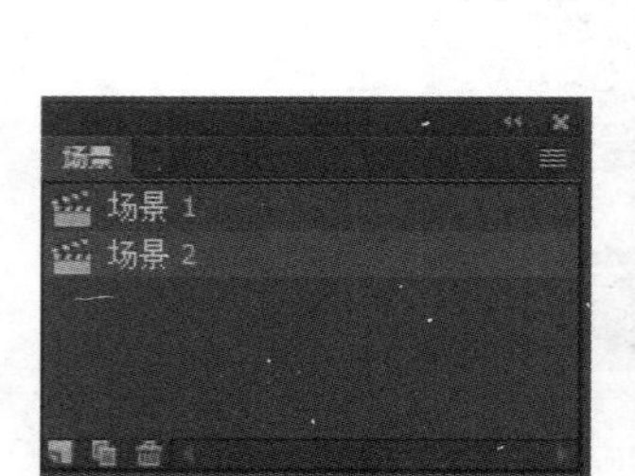

图 5-57 “场景”面板

图 5-58 插入场景

2. 场景的编辑

编辑场景主要有下面 4 种情况。

（1）删除场景：执行“窗口”|“场景”命令，打开“场景”面板，选中要删除的场景，再单击“场景”面板中的“删除场景”按钮将其删除。

（2）更改场景名称：在“场景”面板中双击场景名称，然后输入新的名称即可。

（3）复制场景：选中要复制的场景，然后单击“场景”面板中的“直接复制场景”按钮。

（4）更改场景在文档中的播放顺序：在“场景”面板中将场景拖到不同的位置进行排列即可。

5.6 创建动画

Animate 动画是通过更改连续帧的内容创建的，把帧所包含的内容进行位置改变、大小缩放、倾斜旋转、颜色改变等操作，就可以制作出丰富多彩的动画效果。在 Animate CC 2018 的“插入”菜单中，可以看到 3 种动画方式：补间动画、补间形状和传统补间。其中，补间动画是基于对象的动画形式，而补间形状和传统补间则是基于关键帧的动画形式。

5.6.1 传统补间动画

创建传统补间动画只需要创建几个不同性质特征的关键帧，就可以实现元件实例、群组、位图或文字产生位置移动、大小比例缩放、图像旋转等运动，以及颜色和透明度等方面的渐变效果。渐变的中间效果由 Animate CC 2018 自动生成。

1. 创建传统补间动画

下面介绍创建传统补间动画的方法。

（1）在一个关键帧上放置一个对象，本例中一个黑色的小球初始位置在舞台左侧，如图 5-59 所示。

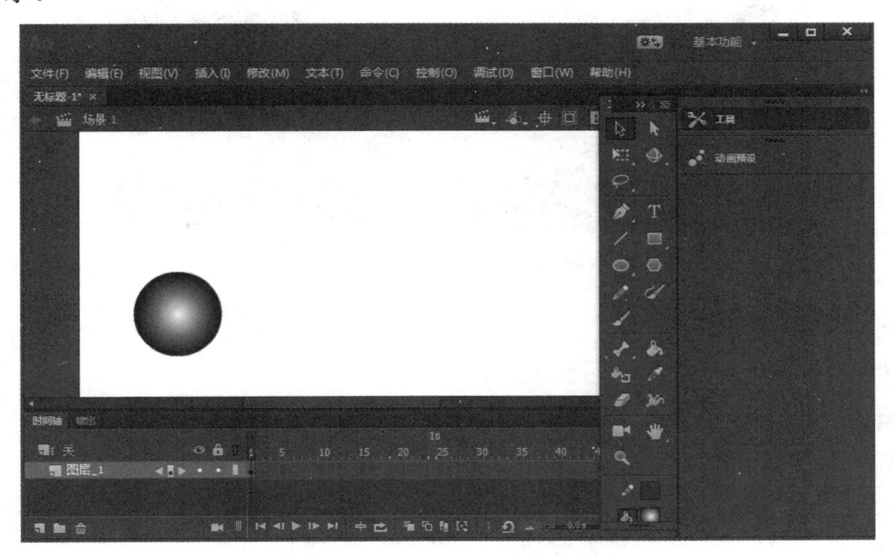

图 5-59　小球初始位置在舞台左侧

（2）在同一层的另一个关键帧改变这个对象的大小、位置、颜色、透明度、旋转、倾斜、滤镜等属性参数，本例选择小球发生位移，移动到舞台右侧，如图 5-60 所示。

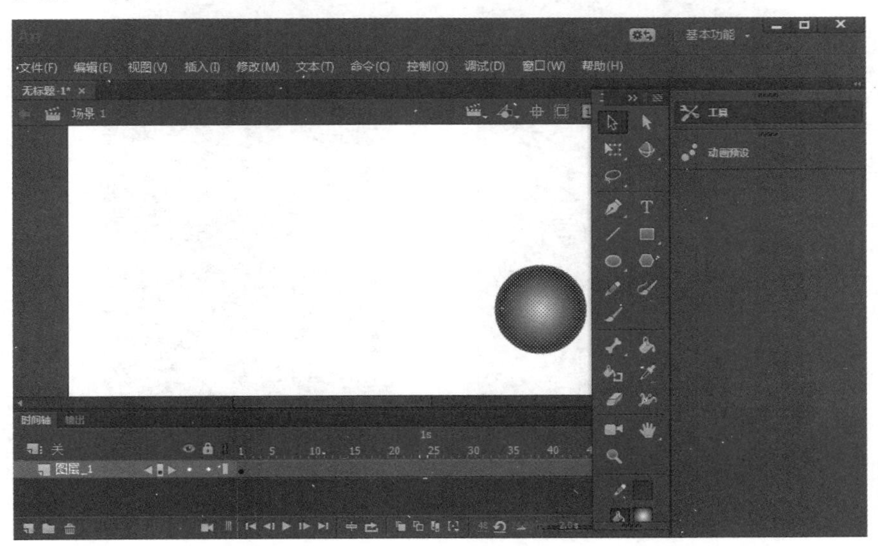

图 5-60　小球移动到舞台右侧

（3）选中两个关键帧之间的任一帧，执行“插入”|“创建传统补间”命令；或右击，在

弹出的快捷菜单中选择“创建传统补间”命令。两个关键帧之间将显示一条黑色的箭头线，且选中的帧范围显示为紫色，动画效果就是小球从左移动到右的效果，如图 5-61 所示。

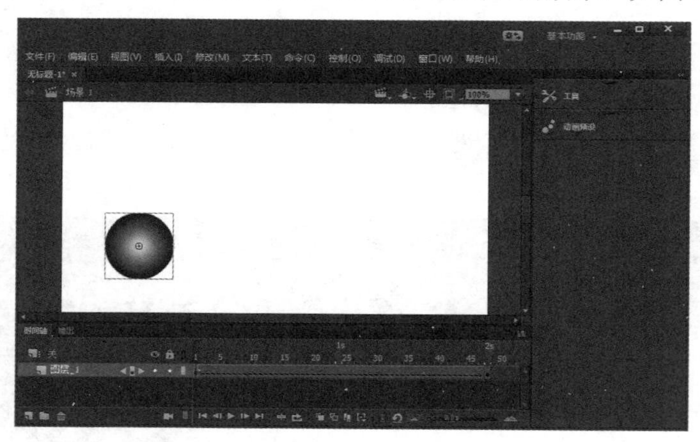

图 5-61 创建传统补间动画

2. 修改传统补间动画的属性

下面介绍如何修改传统补间动画的属性。

（1）创建传统补间动画之后，选择一个关键帧，执行“窗口”|“属性”命令，打开如图 5-62 所示的“属性”面板。其中，“缓动”选项是设置对象在动画过程中的变化速度，缓动强度范围是-100～100。其中，正值表示变化先快后慢；0 表示匀速变化；负值表示变化先慢后快。

Animate CC 2018 增强了缓动预设功能，预设和自定义缓动预设延伸到属性缓动。默认情况下，针对所有属性定义缓动，在“缓动”下拉列表中选择“单独每属性”，可以单独设置各个属性的缓动，如图 5-63 所示。

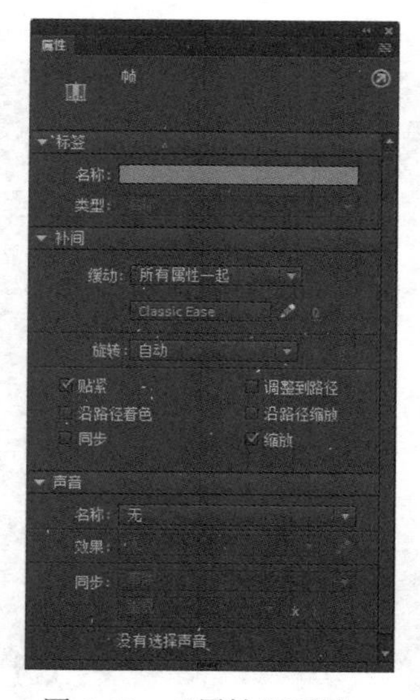

图 5-62 “属性”面板

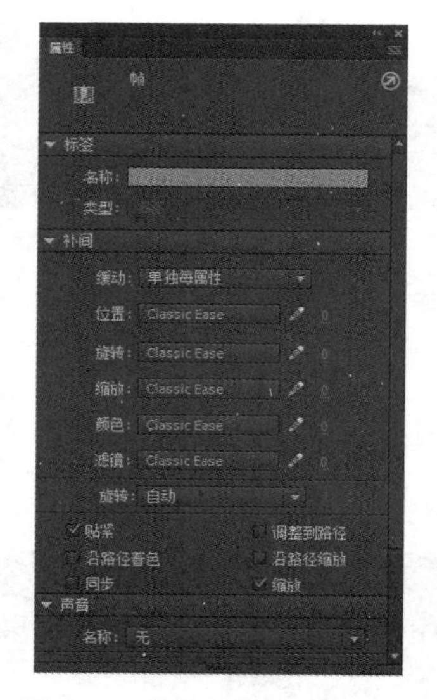

图 5-63 传统补间的缓动预设

（2）单击“缓动”右侧的下拉按钮，弹出缓动预设列表，如图 5-64 所示。双击需要的预设类型即可应用。

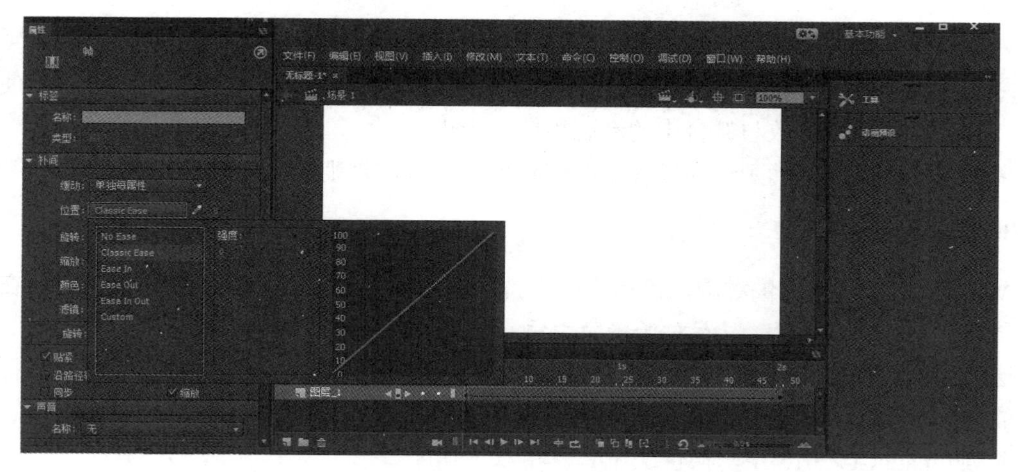

图 5-64　缓动预设列表

（3）单击“编辑缓动”按钮，可以在如图 5-65 所示的“自定义缓动”对话框中自定义缓动。

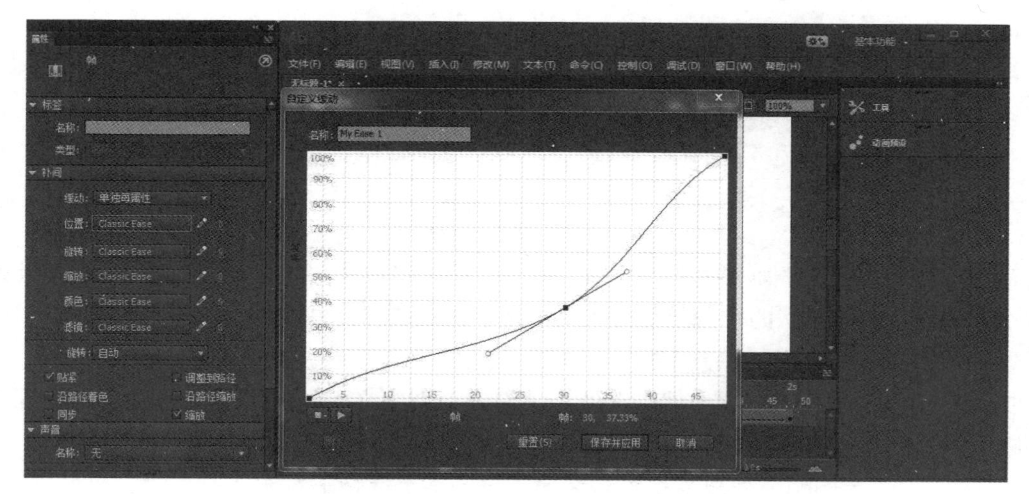

图 5-65　“自定义缓动”对话框

“自定义缓动”对话框显示了一个表示运动程度随时间变化的图形，水平轴表示帧，垂直轴表示变化的百分比。第一个关键帧表示为 0%，最后一个关键帧表示为 100%。图形曲线的斜率表示对象的变化速率。曲线水平时（无斜率），变化速率为 0；曲线垂直时，变化速率最大。

在曲线上按住鼠标左键拖动，即可修改曲线。修改完成后，单击“保存并应用”按钮，可保存自定义缓动，并重复使用。

下面介绍补间相关属性的功能。

- 旋转：设置旋转类型及方向。
- 贴紧：如果有连接的引导层，可以将动画对象吸附在引导路径上。
- 调整到路径：对象在路径变化动画中可以沿着路径的曲度变化改变方向。
- 沿路径着色：在引导动画中，被引导对象基于路径的颜色变化进行染色。

- 沿路径缩放：在引导动画中，被引导对象基于路径的笔触粗细变化进行缩放。
- 同步：如果对象中有一个对象是包含动画效果的图形元件，选中该复选框可以使图形元件的动画播放与舞台中的动画播放同步进行。
- 缩放：允许在动画运动过程中改变对象的比例，否则禁止比例变化。

3. 模拟摄像头动画

Animate CC 2018 提供对虚拟摄像头的支持，利用摄像头工具，动画制作人员可以在场景中平移、缩放、旋转舞台，以及对场景应用色彩效果。在摄像头视图下查看动画作品时，看到的图层会像透过摄像头来看一样，通过对摄像头图层添加补间或关键帧，可以轻松模拟摄像头移动的动画效果，具体操作过程请参照实验指导手册。

在 Animate CC 2018 中，摄像头工具具备以下功能。

- 在舞台上平移帧主题。
- 放大感兴趣的对象。
- 缩小帧以查看更大范围。
- 修改焦点，切换主题。
- 旋转摄像头。
- 对场景应用色彩效果。

5.6.2 补间形状动画

补间形状动画是使图形形状发生变化，从一个图形过渡到另一个图形的渐变过程。与传统补间不同的是，补间形状的对象只能是矢量图形。如果要对元件实例、位图、文本或群组对象进行形状补间，必须先对这些元素执行“修改”|“分离”命令，使之变成分散的图形。

制作补间形状动画的原则依然是在两个关键帧分别定义不同的性质特征，主要为形状方面的差别，并在两个关键帧之间建立补间形状的关系。

（1）在一个关键帧上创建一个矢量图形，第一个关键帧上有一个蓝色的方块矢量图，在舞台左侧，如图 5-66 所示。

图 5-66　蓝色的方块矢量图

（2）在同一层的另一个关键帧改变这个对象的形状、位置、颜色、透明度等属性，关键帧方块矢量图变成了一个红色的圆，在舞台右侧，如图 5-67 所示。

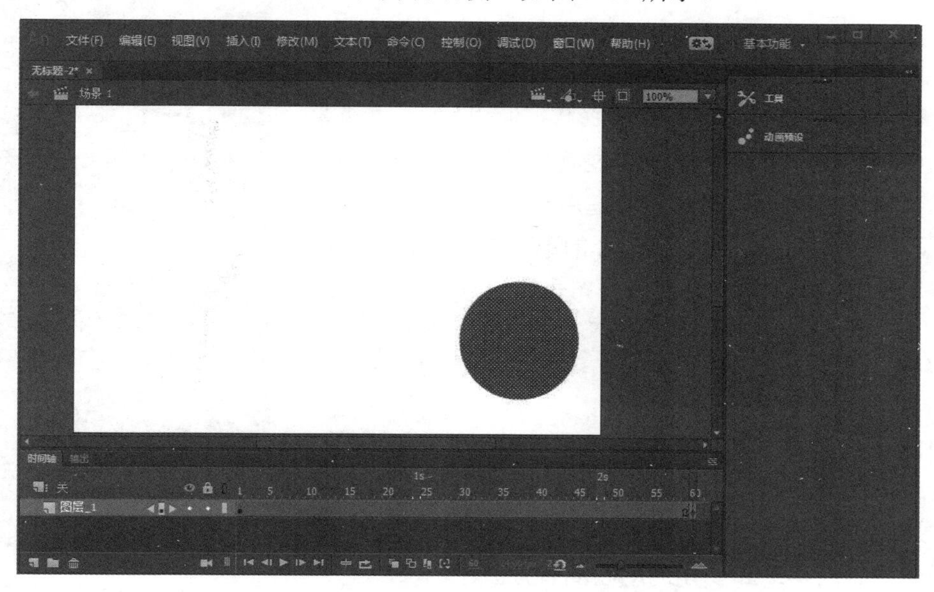

图 5-67　红色的圆矢量图

（3）选中两个关键帧之间的任一帧，执行“插入”|“创建补间形状”命令；或右击，在弹出的快捷菜单中选择“创建补间形状”命令，两个关键帧之间将显示一条黑色的箭头线，且选中的帧范围显示为绿色。动画效果就是蓝色方块从左移动到右并变成了红色圆形，如图 5-68 所示。

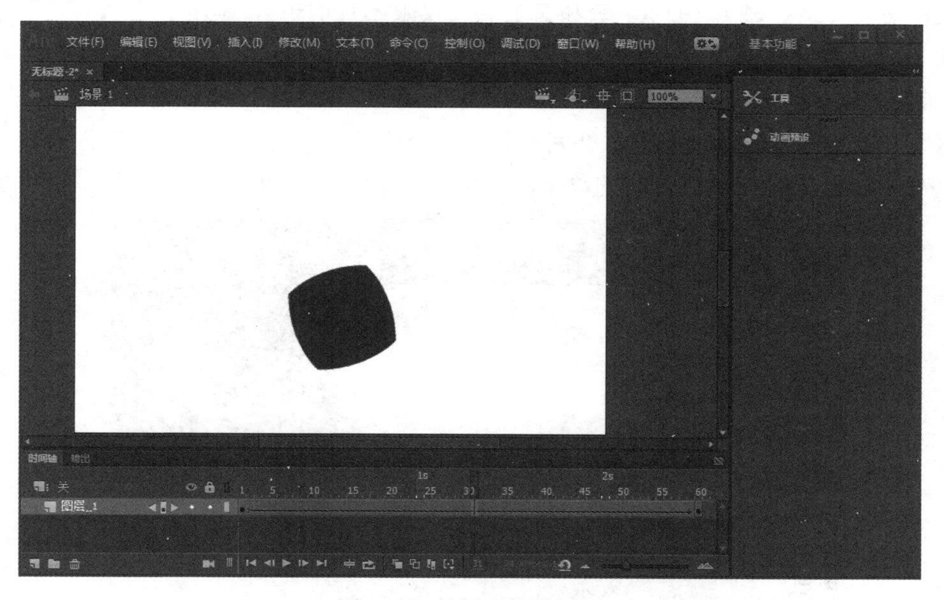

图 5-68　补间形状效果图

（4）修改补间形状属性。创建补间形状动画之后，选择一个关键帧，执行“窗口”|“属性”命令，打开属性设置面板，如图 5-69 所示，相关属性说明如下。

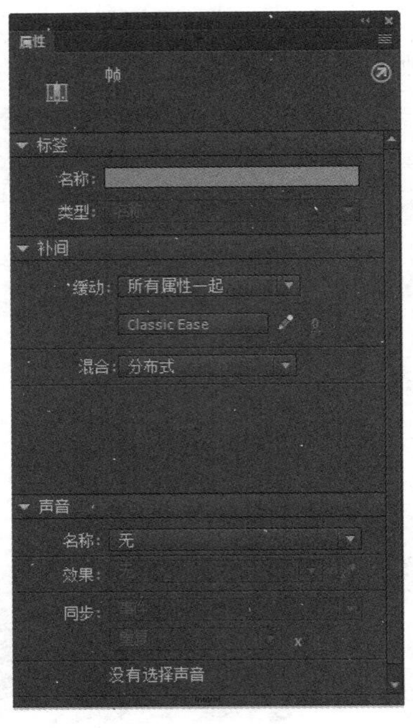

图 5-69 设置形状补间属性

- 缓动：设置对象在动画过程中的变化速度。正值表示变化先快后慢；负值表示变化先慢后快。
- 混合：指定起点关键帧和终点关键帧之间的帧的变化模式。
  - 分布式：设置中间帧的形状过渡更光滑、更随意。
  - 角形：设置中间帧的过渡形状保持关键帧上图形的棱角。此选项只适用于有尖锐棱角和直线的混合形状，如果选择的形状没有角，Animate CC 2018 会自动使用分布式补间方式。

5.6.3 补间动画

补间动画是通过不同帧中的对象属性指定不同的值创建的动画。在补间动画中，只有指定的属性关键帧的值存储在文件中。可以说，补间动画是一种在最大程度上减小文件大小的同时，创建随时间移动和变化的动画的有效方法。

1. 补间动画基本术语

1）补间对象

与传统补间相比，补间动画提供了更多的补间控制。可补间的对象类型包括影片剪辑、图形和按钮元件以及文本字段。可补间的对象属性包括 2D X 和 Y 位置，3D Z 位置（仅限影片剪辑），2D 旋转（绕 Z 轴），3D X、Y 和 Z 旋转（仅限影片剪辑），倾斜 X 和 Y，缩放 X 和 Y，颜色效果，以及滤镜属性。

2）补间范围

补间范围指时间轴中的一组帧，补间对象的一个或多个属性可以随着时间而改变。补间范围在时间轴中显示为具有蓝色背景的单个图层中的一组帧，如图 5-70 所示的第 1~30 帧。

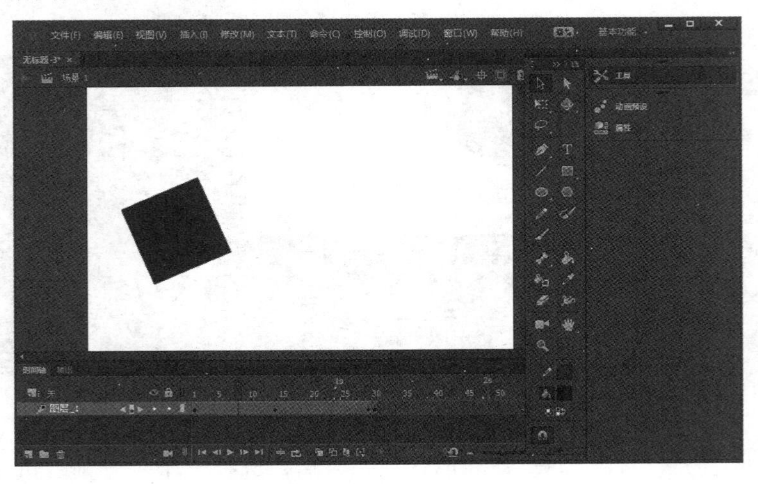

图 5-70 补间动画的补间范围

3）属性关键帧

属性关键帧是在补间范围中为补间目标对象显式定义一个或多个属性值的帧，在时间轴上显示为黑色菱形，如图 5-71 所示的第 14 帧。如果在单个帧中设置多个属性，则其中每个属性的属性关键帧都会驻留在该帧中。属性关键帧和关键帧的概念有所不同，关键帧是指时间轴中元件实例首次出现在舞台上的帧；属性关键帧则是指在补间动画中定义了属性值的特定帧。

图 5-71　补间动画的属性关键帧

2. 修改补间动画的属性

创建补间动画之后，使用“属性”面板可以编辑当前帧中补间的任何属性的值。

将播放头放在补间范围内要指定属性值的帧中，然后单击舞台上要修改属性的补间实例，打开“属性”面板，如图 5-72 所示，设置实例的非位置属性。修改完成之后，拖动时间轴中的播放头，在舞台上查看补间。此外，通过在“属性”面板中对补间动画应用缓动，可以轻松地创建复杂动画，而无须创建复杂的运动路径。

图 5-72　“属性”面板

5.6.4　逐帧动画

逐帧动画由一系列的关键帧组成，是通过修改每一关键帧的内容而产生动画的。一般逐帧动画适用于较复杂的、要求每帧图像都有变化的动画。

例如，制作做操的小人儿逐帧动画，首先在第 1 关键帧画出小人儿的躯干，然后在第 5 帧插入关键帧，画出小人儿的左手，以此类推，在舞台中改变帧的内容，开发动画接下来的增量。依次在第 10 关键帧、第 15 关键帧、第 20 关键帧画出小人儿的右手、左脚、右脚，完成逐帧动画序列，一个做操的小人儿逐帧动画便完成，如图 5-73 所示。

图 5-73　逐帧动画——做操的小人儿

5.6.5　特殊动画

Animate 中特殊动画的制作主要包括引导动画和遮罩动画的制作。从制作原理上来说，它们都是由创建基本动画演变而来的。但是，这两种动画都需要由至少两个图层共同构成，因此制作方法相对基本动画而言较复杂。使用引导动画可以让对象沿设置的路径运动，使用遮罩动画可以制作不同的画面显示效果。

1. 制作引导动画

在 Animate CC 2018 中，让一个或多个对象沿同一条路径运动的动画形式被称为引导路径动画，这种动画可以让一个或多个元件完成曲线或不规则的运动动画。引导图层的作用就是引导与它相关联图层中对象的运动轨迹或定位。引导图层只在舞台上可见，在最终影片中不会显示引导图层的内容。只要合适，可以在一个场景或影片中使用多个引导图层。

引导图层有两类：普通引导层和运动引导层。

1）普通引导层

普通引导层只能起到辅助绘图和绘图定位的作用。例如，通过临摹别人的作品进行绘画，放置一些文字说明、元件位置参考等信息，用作注解。

2）运动引导层

运动引导层的主要功能是绘制动画的运动轨迹，内容通常是用钢笔、铅笔、线条、椭圆工具、矩形工具或画笔工具等绘制的线条。被引导层中的对象沿着引导线运动，可以是影片剪辑、图形元件、按钮、文字等，但不能是形状。

制作引导动画的一般步骤如下。

（1）启动 Animate 软件，创建 Animate 文档。设置舞台大小为 550 像素×400 像素，背景颜色为白色。

（2）执行“插入”|“新建元件”命令，元件名称为“飞翔的小鸟”。用刷子工具画出一只小鸟，笔触颜色为黑色。

（3）执行“窗口”|“库”命令，将元件库调出来。

（4）选择第一帧，将小鸟从元件库中拖到场景中。

（5）在第 40 帧上插入关键帧。

（6）移动小鸟，使其开始位置与结束位置不同。

（7）创建运动补间动画。在第一帧上右击，在弹出的快捷菜单中选择“创建传统补间”命令。

（8）右击小鸟所在图层，在弹出的快捷菜单中选择“添加运动引导层”命令。此时小鸟所在的普通层上方新建一个引导层，小鸟所在的普通层自动变为被引导层。

（9）在引导层中用铅笔工具绘制引导路径，笔触为红色。

（10）在被引导层中将小鸟元件的中心控制点移动到路径的起始点。

（11）选中小鸟所在图层的第 40 关键帧，将小鸟元件中心控制点移动到引导层中路径的最终点。这时一只小鸟沿着预先设定路径飞翔的引导动画制作完成，如图 5-74 所示。

制作路径引导动画时，被引导对象的起点、终点的两个中心点一定要与引导线的两个端头对齐。这一点非常重要，是路径引导动画顺利运行的前提。在操作过程中，单击工具箱中的“贴紧至对象”按钮，可以使对象附着于引导线的操作更容易。被引导层中的对象在被引导运动时，还可做更细致的设置，如运动速度、方向、旋转等。选中动画的一个关键帧，执行“窗口”|“属性”命令，打开“属性”面板，如图 5-75 所示。

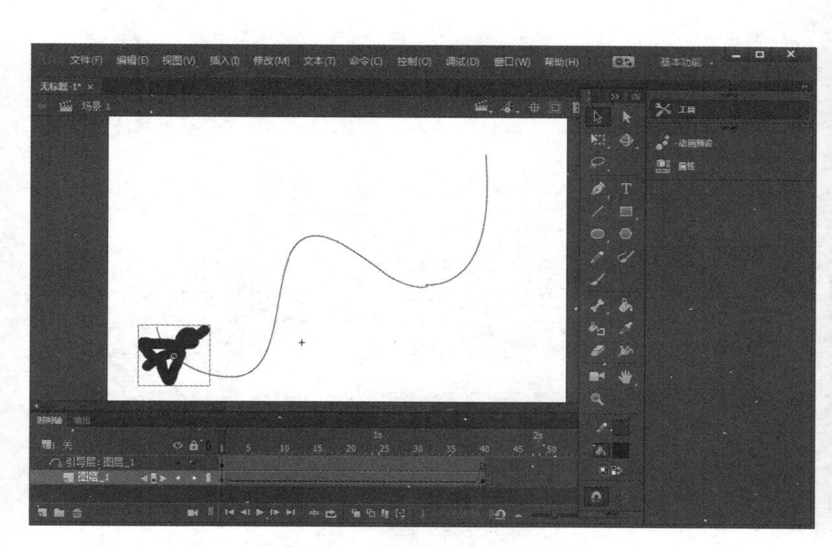

图 5-74　引导动画——小鸟飞翔

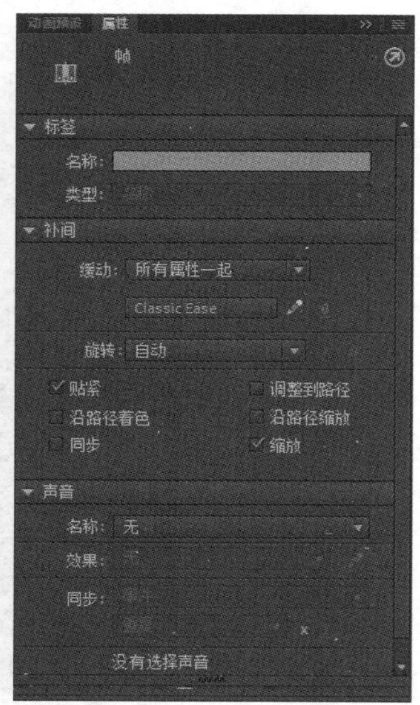

图 5-75　“属性”面板

如果在“属性”面板中选中“调整到路径”复选框，对象的基线就会调整到运动路径。相关属性说明如下。

➢ 贴紧：可以将动画对象吸附在引导路径上，与单击工具箱中的“贴紧至对象”按钮功能相同。

➢ 调整到路径：被引导对象可以沿着路径的曲度变化改变方向。
➢ 沿路径着色：被引导对象的颜色随路径的颜色变化而变化。
➢ 沿路径缩放：被引导对象的大小根据路径的笔触粗细变化进行相应的缩放。

2. 制作遮罩动画

很多优秀的动画作品，除了在色彩上给人以视觉震撼，还得益于其特殊的制作技巧。在 Animate CC 2018 中，使用遮罩层可以制作出绚丽多彩的动画效果。遮罩层是一个特殊的图层，能够透过该图层中的对象看到被遮罩层中的对象及其属性（包括它们的变形效果），但是遮罩层中对象的许多属性，如渐变色、透明度、颜色和线条样式等却是被忽略的。

在 Animate CC 2018 中没有专门的按钮来创建遮罩层，遮罩层其实是由普通图层转化而来的。只要在某个图层上右击，在弹出的快捷菜单中选择“遮罩层”，该图层就会变成遮罩层，层图标就会从普通层图标变为遮罩层图标，系统会自动把遮罩层下面的一层关联为被遮罩层。创建遮罩层后，Animate CC 2018 会自动锁定遮罩层和被遮罩层，如果需要编辑遮罩层，必须先解锁，再编辑。但是解锁后就不会显示遮罩效果，如果需要显示遮罩效果，必须再次锁定图层。

1）遮罩动画的制作

（1）新建一个 Animate 文件，设置舞台大小为 550 像素×400 像素，背景颜色为白色。

（2）执行“文件”|“导入”|“导入到舞台”命令，选择一张图片导入舞台，并对齐到舞台，如图 5-76 所示。

图 5-76　外部文件导入舞台

（3）在图层_1 的基础上新建一个图层_2，并在图层_2 上用工具箱工具绘制一个望远镜图形，如图 5-77 所示。

图 5-77　绘制望远镜图形

（4）将两个图层的帧延长至 60 帧。

（5）在图层_2 上的第 60 帧处插入关键帧，然后单击图层_2 中的任意一帧创建补间动画，如图 5-78 所示。

图 5-78　创建补间动画

（6）在图层_2 右击，在弹出的快捷菜单中选择“遮罩层”命令，这样就完成了遮罩动画，如图 5-79 所示。

（7）按 Shift+Enter 快捷键，可以观看测试影片的效果。

2）遮罩动画的修改

与引导层类似，遮罩层默认仅与一个被遮罩层相连，但可以将多个标准图层与遮罩层相关联，创建各种奇幻的效果。具体步骤如下。

（1）选中要与遮罩层建立连接的标准层。

（2）拖动层直到在遮罩层的下方出现一条用来表示该层位置的黑线，然后释放鼠标。此层现在已经与遮罩层连接。

图 5-79 遮罩动画——移动望远镜看风景

5.7 添加声音和视频

一个好的动画作品离不开声音，合适的音效会让作品增色不少。Animate CC 2018 提供了多种使用声音的途径，可以使声音独立于时间轴连续播放，也可使音轨中的声音与动画同步，或在动画播放过程中淡入或淡出。视频也是制作 Animate CC 2018 应用程序（如演示文档或课件）的重要组成部分。Animate CC 2018 可以将视频、数据、图形、声音和交互式控制融为一体，创建丰富多彩的多媒体应用程序。

5.7.1 声音的类型

Animate CC 2018 中使用的声音有两种：事件声音和流式声音。

1. 事件声音

事件声音由动画中发生的动作触发。例如，单击某个按钮，或者时间轴到达某个已设置声音的关键帧时，开始播放声音文件。事件声音在播放之前必须完全加载到客户端，下载之后，重复播放不用再次下载，可以作为循环的背景音乐。事件声音一旦开始播放，就会从开始一直播放到结束，而不管影片是否放慢速度，其他事件声音是否正在播放，甚至浏览者已进入作品的其他部分，它都会继续播放。事件声音无论长短都只能插入一个关键帧中。

2. 流式声音

流式声音是随着帧的播放而载入的，通常用于与动画中的可视元素同步。即使很长的流式声音，只下载很小一部分声音文件之后就可以播放。声音流只在它所在的帧中播放。没有到达该帧或过了该帧，就会停止播放。

5.7.2　为影片添加声音

在影片创建过程中，为影片添加声音可以使影片更加生动形象。

通常指定关键帧开始或停止声音的播放，以使声音与动画的播放同步，这是为影片添加声音最常见的操作。也可以将关键帧与舞台上的事件联系起来，这样就可以在完成动画时停止或播放声音。

（1）执行“文件”|“导入”|“导入到库”命令，将声音导入“库”面板中。

（2）执行“插入”|“时间轴”|“图层”命令，为声音创建一个图层。

声音图层可以存放一段或多段声音，也可以把声音放在任意多的图层上，每一层相当于一个独立的声道，在播放影片时，所有图层上的声音都将回放。添加声音效果时，最好为每一段声音创建一个独立的图层，这样可以防止声音在同一图层内相互叠加。

（3）在声音图层上创建一个关键帧，作为声音播放的开始帧。打开“属性”面板，在“名称”下拉列表框中选择一个声音文件，在“效果”下拉列表框中选择一种声音效果，然后在“同步”下拉列表框中选择“事件”选项，如图 5-80 所示。

（4）在“重复”文本框中输入数字，指定声音重复播放的次数。

（5）在声音图层上创建另一个关键帧，作为声音播放的结束帧。在“名称”下拉列表框中选择同一个声音文件，然后在“同步”下拉列表框中选择“停止”选项，如图 5-81 所示。

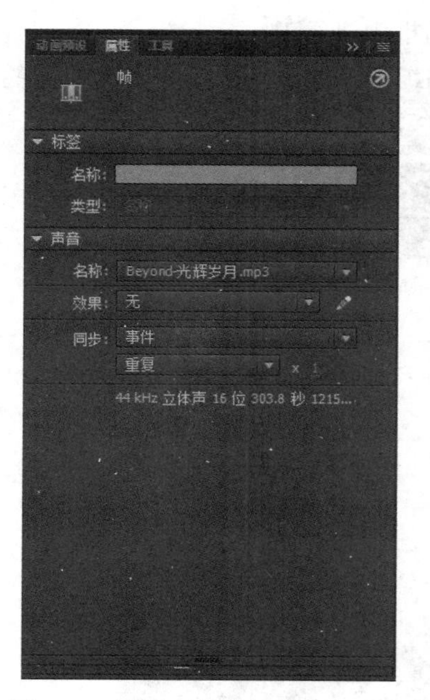

图 5-80　设置开始关键帧声音属性

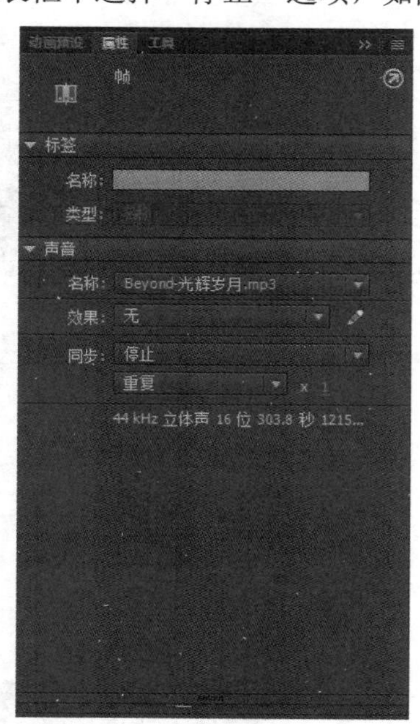

图 5-81　设置结束关键帧声音属性

至此，就会为一个影片作品添加声音，如图 5-82 所示。

图 5-82 为影片添加声音

5.7.3 声音的编辑

在实际的动画制作过程中，在将声音文件添加到动画中之前，常常需要编辑声音，以使其符合设计需要。例如，截取声音的一部分，或使声音播放时音量或声道随时变化等。Animate CC 2018 中对声音的编辑是在“编辑封套”对话框中进行的。

选中要编辑声音的关键帧，单击“属性”面板上“效果”下拉列表框右侧的“编辑声音封套”按钮，打开“编辑封套”对话框，如图 5-83 所示。

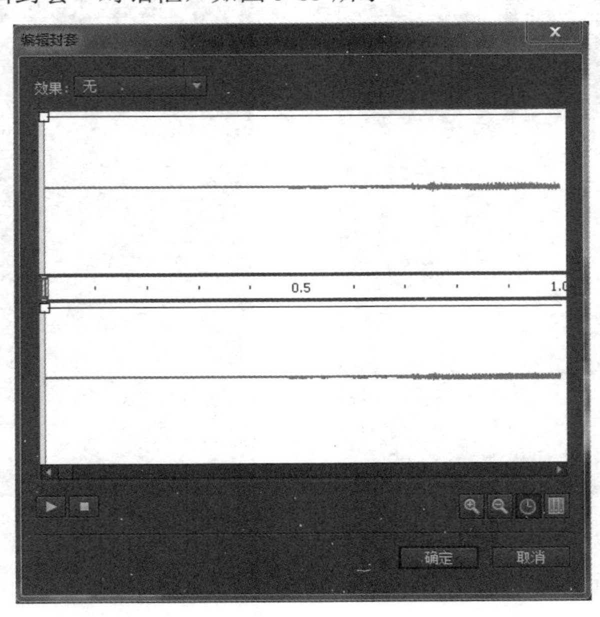

图 5-83 “编辑封套”对话框

其中各个按钮功能如下。

➢ (播放声音)：单击该按钮预听声音的设置效果。

➢ (停止声音)：单击该按钮停止正在播放的声音。

➢ (放大)和(缩小)：放大或缩小声音的幅度线。

➢ (秒)：将声音进度设置为以“秒”为单位的标尺。

➢ (帧)：将声音进度设置为以“帧”为单位的标尺。

1. 定义声音的起点和终点

在图5-83中可以看到两个波形图，它们分别是左声道和右声道的波形。在左声道和右声道波形之间有一条分隔线，长度与声音文件的长度一致。分隔线左右两侧各有一个控制手柄，它们分别是声音的“开始时间”控件和“停止时间”控件，拖动它们可以改变声音的起点和终点。

2. 设置声音效果

“编辑封套”对话框中的声道波形上方有一条直线，用于调节声音的幅度，称为幅度线。在幅度线上有两个声音幅度调节手柄，拖动调节点可以调整幅度线的形状，从而调节某一段声音的幅度。

5.7.4 添加视频

Animate CC 2018具有强大的视频支持功能，利用“导入视频”向导，可以轻松地部署视频内容，以供嵌入、渐进下载和流视频传输。可以导入存储在本地计算机上的视频，也可以导入已部署到Web服务器、FlashVideo Streaming Server或Flash Media Server上的视频。此外，还可以直接在Animate CC 2018舞台中播放视频，且视频支持透明度，这意味着可以更容易地通过图片资源校准视频。

在Animate CC 2018中导入视频后，可以嵌入一个视频片段作为动画的一部分，此时所选视频文件将成为动画文档的元件。在Animate CC 2018中导入视频就像导入位图或矢量图一样方便。在动画中可以设置视频窗口大小、像素值等。在某些时候，Animate CC 2018可能只能导入视频而无法同时导入音频。因此，重要的音频应发布或输出成流式音频，其参数可借助“发布设置”对话框进行设置。

添加视频的具体操作步骤如下。

(1) 执行“文件”|“导入”|“导入视频”命令，弹出“导入视频”向导，如图5-84所示。可以根据具体情况，选择在本地计算机上或服务器上导入视频文件。

(2) 单击“浏览”按钮，在弹出的对话框中选择需要的视频文件。

(3) 如果视频无须转换，则设置部署视频文件的方式，如图5-85所示。选中一种需要的导入方式后，“导入视频”对话框底部会显示该方式的简要说明或警告信息，以供参考。

其中两种常用的导入方式说明如下。

➢ 使用播放组件加载外部视频：导入视频并创建FLVPlayback组件的实例，以控制视频回放。

➢ 在 SWF 中嵌入 FLV 并在时间轴中播放：将 FLV 嵌入 Animate CC 2018 文档中。

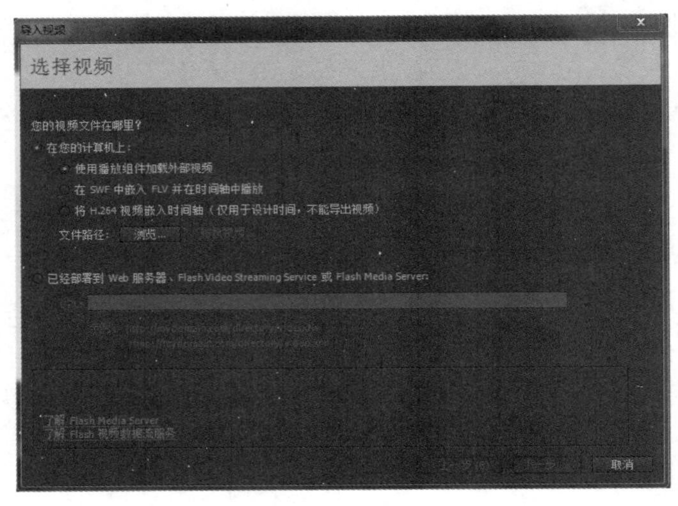

图 5-84 “导入视频”向导

图 5-85 设置视频部署方式

（4）如果选择“使用播放组件加载外部视频”方式，单击“下一步”按钮，进入如图 5-86 所示的“设定外观”界面。可以在“外观”下拉列表框中选择一种视频的外观，并设置播放条的颜色。

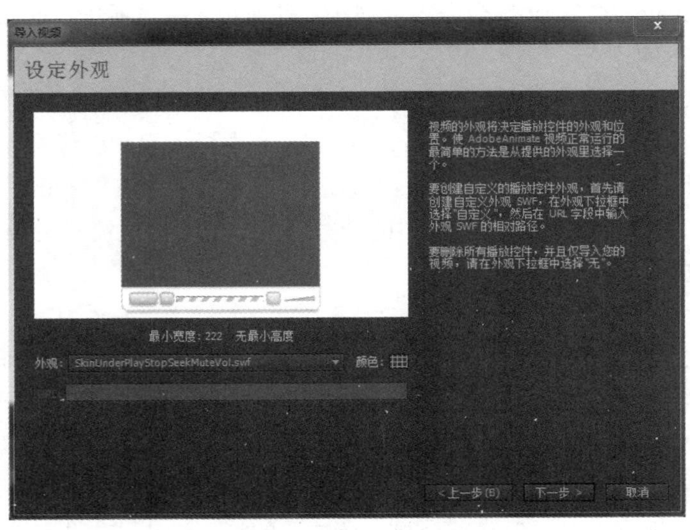

图 5-86 视频播放组件外观

（5）如果要创建自己的播放控件外观，在“外观”下拉列表框中选择“自定义外观 URL”，并在 URL 文本框中输入外观的 URL 地址。单击后面的颜色图标，可以设置播放控制栏的颜色。

如果希望仅导入视频文件，而不要播放控件，可以在“外观”下拉列表框中选择“无”。

（6）单击“下一步”按钮完成视频的导入。在对话框中单击“完成”按钮，弹出“另存为”对话框。在该对话框中将视频剪辑保存到与原视频文件相同的文件夹中，然后单击“保存”按钮，即可开始对视频进行编码。

（7）保存文档后，按 Ctrl+Enter 快捷键，即可播放视频。

5.8 交互动画制作基础

交互动画是指在作品播放过程中支持事件响应和交互功能的一种动画，也就是说，动画播放时能够受到某种控制，而不是像普通动画一样从头到尾进行播放。这种控制可以是动画播放者的操作，如触发某个事件，也可以是在动画制作时预先设置的事件。

5.8.1 制作交互动画的三要素

Animate CC 2018 中制作交互动画有三要素。

- 触发动作的事件。
- 事件所触发的动作。
- 事件所触发动作的目标或对象，也就是执行动作或事件所影响的主体。

用 Animate CC 2018 创建交互动画，需要使用 ActionScript 语言（AS 语言）。该语言包含一组简单的指令，用以定义事件、目标和动作等操作。理论上来说，所有在帧上显示的动画都可以通过 AS 语言进行控制，包括导入 MovieClip 实例或其他 SWF 文件，导入和控制音频/视频、动画播放，以及实现实例在舞台上的变形、打包封装数据等。后期的 Animate 制作多数是采用 AS 语言编程的方式，因为 AS 编程的语言脚本可重复使用。Animate 的真正魅力就是脚本编程。

ActionScript 是 Animate 中提供的一种动作脚本语言，能够面向对象进行编程，具备强大的交互功能。通过 Actions（动作）中相应语句的调用，能使 Animate 实现许多特殊的功能，如制作交互动画等。

1. 触发动作的事件

在 Animate CC 2018 动画中添加交互时，有 3 种方式触发事件：一种是鼠标事件，它是基于动作的，即通过鼠标动作开始一个事件；一种是键盘事件，也是基于动作的，通过键盘按键动作开始一个事件；还有一种是帧事件，它是基于时间的，即到达一定的时间时自动激发事件。

1）鼠标事件

当操作影片中的一个按钮时，发生鼠标事件。在 ActionScript 3.0 中，统一使用 MouseEvent 类来管理鼠标事件。在使用过程中，无论是按钮还是影片事件，统一使用 addEventListener 注册鼠标事件。此外，要在类中定义鼠标事件，需要先引入（import）flash.events.MouseEvent 类。

MouseEvent 类定义了如下 10 种常见的鼠标事件。

- CLICK：定义鼠标单击事件。
- DOUBLE_CLICK：定义鼠标双击事件。
- MOUSE_DOWN：定义鼠标按下事件。
- MOUSE_MOVE：定义鼠标移动事件。
- MOUSE_OUT：定义鼠标移出事件。
- MOUSE_OVER：定义鼠标移过事件。
- MOUSE_UP：定义鼠标按键弹起事件。
- MOUSE_WHEEL：定义鼠标滚轴滚动触发事件。
- ROLL_OUT：定义鼠标滑出事件。
- ROLL_OVER：定义鼠标滑入事件。

2）键盘事件

键盘操作也是 Animate CC 2018 交互操作的重要事件。当按下键盘上的字母键、数字键、标点键、符号键、箭头键、退格键、插入键、Home 键、End 键、PageUp 键、PageDown 键时，键盘事件发生。键盘事件区分大小写，也就是说，D 不等同于 d。因此，如果按 D 键来触发一个动作，那么按 d 键则不能。键盘事件通常与按钮实例或影片剪辑实例相联，如按键盘上的方向键控制游戏中人物的移动。虽然键盘事件不要求按钮或影片剪辑可见或存在于舞台上，但是它们必须存在于一个场景中才能使键盘事件起作用。另外，在使用键盘事件时，要先获得焦点，如果不想指定焦点，可以直接把 stage 作为侦听的目标。

在 ActionScript 3.0 中使用 KeyboardEvent 类处理键盘操作事件。它有如下两种类型的键盘事件。

- KeyboardEvent.KEY_DOWN：定义按下键盘时事件。
- KeyboardEvent.KEY_UP：定义松开键盘时事件。

3）帧事件

与鼠标和键盘事件类似，时间线触发帧事件。因为帧事件与帧相连，并总是触发某个动作，所以也称帧动作。

帧事件是 ActionScript 3.0 中动画编程的核心事件，该事件能够控制代码跟随 Animate CC 2018 的帧频播放，在每次刷新屏幕时改变显示对象。帧事件总是设置在关键帧上，可用于在某个时间点触发一个特定动作。例如，stop 动作停止影片放映，而 goto 动作则使影片跳转到时间线上的另一帧或场景。

使用帧事件时，需要把事件代码写入事件侦听函数中，然后在每次刷新屏幕时，都会调用 Event.ENTER_FRAME 事件，从而实现动画效果。

2. 事件所触发的动作

动作是使用 ActionScript 编写的命令集，用于引导影片或外部应用程序执行任务。一个事件可以触发多个动作，且多个动作可以在不同的目标上同时执行。动作可以相互独立地运行，如指示影片停止播放；也可以在一个动作内使用另一个动作，如先按下鼠标，再执行拖动动作，从而将动作嵌套起来，使动作之间可以相互影响。

若要在 Animate CC 2018 中使用动作，并不需要精通编程。Animate CC 2018 提供了一个简单、直观的动作脚本编写界面，叫作“动作”面板，如图 5-87 所示。通过这个面板可以访问整个 ActionScript 命令库，快速生成或编写代码。

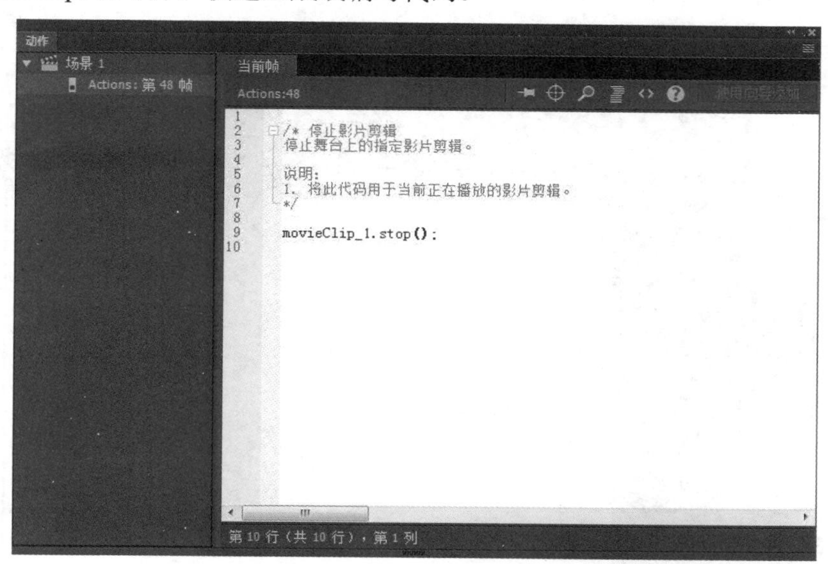

图 5-87　“动作”面板

3. 事件所触发动作的目标或对象

Animate CC 2018 中事件控制 3 个主要目标或对象：当前影片及其时间轴（相对目标）、其他影片及其时间轴（传达目标）和外部应用程序（外部目标）。

1）当前影片

当前影片是一个相对目标，也就是说它包含触发某个动作的按钮或帧。将某个事件分配给一个影片剪辑，而该事件影响包含此影片剪辑的影片或时间线，那么目标便是当前影片。例如，当前影片剪辑 clip_1 的 Click 事件将使影片跳转到名为 Tiaowu 的场景并开始播放。

2）其他影片

如果将某个事件分配给某个按钮或影片剪辑，而事件影响的影片并不包含该按钮或影片剪辑本身，那么目标便是一个传达目标。也就是说，传达目标是由另一个影片中的事件控制的影片。例如，当前按钮 button_1 的 Click 事件使得另一影片（即影片剪辑实例 MyMovieClip）的时间线停止放映动作。

3）外部应用程序

外部目标位于影片区域之外，如对于 navigateToURL 动作，需要一个 Web 浏览器才能打开指定的 URL。引用外部源需要外部应用程序的帮助。这些动作的目标可以是 Web 浏览器、Flash 程序、Web 服务器或其他应用程序。例如，ActionScript 打开默认浏览器目标，并在实例 btn_1 的 Click 事件触发时加载指定的 URL 动作。

4. 使用和添加动作

在 Animate CC 2018 中，动作脚本的编写都是在“动作”面板的编辑环境中进行的，熟

悉“动作”面板是十分必要的。在 Animate CC 2018 中，可以通过“动作”面板创建、编辑脚本。执行“窗口”|“动作”命令即可打开“动作”面板，如图 5-88 所示。需要特别注意的是，ActionScript 3.0 只能在帧或外部文件中编写脚本。添加脚本时，应尽可能将 ActionScript 放在一个位置，以便更高效地调试代码、编辑项目。如果将代码放在 FLA 文件中，在添加脚本时，Animate CC 2018 将自动添加一个名为 Actions 的图层。

图 5-88 “动作”面板

在 Animate CC 2018 中，可以直接在“动作”面板右侧的脚本窗格中编辑动作脚本，这与文本编辑器中创建脚本十分相似。具体步骤如下。

（1）选中时间轴上要添加动作脚本的关键帧或空白关键帧并右击。

（2）在快捷菜单中选择“动作”命令，打开 “动作”面板。

（3）在脚本窗格中输入动作脚本。

如果要为舞台上的实例指定动作，还应选中实例，在“属性”面板上指定实例的名称。如果给时间轴关键帧添加了动作，那么该关键帧上会显示字母 a。通过“动作”面板还可以查找和替换文本、查看脚本的行号、检查语法错误、自动设定代码格式并用代码提示完成语法。

5. 使用“代码片断”面板

在 Animate CC 2018 中借助“代码片断”面板，非编程人员也能轻松地将 ActionScript 3.0 代码添加到 FLA 文件以启用常用功能。可以说“代码片断”面板是 ActionScript 3.0 入门的一种好途径。具体操作步骤如下。

（1）选择舞台上的对象或时间轴中的帧。

（2）执行“窗口”|“代码片断”命令，或单击“动作”面板右上角的“代码片断”按钮，打开“代码片断”面板，如图 5-89 所示。

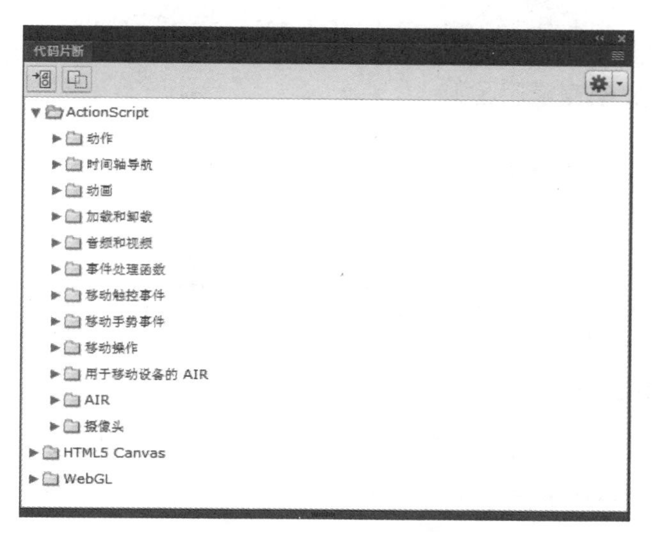

图 5-89　“代码片断”面板

（3）双击要应用的代码片断，即可将相应的代码添加到“动作”面板的脚本窗格之中，如图 5-90 所示。

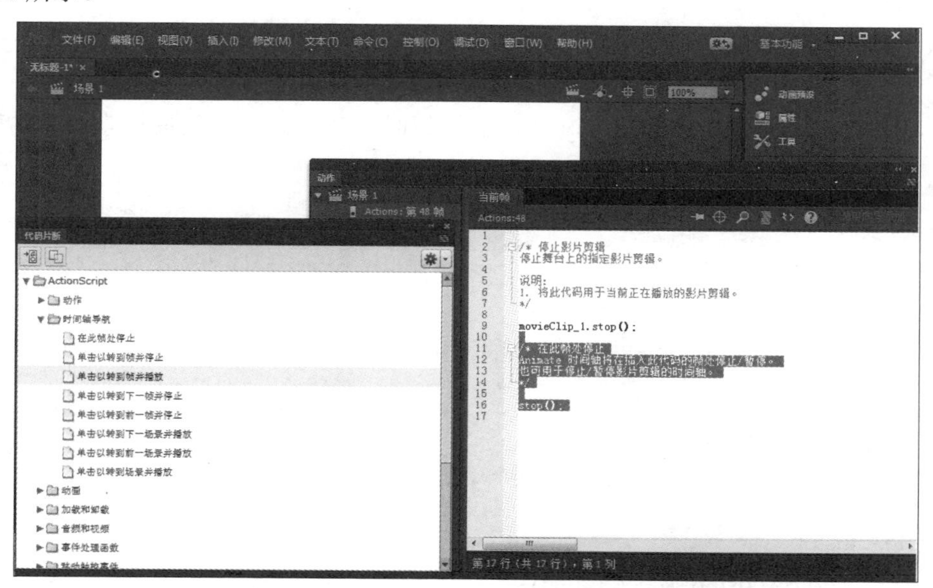

图 5-90　利用“代码片断”面板添加代码

（4）在“动作”面板中，查看新添加的代码并根据片断开头的说明替换任何必要的项。

如果选择的对象不是元件实例，则在应用代码片断时，Animate CC 2018 会将该对象转换为影片剪辑元件。如果选择的对象还没有实例名称，Animate CC 2018 在应用代码片断时会自动为对象添加一个实例名称。

每个代码片断都有描述片断功能的工具提示，通过学习代码片断中的代码并遵循片断说明，用户可以轻松了解代码结构和词汇。在应用代码片断时，代码将添加到时间轴中的 Actions 层的当前帧。如果尚未创建 Actions 层，Animate CC 2018 将在时间轴的顶层创建一个名为 Actions 的图层。

5.8.2 ActionScript 语言常用函数

ActionScript 3.0 的代码编写有以下两种选择。

1. 使用绑定方法

先写在单独的 AS 类文件中，再与 Animate CC 2018 中的库元件进行绑定，或直接与 Animate CC 2018 文件绑定。

2. 直接在关键帧上编写代码

“时间轴控制”类别下包括 9 个简单函数，利用这些函数可以定义动画的一些简单交互控制。下面讲解这些函数的用法。

1）gotoAndPlay

一般形式：gotoAndPlay(scene,frame);。

作用：跳转并播放。跳转到指定场景的指定帧，并从该帧开始播放，如果没有指定场景，则将跳转到当前场景的指定帧。

参数：scene，跳转至场景的名称；frame，跳转至帧的名称或帧数。

有了这个函数，可以随心所欲地播放不同场景、不同帧的动画。

例：当单击被附加了 gotoAndPlay 动作的按钮时，动画跳转到当前场景第 10 帧并开始播放。

```
on (release) {
    gotoAndPlay (10);
}
```

例：当单击被附加了 gotoAndPlay 动作的按钮时，动画跳转到场景 5 第 1 帧并开始播放。

```
on (release) {
    gotoAndPlay ("场景 5", 1);
}
```

2）gotoAndstop

一般形式：gotoAndstop (scene,frame);。

作用：跳转并停止播放。跳转到指定场景的指定帧并从该帧停止播放，如果没有指定场景，则将跳转到当前场景的指定帧。

参数：scene，跳转至场景的名称；frame，跳转至帧的名称或帧数。

3）nextFrame()

作用：跳至下一帧并停止播放。

例：单击按钮，跳到下一帧并停止播放。

```
on (release) {
    nextFrame();
}
```

4）prevframe()

作用：跳至前一帧并停止播放。

例：单击按钮，跳到前一帧并停止播放。

```
on (release) {
    prevFrame(); }
```

5）nextScene()

作用：跳至下一个场景并停止播放。

6）PrevScene()

作用：跳至前一个场景并停止播放。

7）play()

作用：指定影片继续播放。

在播放影片时，除非另外指定，否则从第 1 帧播放。如果影片播放进程被 GoTo（跳转）Stop（停止）语句停止，则必须使用 play 语句才能重新播放。

8）Stop()

作用：停止当前播放的影片，该动作最常见的应用是使用按钮控制影片剪辑。

例如，如果需要某个影片剪辑在播放完毕后停止而不是循环播放，则可以在影片剪辑的最后一帧附加 Stop（停止播放影片）动作。这样，当影片剪辑中的动画播放到最后一帧时，播放将立即停止。

9）StopAllSounds()

作用：使当前播放的所有声音停止播放，但是不停止动画的播放。要说明一点，被设置的流式声音将会继续播放。

例：当按钮被单击时，影片中的所有声音停止播放。

```
On (release) {
    StopAllSounds ();
}
```

5.9　组件的使用

Animate CC 2018 提供了一种简单的工具——组件，使用户在动画创作中可以重复使用复杂的元素，而不需要编写 ActionScript。通过设置组件参数可以修改组件的外观和行为，方便而快速地构建具有一致的外观和行为的功能强大的应用程序。

组件是带有参数的影片剪辑，本质上是一个容器，包含很多资源，这些资源共同工作以提供更强大的交互能力和动画效果。每个组件都有预定义参数，还有一组独特的动作脚本方法、属性和事件（API），使用户可以在运行时设置参数和其他选项。

Animate CC 2018 中包含的组件共分为两类：用户界面（UI）组件和视频（Video）组件。

5.9.1 用户界面组件及使用

1. 用户界面组件

在 Animate CC 2018 中，用户界面组件可以单独使用，为影片添加简单的交互动作。也可以组合使用，为 Web 表单或应用程序创建一个完整的用户界面。

Animate CC 2018 中的用户界面组件如图 5-91 所示，执行“窗口”|“组件”命令即可打开“组件”面板。里面的各个对象功能如下。

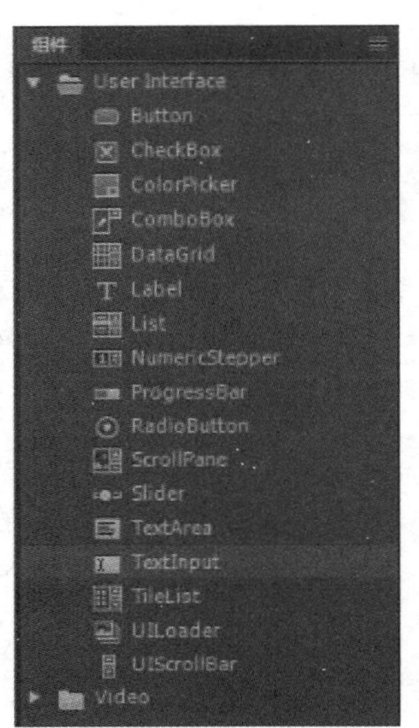

图 5-91 用户界面组件

- Button：用于响应键盘空格键或者鼠标的动作。
- CheckBox：显示一个复选框。
- ColorPicker：显示一个颜色拾取框。
- ComboBox：显示一个下拉选项列表。
- DataGrid：数据网格，用于在行和列构成的网格中显示数据。
- Label：显示对象的名称、属性等。
- List：显示一个滚动选项列表。
- NumericStepper：显示一个可以逐步递增或递减数字的列表。
- ProgressBar：等待加载内容时显示加载进程。
- RadioButton：表示在一组互斥选择中的单项选择。
- ScrollPane：提供用于查看影片剪辑的可滚动窗格。
- Slider：显示一个滑动条，通过滑动与值范围相对应的轨道端点之间的滑块选择值。
- TextArea：显示一个带有边框和可选滚动条的文本输入区域，通常用于输入多行文本。
- TextInput：显示单行输入文本。
- TileList：提供呈行和列分布的网格，通常用来以“平铺”格式设置并显示图像。
- UILoader：一个能够显示 SWF 或 JPEG 文件的容器。
- UIScrollBar：一个显示有滚动条的文本字段容器。

2. 使用用户界面组件

在舞台添加组件的方法与添加元件实例的方法类似。

（1）执行“窗口”|“组件”命令，打开“组件”面板。

（2）单击需要的组件图标，按下鼠标左键拖放到舞台上；或者直接双击选中的组件，将组件添加到舞台上，如图 5-92 所示。

（3）使用“任意变形工具”可以调整组件尺寸；使用“选择工具”可以调整组件位置。

在舞台上添加组件之后，在“库”面板中可以看到显示为编译剪辑元件（SWC）的组件及其相关资源列表。通过将组件从“库”面板中拖到舞台上，可以添加该组件的多个实例。

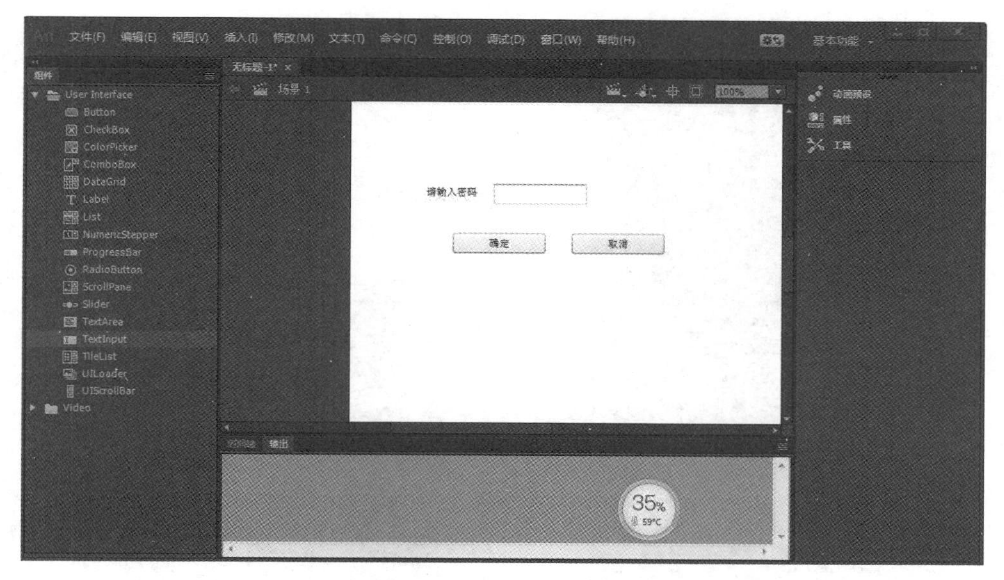

图 5-92　使用用户界面组件

5.9.2　视频组件

视频组件用于定制视频播放器外观和播放控件。Animate CC 2018 中的视频组件如图 5-93 所示。

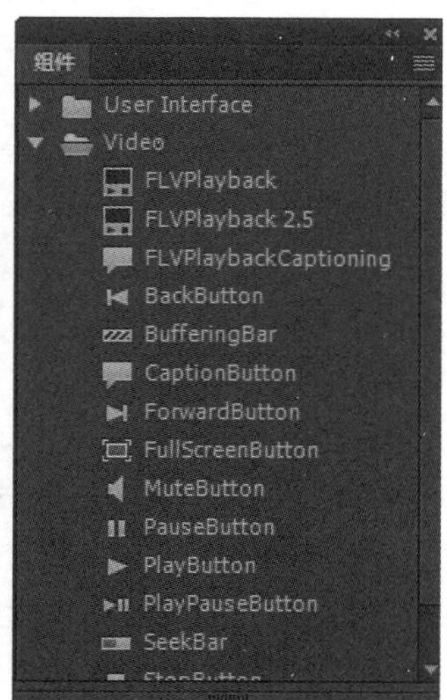

图 5-93　视频组件

5.9.3　组件参数设置

在使用组件时，不必关心这些动作脚本的具体内容，只需要了解组件的功能，设置参数进行初始化即可。组件通常由开发者设计外观，并编写了大量复杂的动作脚本定义组件的功能与参数。可以说，组件的使用提高了影片剪辑的通用性。

在 Animate CC 2018 中可以轻松地修改组件的外观和功能。

（1）选中舞台上的组件实例，执行“窗口”|“属性”命令，打开对应的“属性”面板。

（2）在“属性”面板上指定实例名称。根据需要还可以指定色彩效果等属性，如图 5-94 所示。

（3）单击组件“属性”面板中的“显示参数”按钮，或执行“窗口”|“组件参数”命令打开“组件参数”面板，修改组件参数的值。如图 5-95 所示，将按钮组件标签（label）改为“确定”，按钮上就会显示“确定”字样。

这些可以指定的参数用于自定义组件的属性。可以对组件的每一个实例指定不同的参数值，根据参数值的不同，组件的实例性质也不同。

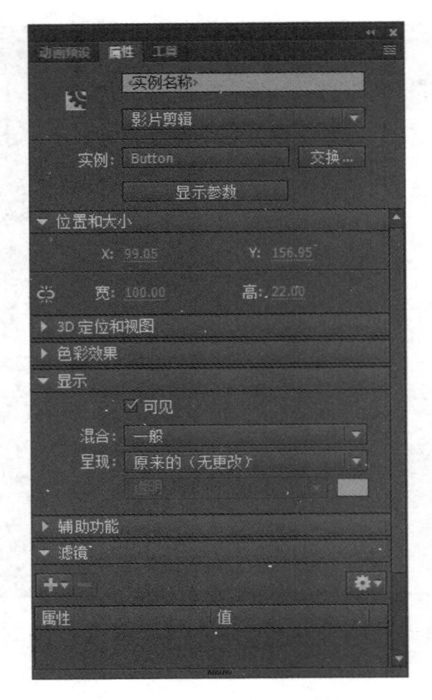

图 5-94 “属性”面板

图 5-95 “组件参数”面板

5.10 Animate 动画的测试和导出

当制作完一个完整的动画后，如果想让其他人观看，则可以将动画作为作品发布出来，或者将动画作为其他格式的文件导出、打包，供其他应用程序使用。一般情况下，在发布和导出之前，必须对动画进行测试和优化。通过测试，确定动画是否达到预期的效果，并检查动画中出现的明显错误。通过模拟不同的网络带宽对动画的加载和播放情况进行检测，确保动画的最终质量，从而优化动画以减小文件的大小，加快动画的下载速度。

可以在两种环境下测试影片，一种为影片编辑环境，另一种为影片测试环境。下面就针对两种测试环境的特点，分别进行介绍。

在影片编辑环境下，按 Enter 键可以对影片进行简单的测试，但影片中的影片剪辑元件、按钮元件以及脚本语言，也就是影片的交互式效果均不能得到测试。而且在影片编辑模式下测试影片，得到的动画速度比输出或优化后的影片慢，所以影片编辑环境不是首选的测试环境。

5.10.1 测试影片

要测试一个动画的全部内容，执行“控制”|“测试影片”|“在 Animate 中”命令。Animate 将自动导出当前影片中的所有场景，然后将文件在新窗口中打开，如图 5-96 所示。

图 5-96　测试影片

5.10.2　测试场景

要测试一个场景的全部内容，执行“控制”|“测试场景”命令。Animate 仅导出当前影片中的当前场景，然后将文件在新窗口中打开，且在文件选项卡中标示出当前测试的场景。

执行测试影片与测试场景命令均会自动生成 SWF 文件，且自动将其置于当前影片所在的文件夹中，而它的导出设置则以 Animate“发布设置”对话框中的默认设置为基础，要改变这些设置，执行“文件”|“发布设置”命令，在“发布设置”对话框中进行必要的调整。如果对当前的测试结果满意，就可以将作品发表了。

5.10.3　导出动画

执行“文件”|“导出”|“导出图像”/“导出影片”命令可以导出图形或动画。“导出”命令用于将动画中的内容以指定的各种格式导出，如图 5-97 所示。与“发布”命令不同的是，使用“导出”命令一次只能导出一种指定格式的文件。

导出 Animate 作品的主要作用是产生单独格式的 Animate 作品，以便于观赏者观看。将动画优化并测试完下载性能后，就可以通过导出影片或图像命令将动画导出到其他应用程序中。

“导出”命令中的几个子命令说明如下。

- 导出影片：可将当前动画中所有内容以支持的文件格式输出。
- 导出图像和导出动画 GIF：可将当前帧中的内容或选中的一帧以静态图形文件的格式输出。将一个图形导出为 GIF、JPEG 或 PNG 格式的文件时，图形将丢失其中有关矢量的信息，仅以像素信息的格式保存。

➢ 导出视频：可以将动画导出为MOV视频文件。

图 5-97 导出 Animate 动画

网页制作基础

学习目标

- 掌握 Dreamweaver CC 2018 的工作界面及基本工具的使用
- 掌握在 Dreamweaver CC 2018 中处理文本、图像，创建超级链接的方法
- 掌握在 Dreamweaver CC 2018 中使用 CSS 美化页面的方法
- 熟悉在 Dreamweaver CC 2018 中应用多媒体的方法

重点难点

- 在 Dreamweaver CC 2018 中处理各类素材的方法及技巧
- 使用 CSS 美化网页的方法及技巧

网页是存放在网络服务器上供客户端用户浏览的文件，可以在网络上传输。网页是按照网页文档规范编写的一个或多个文件，这种格式的文件由超文本标记语言创建，能将文字、图片、声音等各种多媒体文件组合在一起，这些文件被保存在特定计算机的特定目录中。几乎所有的网页都包含链接，可以方便地跳转到其他相关网页或相关网站。本章以 Dreamweaver CC 2018 为平台介绍网页设计与制作技术。

6.1 网页与网站概述

1. WWW

WWW 是 World Wide Web 的缩写，即全球网络信息查询系统，或直译成万维网、全球网，它是一种以网页为基本单位构筑的网状结构。其目的是把遍布在 Internet 上数以万计的网页链接起来，形成一个庞大的资源信息网。

WWW 将 Internet 上的所有资源（包括文字、图片、声音、视频等）采用统一资源定位方式连接起来，而在客户端，访问者只需在浏览器中输入网页的 URL，便可轻松地访问 Internet 上的所有资源。构成 WWW 的基本元素就是网页。

2. 网页的定义

从组成的角度来说，网页是由文字、图片、动画、声音、超级链接等组成的用浏览器显示的页面；从语言的角度定义，网页是指一个用 HTML（超文本标记语言）编写的文件。网页通常以.htm 或.html 作为文件的扩展名。

网页是 WWW 上的基本文档，是用 HTML 描述的，包括文本、图像、表格等内容（这些称为网页的元素）。这些内容必须通过浏览器来显示。

对网页文档的说明如下。

- 网页是含有 HTML 标记的基本文档。
- 网页文档的格式是.htm 或.html。
- 网页文档是文本文档，可以用任何可以对文本进行编辑的软件编辑。

3. 网页的分类

1）按所处位置分类

按网页在网站中所处的位置可将网页分为主页和子页。

2）按表现形式分类

按网页的表现形式可将网页分为静态网页和动态网页。

4. 超级文本

超级文本（Hyper Text）是一种带有 HTML 标记的文本（实际上指的就是网页）。WWW 是基于超级文本的信息查询工具。

> 提示：超级文本是一种更复杂、更高级的文本显示方式，通过对有关词汇进行索引链接，使得这些带链接的词汇指向文本中其他的有关段落或文本。这是超级文本的重要特性——链接。

5. 超级链接

超级链接是网页中最常用的元素之一，网页就是通过无数个超级链接组成一个网站的。超级链接可以链接到网站内部页面、对象，也可以链接到其他网站，大大方便了在各个页面对象之间实现跳转。

6. IP 地址

IP 地址用来标识连接到 Internet 上的计算机，每一个 IP 地址对应一台计算机，这与用电话号码标识电话网络中的电话类似。

计算机识别的 IP 地址由 32 位二进制数值组成，在计算机上以十进制数值来显示，一组数值分为 4 部分，每一部分均不能大于 255，中间用“.”分隔，如 61.139.2.69。

7. 域名

域名就是常说的网址，如百度的网址就是一个域名，域名由汉语拼音或英文字符加上数字表示。在访问网络时，域名将通过域名服务器转换成 IP 地址，这种转换是在后台完成的。

8. 浏览器

浏览器是指安装在客户端，用来查看 WWW 中的超级文本的一种工具。每一个 WWW 的用户只有在自己的计算机上安装浏览器，才能阅读网页中的信息，这也是使用 WWW 的最基本条件。

9. 统一资源定位器

统一资源定位器（uniform resource locator，URL）主要用来指定协议（如 HTTP 或 FTP）以及对象、文档、万维网网页或其他目标在 Internet 的位置和存取方式。URL 由以下 4 部分组成。

- 通信协议。
- 主机名。
- 网页路径。
- 网页名称。

10. 网站（站点）

简单地说，网站就是一些链接在一起的网页的集合。网站是 WWW 中最基本的组成部分，也就是说在万维网中有许许多多的网站，这些网站可能是政府的，可能是企业的，也可能是个人的，涉及的面非常广泛，只要需要，无论机构还是个人都可以建立自己的网站。

6.2　网页设计与制作基础

6.2.1　关于 HTML

HTML（hyper text markup language，超文本标记语言）是一种用来制作超文本文档的简单标记语言，是 WWW 上描述网页内容和外观的标准。

HTML 是一种标记语言，由一些标记、属性及属性值组成，对网页的行为做出说明，允许 Web 浏览器解释它们，以便于理解。

HTML 使用标记来标识，每个标记一般包含一对开始和结束标记，在标记中有属性和值。标记描述了网页上的元素，如文本段落、表格、图像等。

标记的格式如下。

```
<标记 属性 1= "值 1"  ... >内容</标记>
```

标记内的内容称为元素，元素代表了标记的意义。

关于编写 HTML 文档的说明如下。

（1）HTML 标记包含在< >中，以区别于在页面上显示的文本。

（2）大多数 HTML 标记都成对出现，只有极少数单独出现，如
、<img>、<hr>等标记。

（3）HTML 标记不区分大小写。

（4）HTML 文档的扩展名为.htm，也可以为.html。

（5）HTML 文档是一个纯文本文档，可以使用任何文本编辑器来编辑，如记事本。

（6）因为浏览器的差异，一些扩充的 HTML 标记在不同的浏览器上可能显示的结果并不相同。

6.2.2 HTML 文档结构标记

1. 标准的 HTML 文档结构

标准的 HTML 文档结构如下。

```
<html>
    <head>
        <title>标题内容</title>
    </head>
    <body>
        主要内容在这里！
    </body>
</html>
```

2. HTML 标记

HTML 标记的格式如下。

```
<html>
    ...
</html>
```

标记说明：HTML 标记用于表示一个页面的开始和结束（<html>表示开始，</html>表示结束）。

3. HEAD 标记

HEAD 标记的格式如下。

```
<head>
    ...
</head>
```

标记说明：HEAD 标记是页面的第二层标记，用于包含页面的标题信息。

提示：HEAD 标记必须在 BODY 标记开始之前结束，即</head>必须放在<body>之前。

4. TITLE 标记

TITLE 标记的格式如下。

```
<title>
    页面的标题
</title>
```

标记说明：TITLE 标记提供了页面的标题名称，这对标记之间的文本作为页面的标题。

提示：TITLE 标记放在 HEAD 标记之间。

5. BODY 标记

BODY 标记的格式如下。

```
<body>
    页面的内容
</body>
```

标记说明：BODY 标记标志着页面内容的开始和结束，页面中所有其他的 HTML 标记都在这对标记之间。

6. 注释标记

注释标记的格式如下。

```
<!--...-->
```

标记说明：<!--...-->标记是注释标记，在这个标记之内的文本都不会在浏览器窗口中显示出来。

6.2.3 网页制作的常用工具

网页制作的常用工具包括以下 3 种。

（1）网页设计软件：如 Dreamweaver。

（2）图像处理软件：如 Photoshop。

（3）动画制作软件：如 Flash。

6.3 认识 Dreamweaver CC 2018

6.3.1 安装 Dreamweaver CC 2018

在开发网站之前，首先要安装网页设计工具，本章以 Dreamweaver CC 2018 为例进行介绍。Dreamweaver CC 2018 的安装文件可以直接到网站上下载，下载后双击安装文件，进行一些设置后就可以自动完成安装，一般采用默认设置即可。

安装好以后，在“开始”菜单中就可以找到 Dreamweaver CC 2018，双击即可运行。Dreamweaver CC 2018 的工作界面如图 6-1 所示。

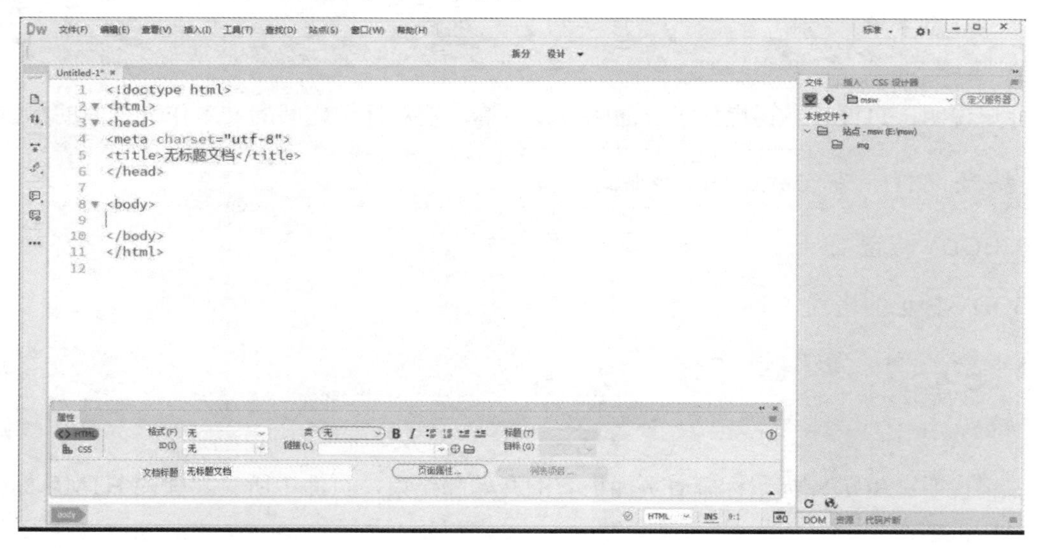

图 6-1　Dreamweaver CC 2018 工作界面

6.3.2 认识 Dreamweaver CC 2018 工作界面

Dreamweaver CC 2018 有非常友好的工作界面，界面中有菜单栏、工具栏、浮动面板组以及属性面板，借助这些工具可以制作出各种各样的网页。

1. 菜单栏

Dreamweaver CC 2018 中主要菜单的功能介绍如下。

➢ 文件：在“文件”菜单中可以新建、打开、保存网页文件，还可以把现有网页另存为模板，设置网页属性等。

➢ 编辑：在“编辑”菜单中可以进行剪切、复制、粘贴操作，还可以对链接、表格、图像、文本、段落、列表等对象进行设置。

- 查看：在“查看”菜单中可以通过切换“代码”“设计”“拆分”等视图方式来查看当前网页。
- 插入：“插入”菜单是最常用的菜单，实现网页中各种元素的插入，如图 6-2 所示。
- 工具：在“工具”菜单中可以应用库、模板和 CSS 等。
- 查找：在“查找”菜单中以不同方式来实现查找和替换功能。
- 站点：在“站点”菜单中实现新建和管理站点。
- 窗口：“窗口”菜单也是常用的菜单，如图 6-3 所示。在“窗口”菜单中可以实现右侧浮动面板的显示与隐藏。

在常用菜单栏的右侧可以切换“标准”界面和“开发人员”界面。图 6-1 所示为“标准”界面，“开发人员”界面中的站点管理面板在左侧。

图 6-2 “插入”菜单

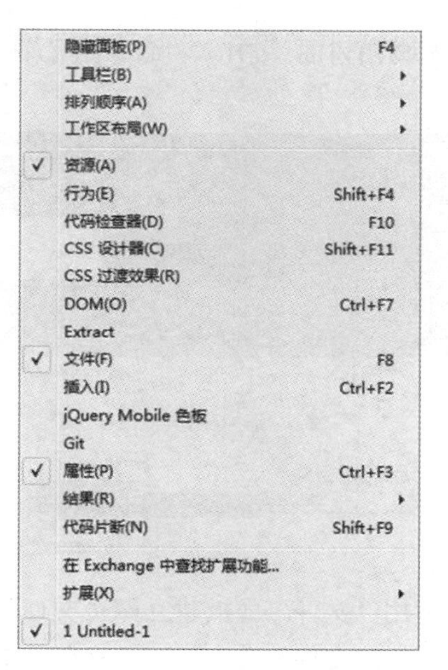

图 6-3 “窗口”菜单

2. 工具栏

位于界面左侧的是工具栏，工具栏中有打开文档、文件管理、格式化源代码、应用注释和删除注释等常用工具。单击工具栏中的 3 个圆点图标，可以根据自己的习惯来定义工具栏。

3. 浮动面板组

位于界面右侧的是浮动面板组。在默认情况下，右侧是“文件”面板，是文件功能模块，其中显示当前站点的所有文件资源，中间是“插入”面板，其中显示的命令同“插入”菜单一致。右侧是“CSS 设计器”面板，可以在其中应用 CSS。

4. 属性面板

选择网页中的某个对象以后，界面底部会出现与该对象相关的属性面板，可以方便设置所选对象的属性。

6.3.3 网页基本操作

1. 新建、打开、保存网页

启动 Dreamweaver CC 2018，执行“文件”|“新建”命令，打开“新建文档”对话框，如图 6-4 所示。在该页面中选择“文档类型”创建网页，一般情况下选择</>HTML 选项来创建网页，单击“创建”按钮，即可新建一个网页文件，在该页面中可以进行网页的编辑设计。

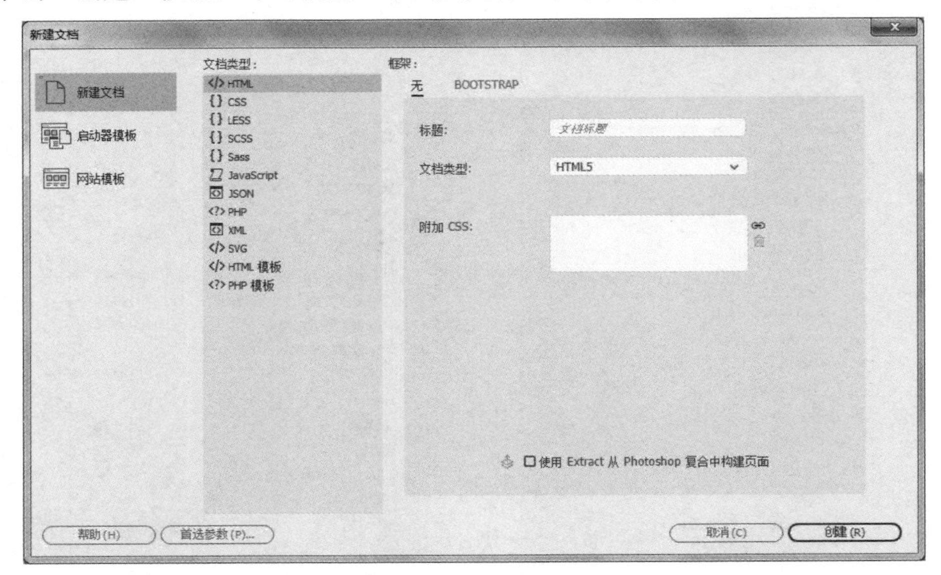

图 6-4 “新建文档”对话框

也可以使用“文件”面板建立网页文件。在“文件”面板中的站点上右击，在弹出的快捷菜单中选择“新建文件”命令，这样就在“文件”面板中新建了一个未命名的网页文件，可以先重命名该文件，然后双击该文件，进入编辑网页文件窗口。

网页设计编辑完毕后，执行“文件”|“保存”命令保存网页文件，保存的位置在站点目录下。

2. 设置页面属性

在编辑网页之前，还需要对页面进行一些简单的属性设置。页面的属性包括页面的标题、背景图像、背景颜色等。

执行“文件”|“菜单”|“页面属性”命令，打开“页面属性”对话框进行设置，如图 6-5 所示。

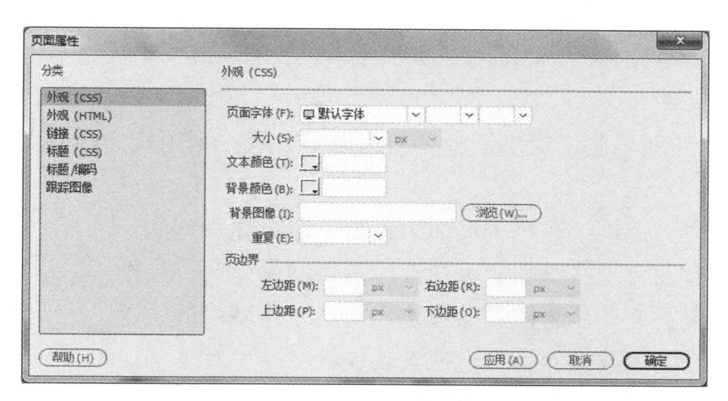

图 6-5 “页面属性”对话框

6.3.4 站点管理

在使用 Dreamweaver 制作网页之前，首先必须创建网站站点，此时 Dreamweaver 会自动将所有网站资源（HTML 文档、图片、动画、声音、程序等）保存到站点文件夹中，从而保证网站发布后网页上的所有元素都可以正常浏览。下面介绍站点的相关概念。

1. 本地计算机

正在使用的一台计算机，同时用来存放上传到服务器之前所有的网页及站点的内容，这台计算机称为本地计算机。

2. 本地站点

本地站点指的是本地计算机创建的站点，实质上是指网站中所有的网页文件在本地计算机的存放位置。

3. 远程计算机

除了本地计算机，还应该有一台计算机来发布主页，供 Internet 用户浏览，这台计算机称为远程计算机。实际上远程计算机就是 Internet 服务器。

4. 远程站点

在本地站点设计完毕后，可以利用各种 FTP 程序将本地站点上传到 Internet 服务器上，形成远程站点。

5. 规划站点

在建立网站与制作网页之前首先要规划站点，具体内容如下。

（1）规划站点结构：合理的站点结构可以加快对站点的设计，提高工作效率。

➢ 用文件夹保存文档：首先新建一个根文件夹，然后在其中新建若干子文件夹，分类存放网站全部文档。
➢ 使用合理的文件名：文件夹名称与文件名称需用容易理解网页内容的英文名（或拼音），最好不要使用大写字母或中文。

- 合理分配文档资源：不同的对象放在不同的文件夹中。不要将与网页制作无关的文件放置在该文件夹中。

（2）规划站点导航机制：提供清晰易懂的浏览方式，采用统一的网页组织形式，引导用户轻松访问网站。

- 建立返回主页链接：在每个页面上设置，避免迷失方向。
- 显示网站专题目录：每一个页面都应提供网站简明目录结构，引导用户快速进入。
- 显示当前位置：在显著位置上标出当前页在网站中的位置。
- 搜索索引反馈：数据网站应设搜索功能。
- 反馈：设置管理员信箱、意见反馈表单等功能。

（3）构建整体的站点风格：网站中网页风格应该统一，使网站特点鲜明，突出主题。

- 风格统一：在多个网页上重复出现标识网站特征的某些对象。
- 使用模板和库：快速批量创建相同风格的网页。

6. 创建与管理本地站点

1）创建本地站点

首先必须在本地计算机上建立一个文件夹（作为本地站点的根文件夹）。请注意，为了方便以后管理站点上的文件，可先在本地文件夹中创建几个目录，如 images、files、others 等，分别存放网页设计中用到的资源及网页文件。

建立本地站点的操作步骤如下。

（1）执行“站点”|“新建站点”命令，打开“站点设置对象”对话框，如图 6-6 所示。在“站点名称”文本框中输入 msw，在 E 盘上新建文件夹 msw，在 msw 文件夹中新建文件夹 img，单击“本地站点文件夹”右侧的浏览按钮，在弹出的“选择根文件夹”对话框中，选择 E:\msw\，单击“选择文件”按钮。

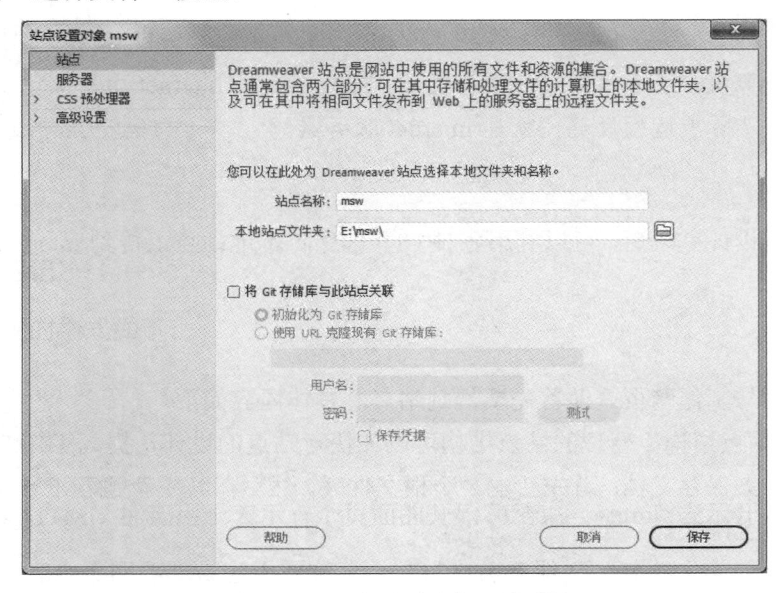

图 6-6 “站点设置对象”对话框

（2）选择“站点设置对象”对话框左侧的“高级设置”选项，在其子选项中选中“本地信息”，单击“默认图像文件夹”文本框右侧的浏览按钮，在站点中指定用于存放图像的默认图像文件夹 img，如图 6-7 所示。

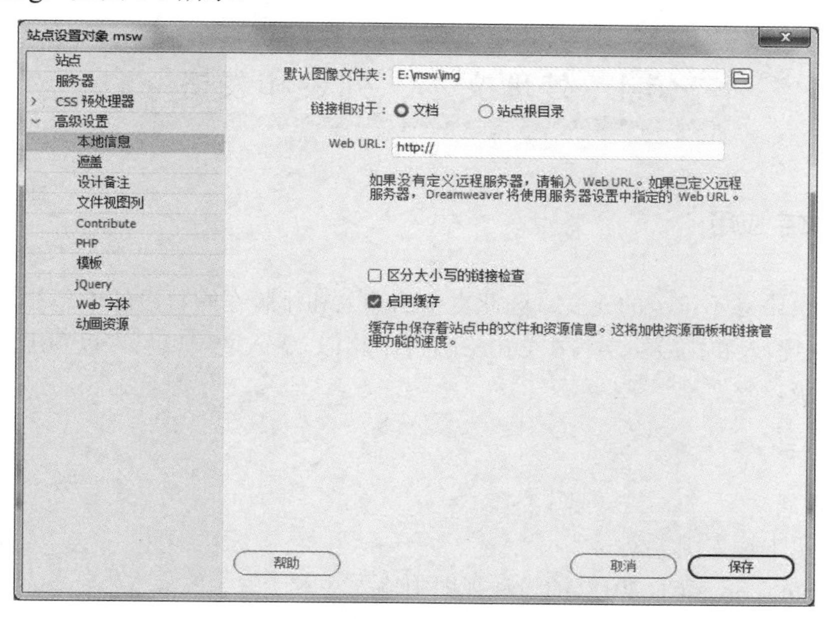

图 6-7 指定“默认图像文件夹”

提示：设置“默认图像文件夹”的优点是当要插入一幅站点外的图像时，系统会提示是否需要复制，如果需要，则系统自动将图像复制到默认图像文件夹中，如果不设置此项，则默认图像文件夹为当前站点根目录。

（3）单击“保存”按钮，关闭“站点设置对象”对话框，完成站点的创建。新创建的 msw 站点会自动显示在“文件”面板中，如图 6-8 所示。

2）编辑修改站点

执行“站点”|“管理站点”命令，打开“管理站点”对话框，选中刚建立好的 msw 站点，单击左下角的■图标，可以删除当前站点，单击左下角的■图标，可以编辑当前选中的站点。

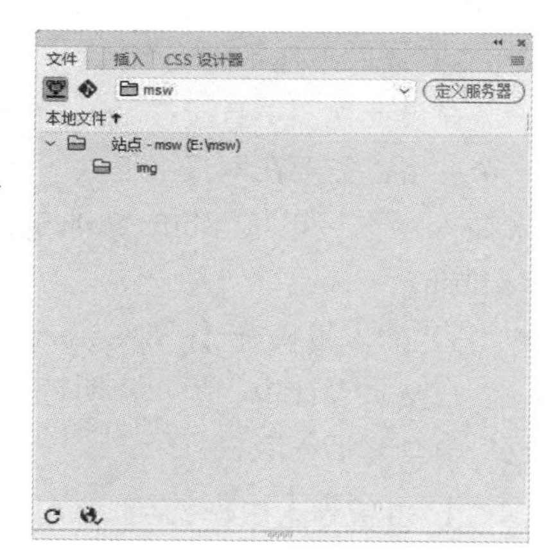

图 6-8 站点显示在“文件”面板中

3）管理站点文件

管理站点文件的操作包括：

- 创建文件或文件夹。
- 重命名文件或文件夹。
- 移动和复制文件或文件夹。
- 删除文件或文件夹。

在“文件”面板的站点名称上右击，在弹出的快捷菜单中选择“新建文件”或“新建文件夹”命令，可以在当前站点下创建文件或文件夹。后 3 项操作可通过快捷菜单的“编辑”子菜单实现。

6.4 处理文本、列表和表格

6.4.1 网页文字应用

文字是网页中必不可少的元素，因此文字的输入和排版在网页设计中是非常重要的。在 Dreamweaver 中输入和排版文字与在 Office 软件中相似，输入文字以后可以利用文字排版工具对文字进行排版。

1. 输入文字

1）输入普通文本

直接在网页上输入中英文。

2）在 Dreamweaver CC 2018 的设计视图中输入文本

方法一：从其他应用程序或窗口复制文本，粘贴到网页上。

方法二：从 Word 或 Excel 文档导入。

2. 插入特殊字符

1）插入换行符

在设计视图中直接按 Enter 键，这时光标空一行后换行，对应的代码视图里产生段落标记<P>，如果要让光标直接换行且不留空行，则要按 Shift+Enter 快捷键，或者是执行“插入”| HTML|“字符”|“换行符”命令来插入换行符，对应的代码视图里产生换行标记
。

2）插入不换行空格

在设计视图中直接按 Space 键，即可插入空格。空格是不会显示出来的，要在网页中显示一个空格，需要在网页中插入一个空格符号，可以执行“插入”| HTML|“不换行空格”命令来插入，也可以按 Shift+Ctrl+Space 快捷键插入，对应的代码视图里产生不换行空格标记< >。

3）插入版权符号

在网页设计中，版权声明符号也是比较常用的，可以执行“插入”| HTML|“字符”|“版权”命令来插入版权符号。

3. 设置文本属性

1）文本属性的设置

设置文本属性（包括文字的大小、字体、颜色、对齐方式、加粗、倾斜等）的操作步骤如下。

（1）在 Dreamweaver 的设计视图中，选中要设置的文字。

（2）在当前选定文本的“属性”面板中单击相应的按钮进行设置。

2）段落标题样式的应用

应用段落标题样式的操作步骤如下。

（1）将插入点定位于段落之中，或选取段落中的某些文本。

（2）在“属性”面板中的“格式”下拉列表中选择一个选项。被选样式关联的 HTML 标记就会应用到整个段落。注意，选择“无”则会把段落格式删除。

说明：“格式”下拉列表中显示了段落格式和标题的等级，从“标题 1”到“标题 6”，对应的标题标记是<hn>（n 为 1～6）。数字越大，字号越小。每个标题标记所标示的字句将独占一行且上下留一空白行。

HTML 中的标题是通过<h>标记实现的。被<h1>和</h1>夹在中间的文字是文章里的一级标题，语法格式如下。

```
<h1>…</h1>
```

6.4.2　列表的使用

1. 有序列表

有序列表又称为编号列表，是有一定排列顺序的列表，一般前面有数字前导字符，其中前导字符可以是阿拉伯数字、英文字母或罗马数字等。在“属性”面板中单击“编号列表”按钮，在设计视图中出现编号“1.”，在其后输入项目内容即可，输入完一个项目按 Enter 键，自动产生第二个编号，依次往后输入。输入编号列表的效果如图 6-9 所示。

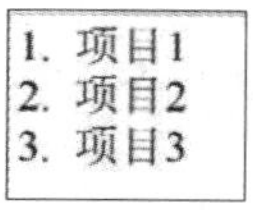

1. 项目1
2. 项目2
3. 项目3

图 6-9　设计视图中的编号列表

有序列表对应的 HTML 代码如下。

```
<ol>
  <li>项目 1</li>
  <li>项目 2</li>
  <li>项目 3</li>
</ol>
```

2. 无序列表

无序列表又称为项目列表，是一系列无顺序级别关系的项目文本组成的列表，一般前面是用项目符号作为前导字符。在“属性”面板中单击“项目列表”按钮，在设计视图中出现符号“●”，在其后输入项目内容即可，输入完一个项目按 Enter 键，自动产生第二个项目符号，依次往后输入。输入项目列表的效果如图 6-10 所示。

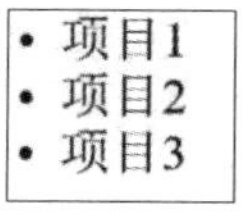

- 项目1
- 项目2
- 项目3

图 6-10　设计视图中的项目列表

无序列表对应的 HTML 代码如下。

```
<ul>
```

```
  <li>项目 1</li>
  <li>项目 2</li>
  <li>项目 3</li>
</ul>
```

3. 设置列表属性

把光标插入“编号列表”或者“项目列表”中，单击“属性”面板中的“列表项目”按钮，打开“列表属性”对话框，在此可以设置列表项的外观，包括编号样式、项目符号样式等。

6.4.3 表格的使用

使用表格可以轻松实现网页的布局。在表格中，很容易实现表格行和列的大小操作，从而方便实现网页布局。对单元格的合并和拆分的操作，可以实现网页布局的划分。

也可以在表格的单元格中再次插入表格，实现表格的嵌套，表格的嵌套可以实现各种复杂的布局。

1. 插入表格

在 Dreamweaver 设计视图中需要插入表格的地方右击，然后在弹出的快捷菜单中选择“插入” | table，打开 Table 对话框，如图 6-11 所示。在此对话框中，可以设置表格的一些常用属性。表格的常用属性意义如下。

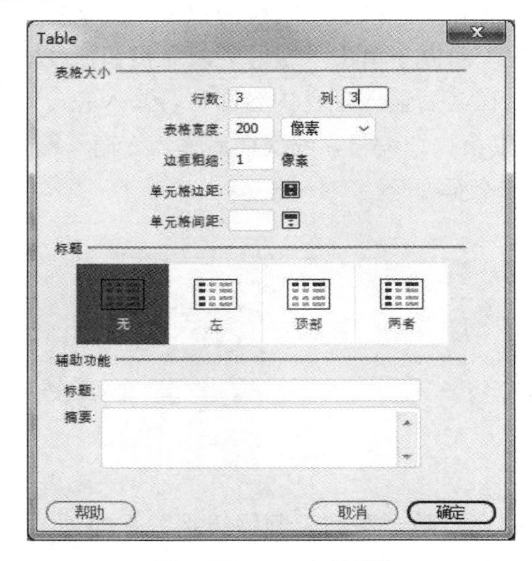

图 6-11 Table 对话框

- ➢ 行数和列：设置表格的行数和列数。
- ➢ 表格宽度：设置表格的宽度，可以在右侧的下拉列表框中选择表格宽度的单位，选项分别为“像素”和“百分比”，其中“百分比”指表格与浏览器窗口的比例。
- ➢ 边框粗细：设置表格外边框的宽度，默认值是 1 像素，若要确保浏览器不显示表格边框，应将边框粗细设置为 0。

- 单元格边距：设置单元格的内容和单元格边框之间空白处的宽度，如果没有设置边距的值，则大多数浏览器按边距为 1 显示表格。
- 单元格间距：设置表格中各单元格之间的宽度，如果没有明确指定间距的值，则大多数浏览器按间距为 2 显示表格。

网页的<body>、<p>、<div>等标签都可以插入表格，在表格的单元格中也可以再插入表格。

2. 设置表格属性

在表格的“属性”面板中，可以对表格的宽度、边框、单元格边距、单元格间距等属性进行设置。在设计视图中选中整个表格，在“属性”面板中出现该表格的属性，可以对表格的各项属性进行设置。图 6-12 所示为表格的“属性”面板。

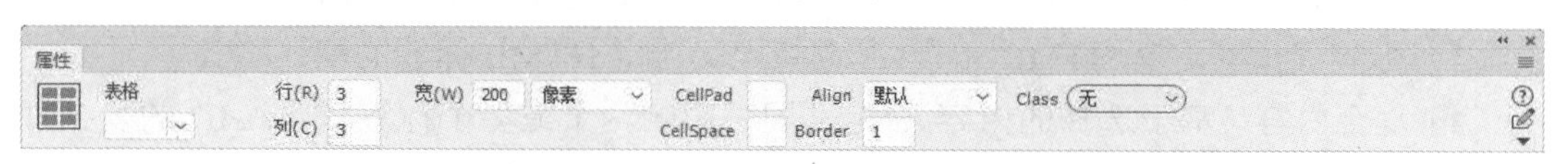

图 6-12　表格的“属性”面板

6.5　使用 CSS 美化页面

CSS（cascading style sheets，层叠样式表）是用于（增强）控制网页样式并允许将样式信息与网页内容分离的一种标记性语言。CSS 技术可以有效减少网页的代码量，统一设计网页的样式，有利于提升制作网页的效率和网页的性能。

在 HTML 网页中，所有网页元素的特征是一句一句地针对某一个具体元素来描述的。如果一个网站的网页非常多，用这种方法就会产生很多重复的网页元素属性描述代码。如果需要修改网页中的某一特征，就需要更改所有网页中这一特征的属性，这将是非常复杂和烦琐的工作。使用 CSS 可以有效解决这一问题，CSS 可以对某一个网页或者整个网站统一定义网页元素的特征，当网页中的元素需要使用这个特征时，就可以直接调用这一个网页元素的特征，也就是应用该样式。

6.5.1　CSS 的基本语法

和 HTML 代码一样，CSS 也有一套约定的代码，这些代码可以用来描述网页元素的特征。CSS 的定义由 3 个部分构成：选择器（selector）、属性（property）和属性的取值（value）。CSS 基本语法格式如下。

```
selector {property: value;}
```

即选择器｛属性：值;｝。

选择器可以是多种形式，可以是要定义样式的 HTML 标记，也可以是类或其他，如 body、p、table 等。可以通过以下方法定义选择器的属性和值，属性和值要用冒号隔开，格式如下。

```
body {background-color: #CCCCCC;}
```

其中，选择器 body 是指页面主体部分，background-color 是控制背景颜色的属性，此例的效果是使页面中的背景为灰色。

6.5.2 CSS 样式的选择器类型

CSS 样式的选择器类型分为以下几种。

（1）类（可应用于任何 HTML 元素）：创建一个可作为 class 属性应用于任何 HTML 元素的自定义样式。

（2）ID（仅应用于一个 HTML 元素）：定义包含特定 ID 属性的标签的格式。

（3）标签（重新定义 HTML 元素）：重新定义特定 HTML 标签的默认格式。

（4）复合内容（基于选择的内容）：定义同时影响两个或多个标签、类或 ID 的复合规则。例如，如果输入 Div p，则 Div 标签内的所有 p 元素都要受此规则影响。

6.5.3 选择或输入选择器名称

1. 类

类名称必须以英文句号开头，并且可以包含任何字母和数字组合（如.mystyle）。语法格式如下。

```
<style type="text/css">
<!--
.pstyle {
font-size: 12px;
line-height: 25px;
}
-->
</style>
```

在网页文档中可以使用 class 属性引用 pstyle 类。

```
<p class="pstyle">…</p>
```

2.ID

ID 必须以#开头，并且可以包含任何字母和数字组合（如#myID1）。语法格式如下。

```
<style type="text/css">
<!--
#mytext { font-size: 24 }
-->
</style>
```

可以通过 ID 属性应用到 HTML 中。

```
<P ID= "mytext" >…</P>
```

3. 标签

在“选择器名称”文本框中输入 HTML 标签或在代码窗口中选择一个标签。语法格式如下。

```
<style type="text/css">
<!--
h2 {
        font-family: "黑体";
        font-size: 24px;
        color: #FF0000;
        text-align: center;
}
-->
</style>
```

4. 复合内容

输入父、子元素名称，中间用空格间隔（如 body a），还可以在代码窗口中直接选择某一个标签。

6.5.4　添加样式表

在页面中添加样式表的方法有以下 4 种。

1. 链接外部样式表

下面介绍如何链接外部样式表。

（1）创建新的 CSS 文件，执行“文件”|“新建”命令，在“文档类型”中选择{}CSS，单击“创建”按钮，新建一个 CSS 文件，如图 6-13 所示。然后将其另存为 mystyle.css 文件。

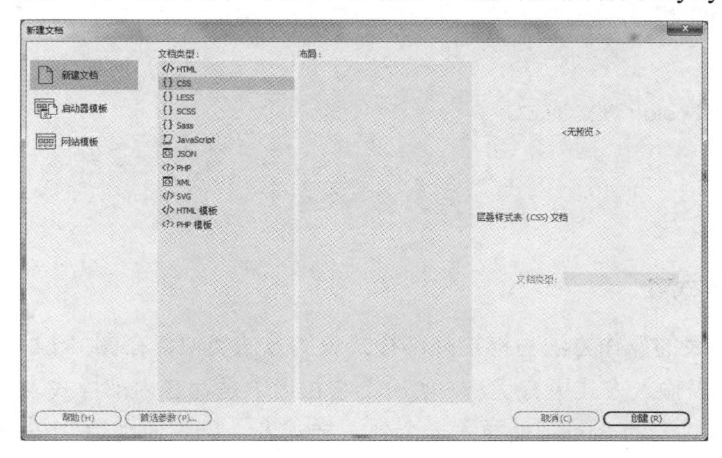

图 6-13　“新建文档”对话框

（2）链接样式表。在“CSS设计器”浮动面板上的“源”左侧单击“+”，在弹出的快捷菜单中选择“附加现有的CSS文件”选项，打开“使用现有的CSS文件”对话框，单击“文件/URL”右侧的“浏览”按钮，选择刚刚创建的mystyle.css文件。将“添加为”设置为“链接”，如图6-14所示。单击“确定”按钮后，在页面的<head>区内会出现如下代码。

```
<head>
...
<link href="mystyle.css " rel="stylesheet"    type="text/css" >
...
</head>
```

上面这个例子表示浏览器从 mystyle.css 文件中以文档格式读出定义的样式表。

href="mystyle.css"表示文件所在的位置。rel="stylesheet"表示在页面中使用这个外部的样式表。type="text/css"表示文件的类型是样式表文本。

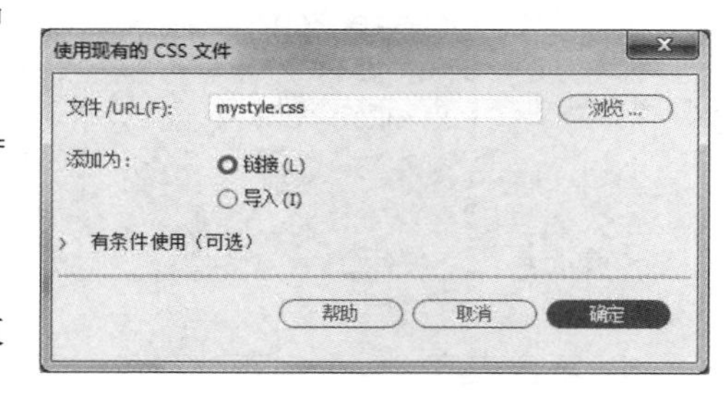

图 6-14 “使用现有的CSS文件”对话框

一个外部样式表文件可以应用于多个页面。当改变这个样式表文件时，所有页面的样式都随之改变。在制作大量相同样式页面的网站时，这种方式非常有用，不仅减少了重复的工作量，而且有利于以后的修改、编辑，浏览时也减少了重复下载代码。

2. 使用内部样式表

内部样式表是只要把样式表放到页面的<head>区域里，这些定义的样式就应用到页面中了，样式表是用<style>标记插入的，从下例中可以看出<style>标记的用法。

```
<style type="text/css">
<!—
p {
    font-family: "宋体";
    text-align: center;
    color: #666666;
}
body {
    background-color: #CCCCCC;
}
-->
</style>
```

3. 导入外部样式表

导入外部样式表的操作方法与链接外部样式表的方法类似，在图6-14中选中“导入”即可。导入外部样式表输入方式更有优势，实质上它相当于是存在内部样式表中的。导入外部样式表是指在内部样式表的<style>里导入一个外部样式表，导入成功后，在<head>区域生成如下代码。

```
<head>
…
<style type="text/css">
<!—
@import "mystyle.css"
```

其他样式表的声明如下。

```
-->
</style>
…
</head>
```

@import"mystyle.css"表示导入 mystyle.css 样式表，需要注意的是使用时外部样式表的路径。

4. 内联样式

内联样式是混合在 HTML 标记里使用的，用这种方式，可以很简单地对某个元素单独定义样式。在 Dreamweaver 中，对文本、表格等内容在“属性”面板上设置相应属性后，会生成内联样式放到相应的 HTML 标记旁，也可以直接在 HTML 标记旁加入 style 参数来设置内联样式，而 style 参数的内容就是 CSS 的属性和值，如下例所示。

```
<p style="color: #666666;margin-left: 20px">
这是一个段落
</p>
```

以上代码表示设置这个段落颜色为黑色，左边距为 20 像素。

在 style 参数后面的引号里的内容相当于在样式表大括号里的内容。

注意：style 参数可以应用于任意 body 内的元素。

6.5.5　多重样式表的叠加

如果在同一个选择器上使用几个不同的样式表，则这个属性值将会叠加几个样式表，遇到冲突的地方会以最后定义的为准。

请注意，依照后定义的优先原则，优先级最高的是内联样式，内部样式表高于导入外部样式表，链接的外部样式表和内部样式表之间是最后定义的优先级高。

6.5.6　定义 CSS 样式

设置 CSS 属性需要打开“CSS 设计器”面板，如图 6-15 所示。

1. 打开“CSS 设计器”面板

打开“CSS 设计器”面板有以下两种方法。

（1）执行“窗口”|“CSS 设计器”命令。

（2）在“属性”面板的 CSS 分类中，单击“CSS 设计器”按钮。

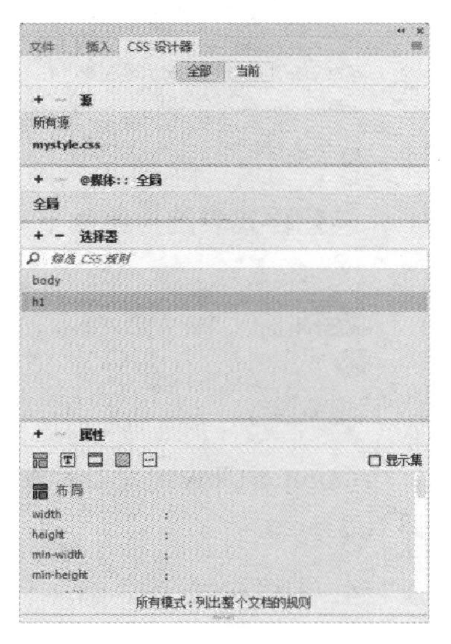

图 6-15 “CSS 设计器”面板

2. 定义 CSS 规则

在“CSS 设计器”面板中，单击“源”左侧的“+”号，可以创建新的 CSS 文件，还可以附加现有的 CSS 文件；单击“选择器”左侧的“+”号，可以添加选择器的类型；单击该选择器，可以在“属性”区的“布局”“文本”“边框”“背景”“更多”5 个选项中设置相应属性；也可以选择现有的 CSS 文件，然后单击“属性”面板的 CSS 分类中的“编辑规则”按钮，打开 CSS 规则定义对话框，如图 6-16 所示，可对 CSS 样式的九大类别，即类型、背景、区块、方框、边框、列表、定位、扩展、过渡进行编辑和修改。

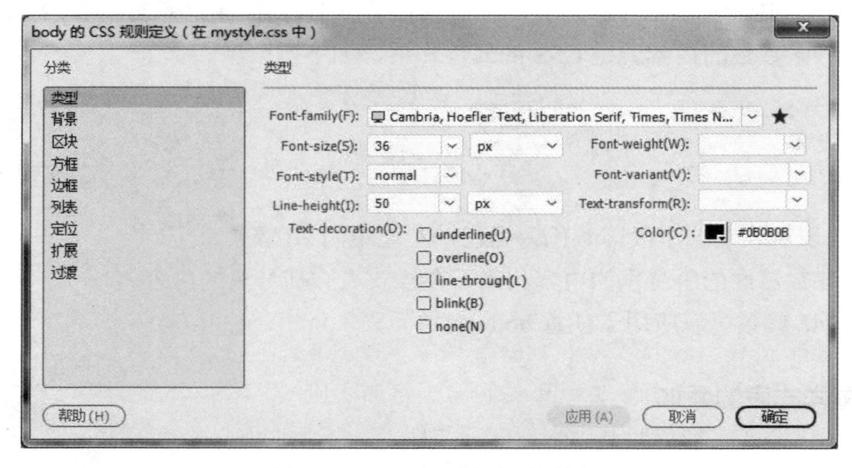

图 6-16 CSS 规则定义对话框

（1）类型：主要是对文字的字体、大小、颜色、效果等基本样式进行设置。设置时，只对要改变的属性进行设置，没有必要改变的属性保持默认设置即可。

（2）背景：主要是对元素的背景进行设置，包括背景颜色、背景图像、背景图像的控制。一般是对 body（页面）、table（表格）、div（区块）的设置。

（3）区块：主要是设置对象文本的文字间距、对齐方式、上标、下标、排列方式、首行缩进等。

（4）方框：将网页中的块元素都看作包在一个盒子中。主要设置对象的边界、间距、高度、宽度和漂浮方式等。

（5）边框：主要针对盒子边框，可以设置对象边框的宽度、颜色及样式。

（6）列表：可以设置列表项样式、图片和位置。

（7）定位：相当于对象放在一个层里来定位，对应 HTML 的 div 标记。也可以把定位看作一个 CSS 定义的层。

（8）扩展：可以设置“所有可动画属性”的对应属性。

（9）过渡：可以设置过滤效果。

6.6　图像的应用

6.6.1　插入图像

在 Dreamweaver 文件中插入图像时，Dreamweaver 会自动在网页的 HTML 源代码中加入相应的属性。为了保证属性的正确，图像文件必须保存在当前站点目录中。如果所用的图像不在当前站点目录中，Dreamweaver 将会询问是否将其复制到当前站点目录下。

在 Dreamweaver 中插入图像的方法如下。

执行“插入”| image 命令，打开“选择图像源文件”对话框，选择本地站点文件夹下的默认文件夹 img 中的所需图像，双击即可插入该图像文件，如图 6-17 所示。

图 6-17　“选择图像源文件”对话框

6.6.2　设置图像属性

如要设置图像的属性，先选中要设置的图像，然后使用“属性”面板进行相关设置。图像的“属性”面板如图 6-18 所示。

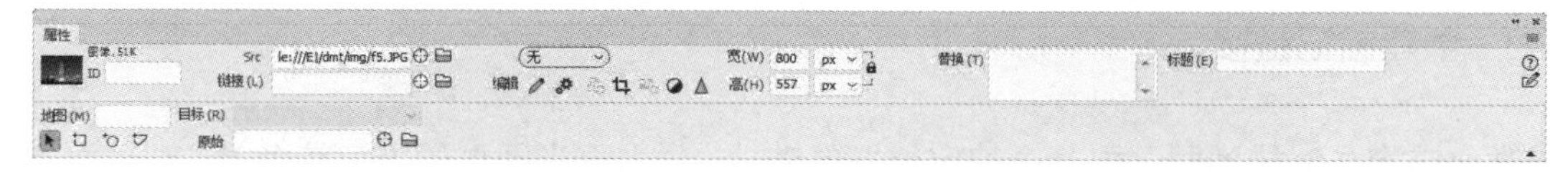

图 6-18　图像的“属性”面板

6.6.3 插入鼠标经过图像

在网页中有一种特殊效果的图像，当鼠标指针经过图像时，这幅图像会转变成另外一张图像；当鼠标指针移出时，会恢复为原来的图像。这就是鼠标经过图像，鼠标经过图像有很好的动态效果。

插入鼠标经过图像的方法如下。

执行“插入”| HTML |“鼠标经过图像”命令，打开“插入鼠标经过图像”对话框，如图 6-19 所示。设置“原始图像”和“鼠标经过图像”两个选项，单击“确定”按钮即可完成。

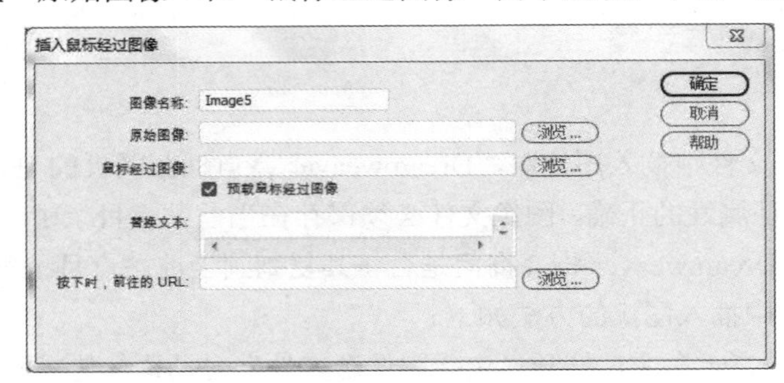

图 6-19 “插入鼠标经过图像”对话框

6.7 创 建 链 接

利用链接可以实现文档间或文档中的跳转。链接由两部分组成：链接的载体（源对象）和链接的目标地址。许多页面元素可以作为链接载体，如文本、图像、图像热区、轮换图像、动画等。而链接目标可以是任意网络资源，如页面、图像、声音、程序、其他网站、Email、锚点、书签（即页面中的某个位置）等。

6.7.1 创建超级链接

文字和图片链接是网页中最常用的链接，可以使用链接工具实现文字和图片的链接。创建超级链接的操作步骤如下。

（1）选择要创建链接的文字或图片。

（2）在“属性”面板中的“链接”文本框中输入链接的路径，或者单击文件夹图标进行浏览选择文档。

6.7.2 创建锚记链接

锚记链接是链接到网页中某个特定位置的链接，适用于当网页的内容较多时，对页面不同位置进行链接。

创建锚记链接的操作步骤如下。

（1）创建命名锚记。

先用光标定位锚记点，再命名锚记。由于在 Dreamweaver CC 2018 中已经没有“命名锚记”命令，因此执行“插入” | Div 命令打开“插入 Div”对话框，在 ID 文本框中输入锚记名称，如图 6-20 所示。

（2）链接命名锚记。

先选中链接文本或图像，然后在“属性”面板中的“链接”文本框里设置锚记名称为“#锚记名称”，或者执行“插入”→Hyperlink 命令打开 Hyperlink 对话框，将“链接”设置为“#锚记名称”，如图 6-21 所示。

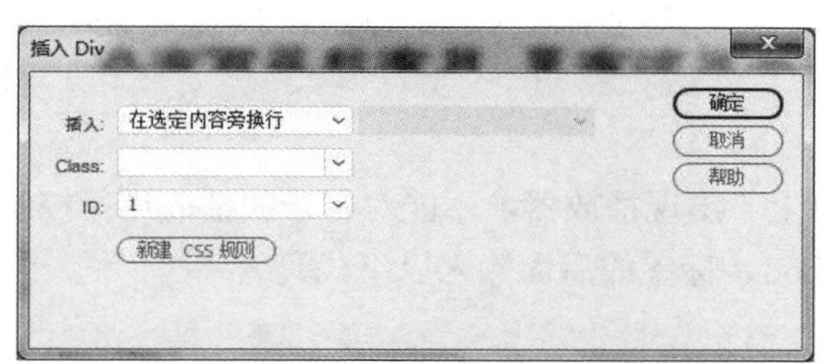

图 6-20　创建命名锚记

图 6-21　链接命名锚记

6.7.3　创建电子邮件链接

每一个网站都会有一个或者一个以上的电子邮箱，用来收集用户的反馈信息。创建电子邮件链接与一般的文本链接不同。

创建电子邮件链接的方法如下。

执行“插入” | HTML | “电子邮件链接”命令，打开“电子邮件链接”对话框，在“电子邮件”文本框中输入邮件地址即可。

6.7.4　创建图像热区链接

图像热区链接指的是在单幅图像中建立多个不同的超级链接。创建图像热区链接的操作步骤如下。

（1）在文档中选中一幅图像。

（2）打开“属性”面板，选择不同的工具（如方形、圆形、多边形）创建热点，并分别在“链接”文本框中输入每个热点的链接地址，在“替代”文本框中可以输入中文，以提示的方式在浏览器中显示。

（3）重复以上步骤定义所有的热点。

6.7.5　创建下载链接

创建下载链接和创建正常链接相同，只是链接目标为压缩文件等。

6.8 应用多媒体

网页中的多媒体内容可以丰富网站的视听效果。合理使用多媒体，可以使网页更加丰富多彩，更具有艺术美感。网页中可以插入音频、视频、Flash 动画和 Flash 视频等多种媒体内容。

6.8.1 插入音频

当网页中插入一段背景音乐以后，就会有很好的听觉效果。在网页中插入音乐有以下两种方式。

1）插入背景音乐

背景音乐是网页运行时自动播放的，网页上不出现播放器，不能对音乐的播放进行控制。

插入背景音乐的方法是在网页的代码区<body>标签的后面输入以下代码。

```
<bgsound src="mp3/中国人.mp3" loop="-1" />
```

说明：bgsound src="mp3/中国人.mp3"表示插入背景音乐的来源是当前站点文件夹中 mp3 文件夹下的《中国人》这首歌曲；loop="-1"表示播放方式是无限循环播放。

2）插入带播放器的音乐

可以通过执行"插入" | HTML | HTML 5 Audio 命令来插入一段带播放器的音乐，在网页中可以控制音乐的播放和停止。使用该命令后，在 Dreamweaver 设计视图中出现一个小喇叭图标，可在"属性"面板中设置播放的音频源以及播放的效果，如图 6-22 所示。

图 6-22　音频设置"属性"面板

6.8.2 插入视频

网页中的某些内容可以用视频播放的媒体形式来表现。插入视频可以通过执行"插入" |HTML | HTML 5 Video 命令来实现（只支持.mp4 格式的视频）。执行该命令后，在 Dreamweaver 设计视图中出现一个矩形窗口，可在"属性"面板中设置播放的视频源以及播放的效果，如图 6-23 所示。在打开网页时，可以对视频实现"播放""暂停""调节音量大小""全屏""下载""画中画"的控制。

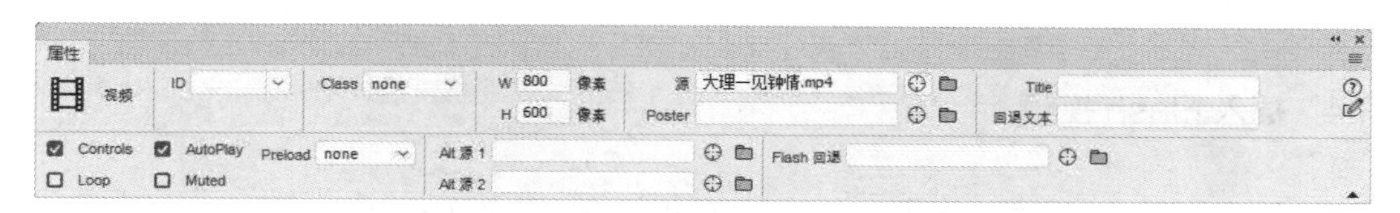

图 6-23　视频设置“属性”面板

6.8.3　插入 Flash 动画

Flash 动画是网页中最常用的多媒体技术，可以使网页具有可动的图像、声音、可交互程序等功能。有些经过编程的 Flash 动画，可以实现网页的数据交互、游戏、视频播放等复杂的功能。

插入 Flash 动画的步骤如下。

（1）新建一个 HTML 网页，文件名为 index.html。

（2）执行“插入”→HTML→Flash SWF(F) 命令，打开“选择 SWF”对话框，在当前站点文件夹的 flash 文件夹中选择 flash.swf 文件，单击“确定”按钮，如图 6-24 所示。

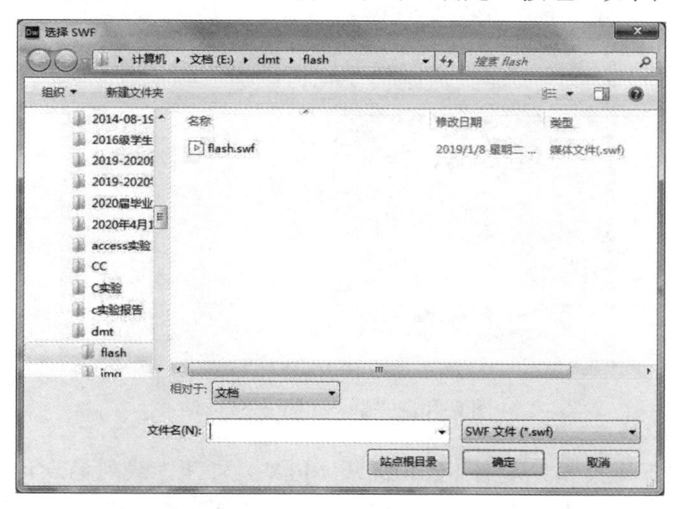

图 6-24　“选择 SWF”对话框

（3）在 Dreamweaver 设计视图里选择该插件，然后在“属性”面板中设置 Flash 的属性，可以选中“循环”和“自动播放”复选框，如图 6-25 所示。

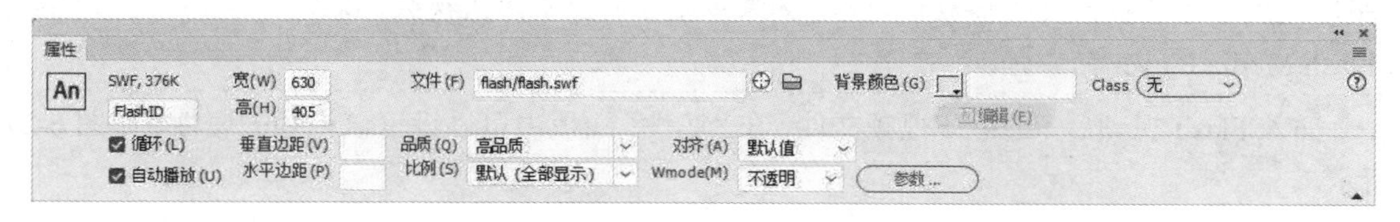

图 6-25　SWF“属性”面板

（4）保存文件并按 F12 键运行网页，可以看到 Flash 播放的效果。

6.8.4　插入 Flash 视频

Flash 视频即 FLV 流媒体格式，是一种新的视频格式，全称为 Flash Video。它的出现有效地解决了视频文件导入 Flash 后，因为导出的 SWF 文件体积庞大，不能在网络上很好地使用等问题。

插入 Flash 视频的方法如下。

执行“插入”| HTML| Flash Video(L)命令，打开“插入 FLV”对话框，如图 6-26 所示。在“视频类型”下拉列表框中可以选择“累进式下载视频”和“流视频”两种方式，单击“浏览”按钮，选择 Flash 视频文件（文件扩展名是.flv），单击“确定”按钮即可插入 Flash 视频。

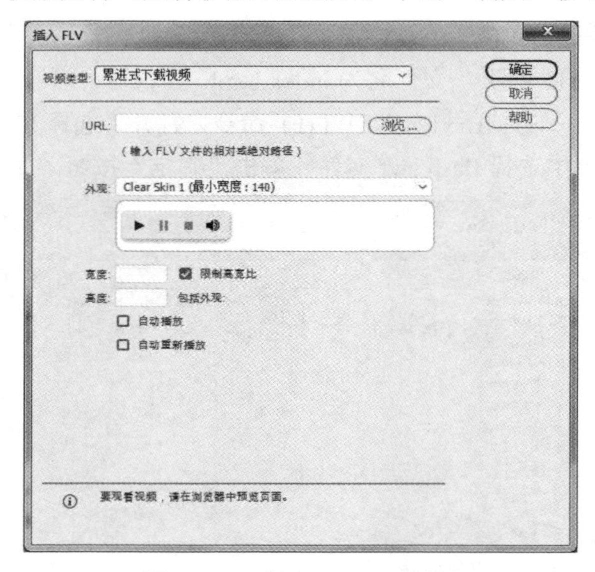

图 6-26　“插入 FLV”对话框

提示：累进式下载视频就是将 Flash 视频（FLV）文件下载到站点访问者的硬盘上，然后播放。这与传统的“下载并播放”视频传送方法不同，累进式下载允许在下载完成之前就开始播放视频文件。

流视频就是对 Flash 视频内容进行流式处理，并在一段时间内确保流畅播放，但必须在缓冲完成后才能在网页上播放该内容。如果希望在网上启用流视频，就必须具有访问 Adobe Flash Media Player 的条件。

插入 Flash 视频后，选中该视频文件，在“属性”面板中可以设置该视频的属性，如图 6-27 所示。

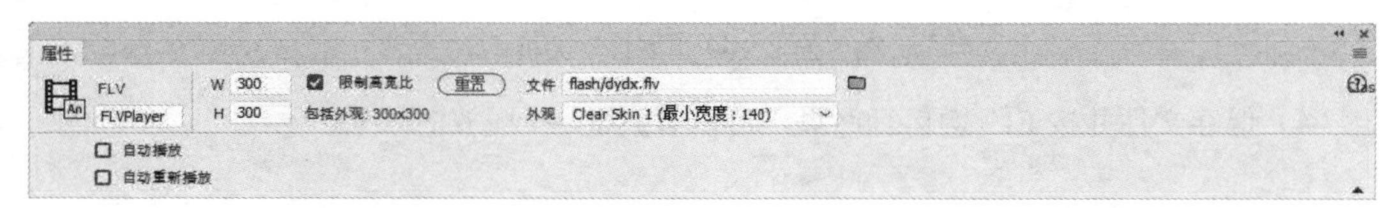

图 6-27　FLV“属性”面板

多媒体应用系统与手机短视频创作概述

学习目标

- 掌握多媒体应用系统的开发过程
- 掌握多媒体应用系统的常用开发工具
- 掌握手机短视频的创作要点与常用拍摄技巧
- 掌握在剪映中剪辑视频的步骤与方法
- 熟悉多媒体应用系统选题及设计遵循的原则
- 熟悉 Vlog 的创作步骤与拍摄技巧

重点难点

- 多媒体应用系统的常用开发工具
- 手机短视频的创作要点与常用拍摄技巧
- 使用剪映剪辑视频的步骤与方法

多媒体应用系统是指利用多媒体开发工具研发的，综合多种人机交流手段，集成处理和整合各种媒体而生成的具有良好人机交互能力的多媒体产品。它的最大特点是具有丰富的交互性和高度的集成性。目前，多媒体应用系统所涉及的应用领域很广泛，如可视电话系统、视频会议系统、IP 电话系统、IPTV（网络电视）、VOD 系统、MOOC 课程，以及其他一些多媒体消息业务等。

7.1 多媒体应用系统设计

多媒体应用系统是为了某个特定的目的，使用多媒体技术设计和开发的应用系统。多媒体应用系统是一种计算机软件，它的设计与开发都遵循软件工程思想，它是多媒体技术应用的最终作品，其功能和表现是多媒体技术的直接体现。

7.1.1 多媒体应用系统的选题

创作多媒体作品的第一步就是要进行选题，只有确定好主题，才能开始下一步的素材收集和详细制作等操作。可以说选定一个好的主题，作品就成功了一半。

多媒体应用系统的主题必须健康向上，最好结合自己的专业知识、社会热点和焦点问题，或者根据自己的兴趣爱好等进行选题。选题应该遵循以下几条原则。

（1）可行性：必须考虑选题是否可行，是否具备必要的硬件和软件条件，只有条件允许才能完成系统的设计开发。

（2）实用性：系统展示的内容要具有一定的实际意义或应用价值。

（3）新颖性：要让系统具有吸引力，系统内容应有一定的新颖性，如反映目前社会关注的热点或焦点问题，或反映最新的科学技术成果等。

7.1.2 多媒体应用系统的制作

多媒体应用系统的设计与制作包括界面设计和创意设计两个方面。

1. 界面设计

界面设计需要遵循以下几个原则。

（1）简洁性：内容要简洁，色彩搭配要协调，让用户一目了然。

（2）结构性：首先系统要保持风格一致、结构合理，尤其是交互式控制的按钮位置应该合理并保持前后一致。其次要突出重点，必须将重要内容放在醒目的位置，通过颜色或形状的变化来突出显示。

（3）交互性：要对不同用户提供不同的接受方式和操作方法，如提供图形图像、字幕、动画、视频、音乐、声效、旁白或交互控制的按钮、图标等。动静结合，让原本静止的画面“动”起来。可以在画面之间添加一些切换特效，但不能杂乱无章，必须有用、有序和有趣。

2. 创意设计

创意设计需要遵循以下几个原则。

（1）创新性：好的创意往往来自创新的观念和思想，必须突破陈规旧律，敢想敢做，尤其在动画制作过程中，“没有计算机做不到的，只有你想不到的”。

（2）科学性：创意必须符合科学规律，不能凭空捏造、违背常理。

（3）技术性：必须考虑在技术上是否可行，如果技术上无法实现，那么再好的创意也只是纸上谈兵。

（4）艺术性：好的创意必须符合艺术设计的原则，以增加系统的艺术感染力，如旁白和音乐处理恰当、色彩搭配合理、在动画设计中加入夸张和拟人效果等。

7.1.3 多媒体应用系统的评价

多媒体应用系统主要根据以下几个方面进行评价。

（1）创意：选题与内容是否有创意。

（2）主题：主题是否明确，内容是否紧扣主题，表述是否充分和全面。

（3）视觉效果：画面是否协调，色彩搭配是否合理，动作是否流畅，内容是否连续和一致，画面切换是否自然流畅等。

（4）听觉效果：背景音乐、音效、旁白和字幕是否动听，与画面内容是否一致，能否起到烘托主题的效果。

（5）技术难度：是否有一定技术难度，但要避免纯粹为了技术而画蛇添足。例如，使用一些与内容完全不协调的三维动画，反而影响系统的整体视觉效果。

7.2 多媒体应用系统开发

多媒体应用系统开发是指按照系统开发的原则和要求，把多媒体的各种素材进行合理的集成，加入必要的交互控制，最后发布为多媒体作品。多媒体应用系统的开发是一项特殊的系统工程，要根据应用需求，选择合适的开发环境和开发平台，中心任务是开发出合适的多媒体应用软件。和开发其他软件系统一样，在开发多媒体应用软件时，只有遵循软件工程的开发思想，才能开发出经得起时间检验、实用的应用系统。

7.2.1 多媒体应用系统的开发过程

多媒体应用系统的开发过程如图 7-1 所示。

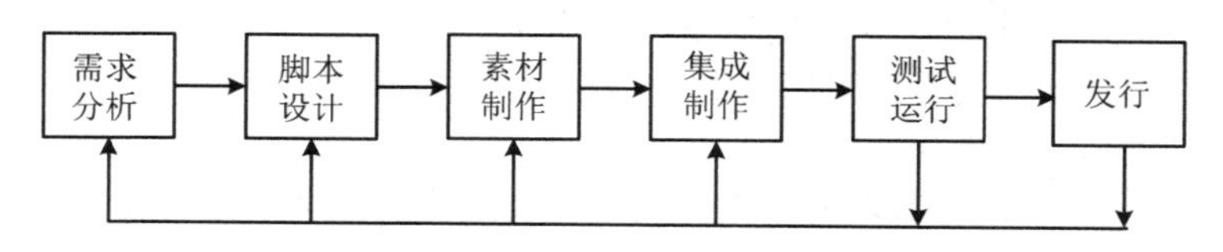

图 7-1 多媒体应用系统的开发过程

1. 需求分析

需求分析阶段的主要任务是确定用户对应用系统的具体要求和设计目标，并根据总体目标，确定应用系统的类型及所采用的开发方法。多媒体应用系统设计的需求分析不同于普通的应用程序，它有其自身的特点。在需求提出后，开发人员需要根据需求，从不同角度来分析问题，并不断地探索酝酿，逐步加深对问题的认识，确定项目的对象、多媒体信息的种类、表现手法等。

2. 脚本设计

脚本设计是多媒体应用系统设计的特有内容，其相当于影视制作中的分镜头设计，是总体的设计方案在每个单元的具体体现。脚本设计包含对内容和媒体的选择、交互控制方式、声音的表达以及屏幕设计等方面的详细描述，确定各种媒体的排放位置和相互关系、各种按钮的名称和排放方法以及各类能引起系统动作的元素的位置、激活方式等。在时间安排上也要充分考虑好，何时音乐开始，何时音乐结束，都应恰如其分。还要注意设计好交互响应，充分发挥计算机的交互特点。因此，组织好信息，设计好脚本是应用系统开发成功的第一步。

3. 素材制作

脚本中所要求的各种媒体素材应事先准备，并通过合适的软件对其做好预处理工作。对图像来说，扫描处理过程十分关键，不仅要按脚本要求进行剪裁、处理，还可以在这个过程中对图像进行修饰、拼接、合并等，以便得到更好的效果。对声音来说，音乐的选择、配音的录制也要事先做好，必要时可以通过合适的编辑器进行特效处理，如添加回声和混响、设置淡入淡出、进行混音等。其他媒体素材的准备也十分重要，如文字的录入、动画和视频的制作等。值得注意的是，素材准备是十分重要的基础工作，如果做不好，对多媒体应用系统质量的影响将十分明显。

4. 集成制作

在确定了系统的功能、设计标准，并且按相关设计将素材准备完毕后，按设计脚本，利用编程语言或多媒体创作工具将各种多媒体素材进行集成、连接，最终制作生成多媒体应用系统。

5. 测试运行

要对多媒体应用系统进行反复测试，才能验证多媒体应用系统是否达到预期目标，要从中发现其隐藏的缺陷，并对其进行必要的改进和完善，直到应用系统被正式使用。正式使用之后再进行修改就属于维护的范畴了。测试多媒体应用系统所面临的主要困难之一是其性能取决于特定的硬件和软件系统结构。如果不能控制最终的平台，或者应用系统要在多种平台上使用，那么就必须在尽可能多的平台上充分地测试应用系统。

6. 发行

发行阶段的主要任务是制作多媒体应用系统软件的发行版本，编写使用手册，最终发行到用户手中。在使用过程中，开发人员应该随时根据用户的反馈信息对应用系统软件进行改进和完善，必要时对其进行升级。

7.2.2 多媒体应用系统的开发工具

多媒体应用系统的设计和开发离不开多媒体应用系统开发工具。多媒体应用系统开发工具是指能够集成处理和统一管理文本、图形、静态图像、声音、视频影像、动画等多媒体信息，能够根据用户的需要制作多媒体应用软件的编辑工具。多媒体应用系统开发工具是建立在各种媒体形式完善、齐备，各种控制功能策划到位的基础上，把各种对象素材进行逻辑组合，并赋予控制功能的软件系统。

多媒体应用系统开发工具种类繁多，在设计和开发多媒体应用系统之前，必须选择一个合适的系统开发工具，运用多媒体软件工程的设计思想和设计原则进行设计和开发。常用的多媒体应用系统开发工具主要分为以下几类。

1. 基于时间轴的开发工具

使用基于时间轴的开发工具制作出来的节目，以可视的时间轴来决定事件的顺序和对象上演的时间。这种时间轴包括许多行道或频道，以安排多种对象同时展现。它还可以用来编程控制转向一个序列中的任何位置的节目，从而增加了导航功能和交互控制。通常基于时间轴的多媒体创作工具中都具有一个控制播放的面板，它与一般录音机的控制面板类似。在这些创作系统中，各种成分和事件按时间路线组织，其典型代表是 Action 和 Director。

这类开发工具的优点是操作简便、形象直观，在一个时间段内，可以任意调整多媒体素材的属性。在信息同步上具有独特的功效，特别适合制作与时间轴顺序有明确关系的多媒体应用系统，如简报宣传、产品广告和风景名胜宣传等。其缺点是需要对每一个素材的呈现时间做出精确的安排，而在具体实现时可能还要做很多调整，增加了调试的工作量，也存在控制和交互功能较弱的问题。

2. 基于流程线和图标的开发工具

基于流程线和图标的开发工具的主要特征是采用流程线和图标的方法来实现多媒体应用系统的创作。流程图是应用系统的主体框架，图标是应用系统的具体组成。在制作中，通过流程图的设计，实现对应用系统各种媒体素材的演示次序和演示方式的控制。通过对流程线上图标的设计安排，实现各种媒体演示效果。它使项目的组织方式简化，而且多数情况下是显示沿各分支路径上各种活动的流程图。创作多媒体作品时，创作工具提供一条流程线，供放置不同类型的图标使用。多媒体素材的展现是以流程为依据的，在流程图上可以对任一图标进行编辑。其优点是调试方便，在复杂的航行结构中，流程图有利于开发过程。其缺点是当多媒体应用软件规模很大时，图标及分支增多，进而复杂度会增大。这种开发工具的典型代表是 Authorware 和 IconAuthor。

3. 基于页面或卡片的开发工具

基于页面或卡片的开发工具提供了一种可以将对象连接于页面或卡片的工作环境。一页或一张卡片便是数据结构中的一个节点，类似于教科书中的一页或数据袋内的一张卡片，只是这种页面或卡片的结构比教科书上的一页或数据袋内的一张卡片的数据类型更为多样化。在基于页面或卡片的开发工具中，可以将这些页面或卡片连接成有序的序列。这类开发工具以面向对象的方式来处理多媒体元素，这些元素用属性来定义，用剧本来规范，允许播放声音元素及动画和数字化视频节目。在结构化的导航模型中，可以根据命令跳转至所需的任何一页，形成多媒体作品。这种开发工具的典型代表是 Hypercard 和 ToolBook。

这类工具最适合制作类似文件、卡片式资料、索引目录资料库或百科全书之类的系统。其优点是便于组织与管理多媒体素材，就像阅览一本书，比较形象、直观。其缺点是当要处理的内容非常多时，书页或卡的数量将非常多，不利于维护与修改。

4. 基于高级程序设计语言的开发工具

利用目前比较流行的面向对象程序设计语言开发多媒体应用系统，如 Visual C++、Visual Basic、Java 等，都可以充分利用操作系统的媒体控制指令（MCI）和应用程序接口（API）来扩展多媒体的功能。这类工具软件需要的编程量较大，而且重用性差，不便于组织和管理多媒体素材，调试困难。

7.3　手机短视频创作

在高速发展的信息化时代，短视频领域迎来了又一波高速发展。与此同时，手机技术的革新降低了进入短视频制作的门槛，让越来越多的人开始做起了自己生活的导演。自己制作一部手机短片不再是遥不可及的梦想，在短片里，每个人都可以成为导演，每个人又都可以成为主角。高速的网络及快节奏的生活为短视频提供了良好的“土壤”，其必将乘风破浪，创造一个又一个奇迹。

1. Vlog 的概念

如今，Vlog 已经成为年轻人观察、体验、记录世界的一种方式。Vlog 创作者手持设备边走边拍，后期通过剪辑和配乐等操作就可完成一部小型的“纪录片”。

Vlog 是 videoweblog 或 videoblog 的简称，意思是“视频博客”，也称为“视频网络日志”，是博客的一个种类。Vlog 是一种视频形式，指的是一种集文字、图像和音频于一体，经剪辑与美化后，能够表达人格化和展示创作者日常生活的视频日记。

通常情况下，一个 Vlog 的时长为 1～10 分钟。没有严格的时长限制使 Vlog 在信息量、内容深度与表现形式上更加丰富。

2. Vlog 的内容

生活中的一切都可以作为 Vlog 的内容，只要有人觉得值得分享，那么就一定有其存在的意义。

对于 Vlog，最重要的是拍摄的连贯性，注重有头有尾地拍摄，即使是一个很短的视频也要拍摄完整，这样也是对观众负责。另外，拍摄前要确定拍摄的主题，不能盲目地拍摄，否则只会增加自己的负担，而且拍摄到中期时容易跑题，这会导致后期剪辑任务量巨大。

3. Vlog 的创作步骤

Vlog 的创作步骤如下。

（1）Vlog 选题。

（2）写一个简单的脚本。

（3）拍摄视频素材。

（4）视频剪辑。

（5）添加旁白和字幕。

4. Vlog 的基本拍摄方式

Vlog 的基本拍摄方式如下。

（1）手持稳定器自拍。

（2）固定机位拍摄。

（3）主观视角拍摄。

5. Vlog 的拍摄技巧

Vlog 的拍摄技巧如下。

（1）拍摄空镜头或特写镜头。

（2）使用广角镜头自拍。

（3）使用八爪鱼三脚架。

（4）镜头移动，动静结合。

（5）手持手机拍摄时只动一处。

（6）利用九宫格构图。

（7）多视角拍摄，包括平视角拍摄、高视角拍摄、低视角拍摄和创意视角拍摄。

（8）注意拍摄距离。

（9）延时摄影。

（10）无缝转场，包括重复动作法、遮挡镜头法、相似场景转换法和甩镜头法。

7.4 使用剪映剪辑手机短视频

剪映是抖音官方推出的专业手机短视频剪辑软件，苹果和安卓系统可免费使用。剪映的主界面是极简主义风格，在手机端打开剪映 App，就可以看到包括“开始创作”和“本地草稿”等的工作界面，如图 7-2 所示。

7.4.1 剪辑功能

点击剪映工作界面中的“开始创作”按钮就可以选择素材进行视频创作了。在选择素材时，除了相册里的视频和照片，剪映还提供了动画素材库，用户可以点击素材库选择合适的素材。

选择素材后，就可以对视频进行剪辑了。剪映支持同时上传多段视频，但是最多只可以导出时长为 15 分钟的视频。进入编辑界面后，在屏幕正下方显示了剪映的基本功能，包括剪辑、音频、文字、贴纸等。

剪辑功能的使用步骤如下。

（1）在剪映的工作界面中点击“开始创作”按钮，在相册中导入视频素材，如图 7-3 所示。

（2）点击下方的“剪辑”按钮，可以对视频进行基本的剪辑操作，如图 7-4 所示，包括分割、变速和倒放等，可根据需求剪辑视频。

图 7-2 剪映工作界面

图 7-3 添加视频素材

图 7-4 视频剪辑界面

7.4.2 音频功能

在抖音的视频中，背景音乐是非常重要的一项元素。可以选择剪映中内置的音乐，也可以导入自己喜欢的音乐。导入音乐时并不局限于手机中已经存在的本地音乐，也可以把音乐所在的链接（音频或视频链接都可以）复制到软件中来提取，或直接提取本地视频中的音乐。

如果想要在视频中使用音效，剪映也可以满足。剪映提供了 16 种共 138 个音效，基本覆盖了全部使用场景。

在剪映中，也可以直接为视频配音。在需要配音的地方点击“录音”，然后按住录音即可操作。在制作 Vlog 时，这个功能非常好用。

添加音频的具体操作步骤如下。

（1）在图 7-3 中点击“音频”按钮添加音频素材，如图 7-5 所示。

（2）点击“音乐”按钮，在“添加音乐”面板中选择自己喜欢的音乐，点击“使用”按钮即可添加音频。这里选择音乐“奇妙之旅”，效果如图 7-6 所示。如果音乐比视频长，为了让视频与音频同步，可以选择音频轨道，分割多余音频后将其删除。

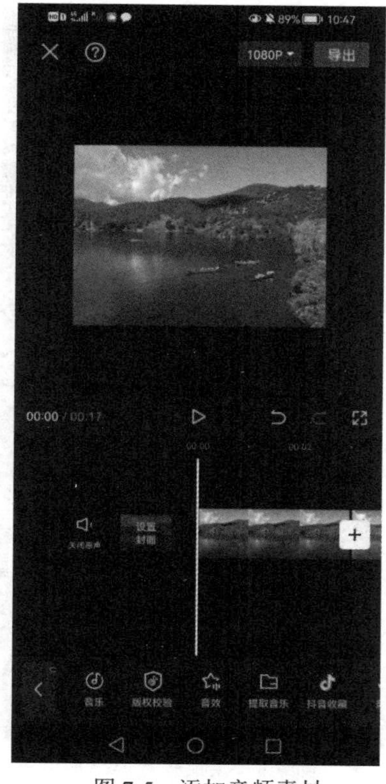

图 7-5　添加音频素材

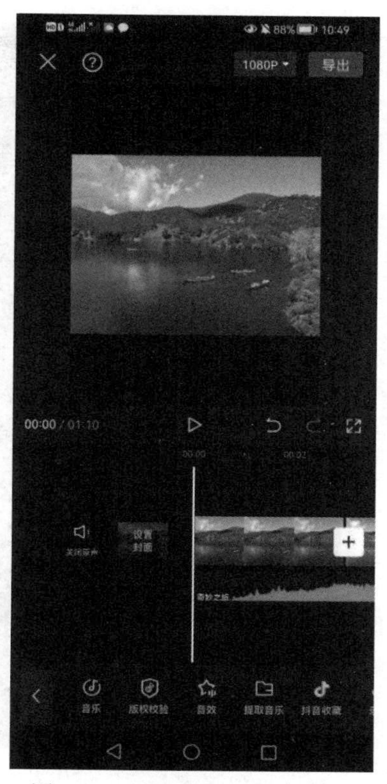

图 7-6　添加音频后的工作界面

7.4.3　文本功能

剪映内置了丰富的文本样式和动画，操作简单，输入文字后动动手指即可轻松完成自己想要的效果。

在剪映中使用文本功能的步骤如下。

（1）在图 7-3 中点击“文字”按钮添加字幕，如图 7-7 所示。

（2）点击“新建文本”按钮，在“输入文字”文本框中输入“泸沽湖”，然后设置“泸沽湖”的字体，以及样式和动画效果，如图 7-8 所示。

7.4.4　滤镜功能

剪映中内置了 7 类共 34 种风格的滤镜，可以满足大多数视频场景下的使用需求。如果对滤镜效果不满意，还可以进行调节。

点击“滤镜”按钮添加滤镜效果，如图 7-9 所示。这里选择“风景”里的“晴空”选项，拖动“晴空”下方的滑块可调整滤镜效果，如图 7-10 所示。

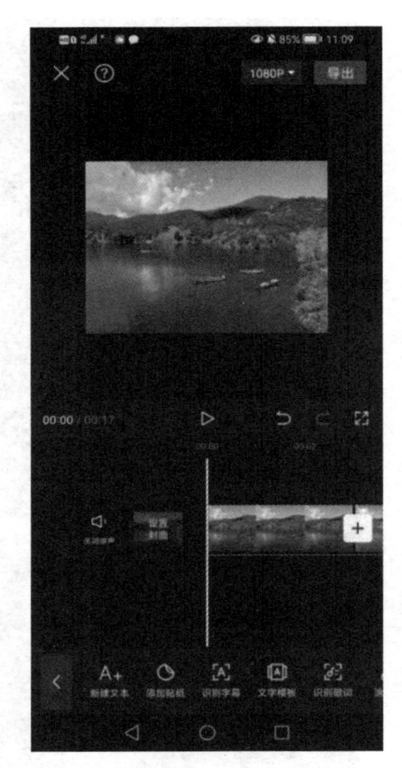

图 7-7　添加字幕的工作界面

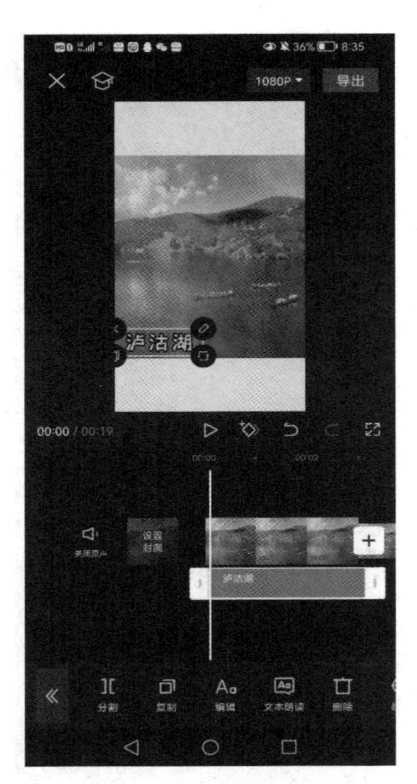

图 7-8　添加字幕后的效果

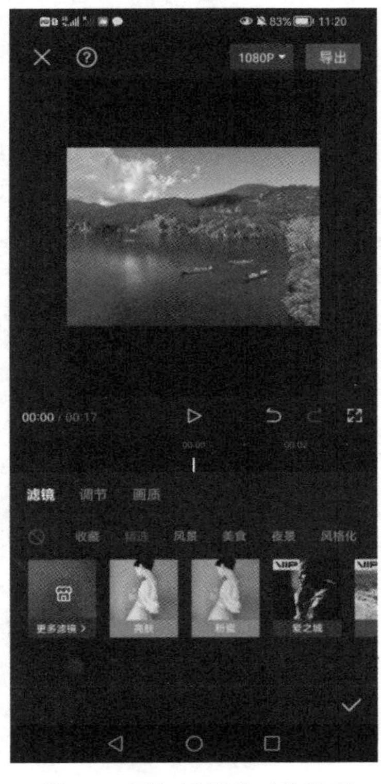

图 7-9　添加滤镜的工作界面

图 7-10　调整滤镜效果的工作界面

7.4.5　特效功能

剪映中内置了 6 类共 91 种特效供选择使用。

在图 7-3 中点击“特效”按钮添加特效，如图 7-11 所示。这里选择“画面特效”，然后选择“烟雾”特效，效果如图 7-12 所示。

7.4.6　比例功能

在剪映中可以直接调整视频比例及视频在屏幕中的大小，简单地选择或双击，直接在视频中操作即可。

在图 7-3 所示界面点击“比例”按钮（将功能区左滑即可看到，后同）调整视频比例，这里使用 9∶16 的比例，如图 7-13 所示。

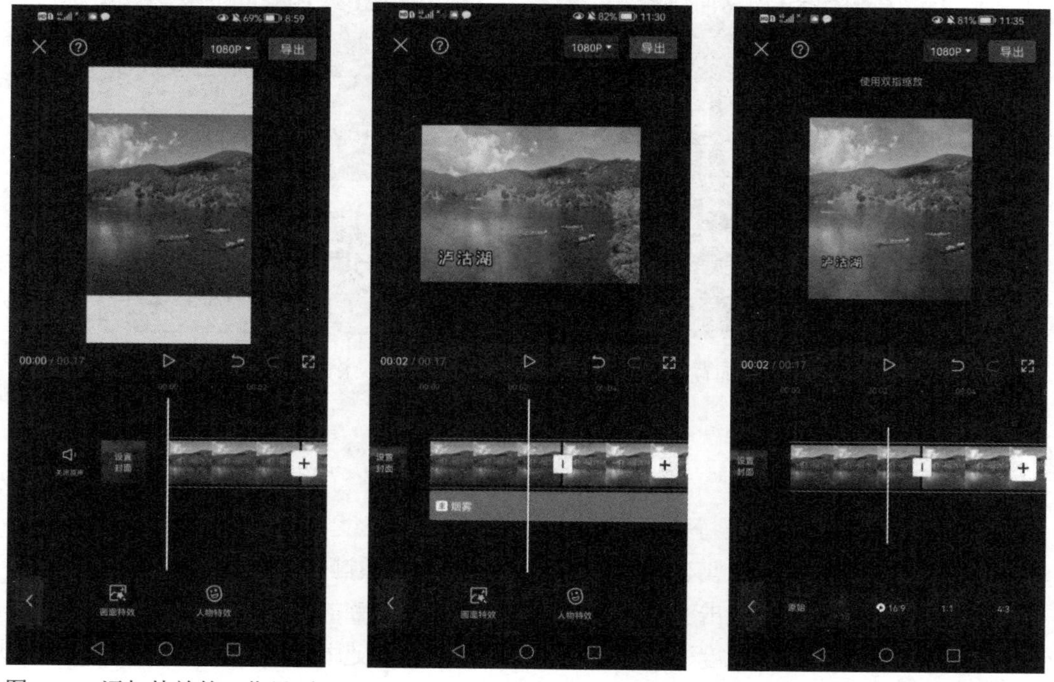

图 7-11　添加特效的工作界面　图 7-12　添加特效后的工作界面　图 7-13　选择 9∶16 的视频比例

在 9∶16 图标上有一个小音符，提示该比例是最适合抖音的比例，如果要将视频发布在抖音上，最好选择这个比例。

7.4.7　背景功能

如果视频内容没有铺满整个屏幕，可以选择视频的背景。剪映把背景当成了视频的画布，可以调整画布的颜色和样式，如果对软件内置的样式不满意，可以上传自己满意的图片做背景。

如果想将视频内容放大模糊作为背景来填充屏幕，使用画布模糊功能就可以一键搞定。在

图 7-3 所示界面点击“背景”按钮，打开设置背景界面，如图 7-14 所示。这里选择“画布颜色”里的“白色”作为背景颜色，效果如图 7-15 所示。

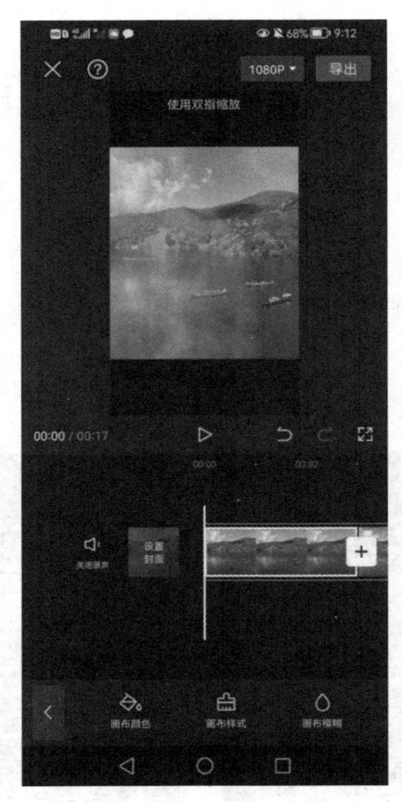

图 7-14 添加背景的工作界面

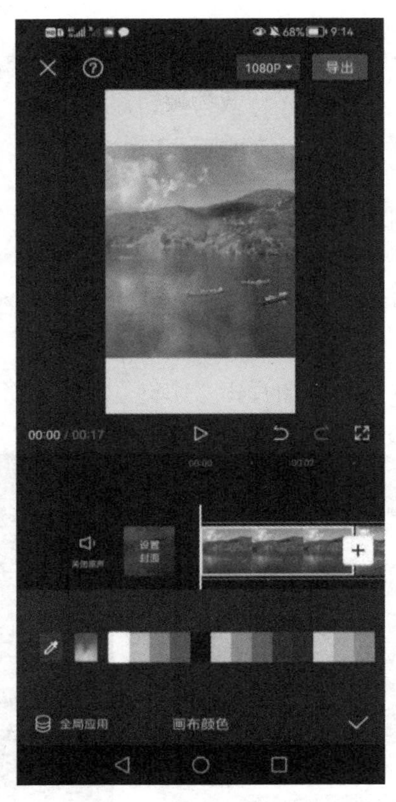

图 7-15 添加白色背景后的效果

7.4.8 调节功能

当对视频中的画面不是特别满意时，可以通过调节亮度、对比度、饱和度、光感、锐化等编辑视频。需要注意的是，剪映中没有具体参数，而是通过拖动滑块完成调节。

在图 7-3 所示界面中点击“调节”按钮，打开调节视频的界面，如图 7-16 所示。点击“新增调节”按钮，可以调节亮度、对比度和饱和度等。这里选择“对比度”选项，拖动滑块调节对比度，效果如图 7-17 所示。

7.4.9 美颜功能

美颜功能是编辑以人物为主的视频时不可或缺的功能。在剪映中，可以对视频进行美颜和美体操作。

在图 7-3 所示界面点击“剪辑”按钮，在“剪辑”界面中找到“美颜美体”按钮，如图 7-18 所示。点击“美颜美体”按钮，即可进行美颜和美体的具体设置。

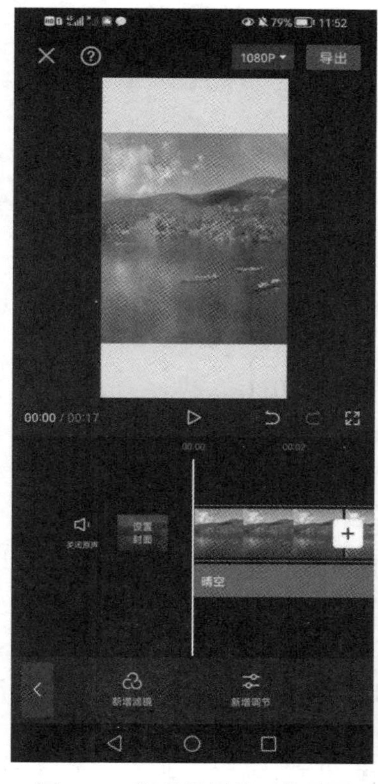

图 7-16　调节视频的工作界面

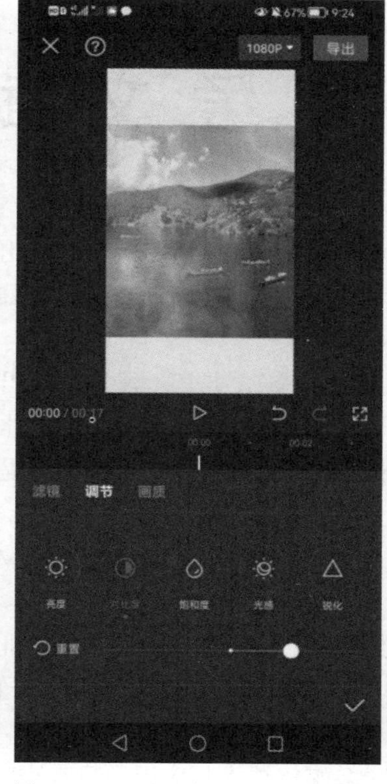

图 7-17　调节视频对比度后的效果

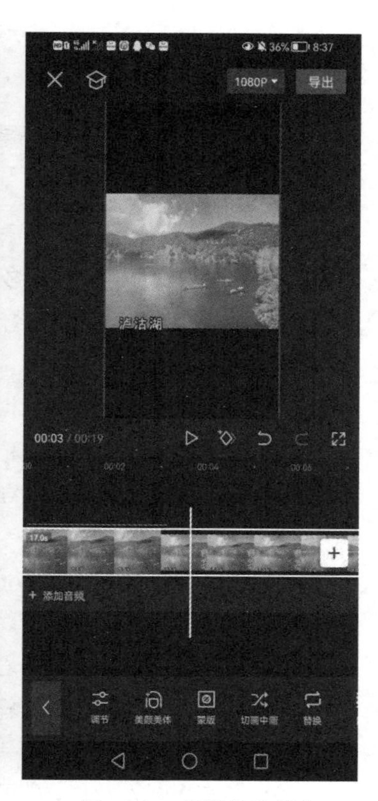

图 7-18　美颜美体操作

7.4.10　导出视频

视频制作完成后就可以导出视频了。在剪映中制作完成的视频支持直接在抖音中发布，免去了保存在本地再上传的麻烦，并且在直接上传视频的时候，有剪映 Vlog 日常的话题生成，流量也会迅速提升。

参 考 文 献

[1] 寸仙娥，王建书．多媒体技术及应用[M]．北京：北京邮电大学出版社，2016．

[2] 王建书，寸仙娥．多媒体技术及应用实验指导与习题集[M]．北京：北京邮电大学出版社，2016．

[3] 刘合兵．多媒体技术及应用[M]．北京：清华大学出版社，2011．

[4] 张振花，田宏团，王西．多媒体技术与应用[M]．北京：人民邮电出版社，2018．

[5] 职场无忧工作室．Animate CC 2018 中文版入门与提高[M]．北京：清华大学出版社，2019．

[6] 李沛然．中文版 Photoshop CC 2018 从入门到精通[M]．4 版．北京：机械工业出版社，2019．

[7] 周平．Premiere Pro CC 2018 基础教程[M]．3 版．北京：清华大学出版社，2019．

[8] 杨端阳．电脑音乐家：Adobe Audition CC 电脑音乐制作从入门到精通[M]．北京：清华大学出版社，2016．

[9] 杨东慧，殷爱华，高璐．多媒体技术与应用项目教程[M]．北京：航空工业出版社，2018．

[10] 杨雪静，胡仁喜．Dreamweaver CC 2018 中文版标准实例教程[M]．北京：机械工业出版社，2019．

[11] 构图君，李宝运．手机短视频拍摄与剪辑从入门到精通[M]．北京：化学工业出版社，2020．

[12] 郝倩．手机短视频制作从新手到高手[M]．北京：清华大学出版社，2021．